LES

FÉERIES

DE LA SCIENCE

PARIS. — IMP. SIMON RAÇON ET COMP., RUE D'ERFURTH, 1.

... La lueur rouge des torches, qui apparaissait à travers
la masse noire des sapins. (p. 497.)

S. HENRY BERTHOUD

LES

FÉERIES

DE LA SCIENCE

ILLUSTRÉES D'UN GRAND NOMBRE DE VIGNETTES SUR BOIS

GRAVÉES PAR LES MEILLEURS ARTISTES

DESSINS DE YAN' DARGENT

PARIS

GARNIER FRÈRES, LIBRAIRES-ÉDITEURS

6, RUE DES SAINTS-PÈRES ET PALAIS-ROYAL, 215

CHAPITRE PREMIER

UN SAVANT JAPONAIS

oici tantôt deux ans qu'un Japonais immensément riche habite Paris avec la ferme résolution de ne plus désormais quitter cette ville, où il peut jouir, sans crainte et à loisir, des merveilles de la civilisation et du bien-être de la science et de l'industrie qu'on y rencontre à chaque pas.

Cachant son nom japonais sous le pseudonyme de Félix Mercœur, Tsoui-tsine s'est acheté, en plein cœur du plus beau quartier de Paris, un charmant hôtel où il vit tout à fait à l'européenne. A peine âgé de quarante ans, il parle le français avec une rare perfection, et, sans la teinte légèrement bistrée de son teint, sans ses pommettes un peu trop prononcées, mais que dissimule d'ailleurs un embonpoint qui n'a rien d'exorbitant, on le prendrait pour un véritable Parisien. En effet, il a renoncé aux longues tresses de ses cheveux, se fait accommoder par un valet de chambre, élève d'un de nos meilleurs coiffeurs, donne un soin extrême à ses larges favoris à l'anglaise, plus noirs qu'abondamment fournis, je l'avoue, redresse en croc sa fine moustache, et porte avec élégance et distinction la redingote noire, le chapeau rond et les bottes vernies. On le rencontre assidûment à la Comédie-Française, à l'Opéra, et assez souvent au théâtre du Palais-Royal, dont il comprend, comme un indigène de pure race, la langue exceptionnelle, les néologismes bouffons et les plaisanteries excentriques.

Il ne se passe guère quelque chose de nouveau, sans qu'il s'empresse d'en être et d'en jouir. Premières représentations, séances de l'Académie, courses, ouverture des chambres, on le voit partout et aux meilleures places.

Cet étranger, si heureux de l'existence obscure qu'il mène à Paris, et qui ne veut plus, à aucun prix et sous quelque prétexte que ce soit, rester Japonais, était pourtant à Yedo un *kokshi*, c'est-à-dire un des plus grands seigneurs relevant du Taïkoun. Il y portait le titre de Satsouma-no-

kami et de prince des îles Lioutshou. Mais laissant là sa grandeur qui l'attachait aux rivages du Japon, converti au christianisme et redoutant que pour cette raison son souverain
ne lui envoyât un beau matin l'ordre de s'ouvrir le ventre,
il a fait embarquer secrètement sur un bâtiment anglais une
soixantaine de tonnes d'or, représentant chacune un million,
une grande caisse regorgeant de pierres précieuses, et, par
une belle nuit, il est venu rejoindre ses trésors.

Parti seul pour la France et sans avoir confié son départ à
personne de ses compatriotes, il laisse derrière lui sans regret sa haute dignité, son splendide palais à vitres en papier, et ses banquets somptueux dont les ailerons de re-
quins accommodés à la gélatine, et les holothuries aux nids
de salangane, composaient les plats les plus recherchés. Aujourd'hui il dîne au *Café Anglais*, où il prise mieux que personne la haute cuisine du célèbre Dugléré, le Carême moderne, va se promener au bois de Boulogne dans une élégante
voiture, consacre ses matinées à l'étude, se fait une bibliothèque composée des meilleurs ouvrages et des plus belles
éditions, s'applique à se créer d'excellentes relations ; enfin,
comme il aime à le répéter lui-même, il respire à pleins
poumons le bon air de la liberté, de la civilisation, de l'instruction et du plaisir.

Vous pouvez lui rendre visite le matin, avec la certitude
de le trouver occupé à répéter et à vérifier les expériences
qui préoccupent l'attention publique. Personne ne connaît
mieux que lui les infusoires et les travaux de MM. Pasteur,
Coste et Pouchet, et tout ce qui se rattache à l'histoire de

ces êtres mystérieux ; il a vu, à l'aide d'un télescope de « dix pouces, » comme dit M. Le Verrier, et en même temps que les astronomes de l'Observatoire, la quatre-vingt-quatrième planète récemment découverte à Bilk par M. Luther ; nul n'a mieux observé que lui la récente éclipse annulaire de lune, et les organes électriques que possède la raie, d'après les derniers travaux anatomiques de M. Robin. Au besoin, il saurait tenir tête au premier botaniste venu, sur la production des plantes amylifères, constatées par M. Trécul dans les cellules de certains végétaux lors de leur putréfaction.

Il s'intéresse à l'âge de pierre et paye au poids de l'or les précieuses armes en silex ou en os qu'on exhume du lit de la Seine, des grottes du Midi, du sol de la Corse, des côtes d'Italie et de l'île de Java.

A peine M. Pelouze colore-t-il du verre avec le sélénium, ou produit-il de l'aventurine à base de chrome, que Tsoui-tsine teinte lui-même du verre par les procédés du chimiste, et se donne le plaisir de voir se former de l'aventurine sous ses yeux ; car il possède dans son hôtel des télescopes, des microscopes, des instruments de physique, un aquarium, des serres, des galeries de collection, et enfin un laboratoire de chimie, dirigé par un jeune savant dont le nom n'est déjà plus inconnu et qui pourrait bien devenir un de ces jours une des autorités de la science.

J'ai trouvé, il y a quelques jours, le kokshi Tsoui-tsine, ou plutôt M. Félix Mercœur dans ce laboratoire, devant un immense vase du Japon rempli d'une dizaine de kilogram-

mes de poudre de chasse. Tout en devisant avec moi, il
tira d'un fourneau incandescent une sorte de canne de fer
qui y rougissait à blanc, et se mit à la brandir au-dessus
du vase. Au premier moment je ne pus d'abord, je l'avoue,
réprimer un mouvement de terreur, et, croyant à une distraction, je lui arrêtai le bras :

— Vous allez faire sauter votre laboratoire et nous en
même temps ! m'écriai-je.

Il me répondit avec un sourire où la malice française
s'unissait à la finesse japonaise :

— Bah ! qui sait ?

Et il plongea la barre de fer rouge au plus profond de la
poudre d'où sortirent seulement une petite flamme et une
explosion légère.

— Ah ! fit-il gaiement, je viens de vous tromper avec un phénomène que vous connaissez pourtant mieux que moi ! Excusez cette plaisanterie qui, je l'espère, ne vous blesse en rien.

Et comme je riais moi-même de ma petite déconvenue :

— Bon ! reprit-il en me tendant la main, tout va bien, je le vois, et me voici pardonné d'avoir cédé à la tentation que m'offrait ce diable de hasard qui détermine tant de sottises humaines. Lorsque vous êtes entré, je répétais les expériences de M. Gale et ses procédés, pour rendre inexplosible la matière peut-être la plus explosible, la poudre de chasse. Déjà depuis longtemps on cherchait les moyens d'éviter les dangers que présentent la manutention et le transport de cet amalgame d'azotate de potasse, de soufre distillé et de charbon léger un peu calciné, qu'une étincelle, qu'un choc même suffisent à enflammer et à transformer en un volume de gaz quatre cents fois plus grand, avec une chaleur de deux mille quatre cents degrés.

Pour arriver à ce but, Piobert songea, en 1825, à un mélange de graphite et de charbon de bois finement pulvérisé ; Fadeifeiff, en 1840, obtint de meilleurs résultats en recourant aux mêmes procédés avec quelques modifications ; mais l'emploi du charbon rendait longue et difficile la purification de la poudre, lorsqu'on voulait lui rendre son énergie.

M. Gale propose aujourd'hui le verre pilé, et vous constatez de vos yeux l'excellence de sa méthode, puisque je puis au milieu de cet amas de poudre mélangée à de la poussière de verre jeter une forte pincée de poudre pure, et l'y faire

faire explosion sans que rien de l'amalgame s'embrase; elle le traverse, elle le rejette par sa force de dilatation et d'expansion, mais elle ne l'allume pas.

A parties égales de poudre et de poussière de verre, l'explosion provoquée fait long feu.

Trois parties de verre et une de poudre deviennent inexplosibles.

Quatre parties de verre, comme le mélange sur lequel j'opère, résistent au contact du fer rouge.

Quand il veut séparer le verre de la poudre de chasse, M. Gale recourt à un cylindre auquel on imprime un vif mouvement de rotation, mais cette opération exige du temps et n'est pas sans danger; la poussière inflammable qu'elle trouve moyen, durant cette rude et longue manutention, de répandre et de saupoudrer au dehors du cylindre, quelque minutieuse précaution que l'on prenne pour l'y tenir renfermée, peut s'enflammer et causer de graves accidents. Voilà donc encore une admirable théorie, dont la mise en œuvre restera peu praticable, jusqu'à ce que le hasard ou le génie, — ils sont, hélas! bien voisins l'un de l'autre, n'est-ce pas? — viennent tout à coup résoudre le problème.

Comme je lui répondais par un signe de tête en guise d'assentiment, il me dit:

— Maintenant voulez-vous voir les champignons qui se développent dans l'ivoire, dans les os, dans les dents, et qu'un professeur étranger, M. Wedl, vient de découvrir, en examinant des dents humaines macérées quelques jours sous l'eau et coupées en minces lames? Il les avait préparées ainsi pour des études microscopiques, et, toujours par hasard, il est arrivé à une découverte imprévue et d'un immense intérêt. Regardez dans ce microscope binoculaire de Bertsch, vous y constaterez sur ces lames osseuses d'abord de petites galeries creusées en boyaux, puis dans ces galeries des parasites végétaux ressemblant beaucoup aux parasites qui perforent les coquilles des mollusques.

Ces étranges plantes, qui n'offrent rien de commun avec la carie des dents vivantes, ne paraissent jusqu'ici se développer que dans les ossements morts.

D'où proviennent les germes qui les enfantent? Faut-il les voir chez les innombrables sporules qui foisonnent dans l'eau de la macération? Je n'en sais rien, mais ce que je puis donner pour certain, c'est qu'il suffit de laisser plonger une lamelle de dent ou d'ivoire dans cette macération, pour que peu de temps après les champignons parasites l'envahissent; enfin, ces singuliers parasites ne datent pas d'hier, car vous pouvez vous convaincre de leur présence sur ces dents de mammifères et de poissons fossiles, qui remontent à quelques milliers d'années.

Avez-vous lu, continua-t-il sans autre transition, les dernières *Notices et extraits des manuscrits de la Bibliothèque impériale,* qui signalent plusieurs manuscrits grecs écrits sur papyrus et d'un curieux intérêt?

Il s'y trouve une lettre de recommandation d'un haut fonctionnaire, enterrée avec celui qui en était porteur et que la mort avait frappé sans doute avant qu'il pût se servir de cette recommandation; une liste d'ouvriers employés à des travaux de terrassement, avec les détails spéciaux de leur profession ; des actes de vente de terrains et des contrats ; enfin les pétitions et le dossier d'un nommé Ptolémée, prêtre d'Astarté, dans le temple de Sérapis, à Memphis, en faveur de deux prêtresses jumelles du même temple. Ce dossier prouve qu'en fait de paperasses administratives, l'Égypte de ces temps-là ne le cédait point à l'Europe d'aujourd'hui.

Il faut citer encore un traité d'astronomie élémentaire, le plus complet des papyrus connus, et datant de onze siècles avant l'ère chrétienne ; des fragments du treizième chant de l'*Iliade;* un calendrier réunissant les mois attiques et les mois macédoniens ; un lexique latin-grec, où les mots grecs sont écrits en caractères latins ; des actes publics d'Antonin le Pieux (154 ans après J. C.) ; enfin un avertissement sévère contre les exactions exercées par les publicains.

Tous ces manuscrits proviennent de fouilles faites en Égypte et dans le sol où s'élevaient jadis Ninive, Babylone et tant de villes disparues aujourd'hui, mais dont les ruines fécondes, interrogées par la science, révèlent chaque jour de nouvelles données sur l'histoire et sur les mœurs de la civilisation antique.

Un riche antiquaire anglais, sir Harry Wilson, de retour d'un long voyage en Mésopotamie, où il a fait pendant plusieurs années de nombreuses fouilles archéologiques, avec le succès qu'assure presque toujours en pareil cas la science, secondée par des sommes d'argent considérables, fait construire en ce moment dans son parc du comté d'York, sur la rive droite de l'Ouse, une immense galerie destinée à con-

tenir tous les trésors recueillis par lui soit à Babylone, soit à
Ninive, et qui remplissaient deux grands bâtiments chargés
de les transporter en Angleterre.

Cette galerie sera construite exclusivement avec des briques provenant de *Borsippa*, monument qui n'est autre chose
que la tour de Babel.

Ce qu'il reste de ce monument étrange se trouve près des
lieux ou gît Babylone, ressemble de loin à une montagne
gigantesque et se compose d'un immense groupe de ruines,
qu'on désigne encore aujourd'hui sous le nom assyrien de
Birs Nimroud, qui signifie *maison des paroles*.

Le *Birs Nimroud* ou *Borsippa*, quoiqu'il ne garde debout
qu'une petite portion de l'édifice primitif, mesure encore
environ cinquante mètres de hauteur et se compose d'une
espèce de colline sous laquelle s'élève un pan de mur gigantesque. Par la façade du nord, un ravin en pente douce conduit à une plate-forme longue de quatre-vingts mètres, large
de vingt-cinq à vingt-six et composée exclusivement de briques cuites semblables à celles avec lesquelles sir Wilson fait
construire sa galerie.

Ces briques, d'un rouge vif, couvertes de caractères ou de
dessins, réunies entre elles par un ciment énergique, sont
en grande partie vitrifiées par le feu du ciel qui ne cesse de
les frapper depuis les époques les plus reculées, comme il le
fait encore aujourd'hui.

On suppose que le *Birs Nimroud*, qui mesure sept cents
mètres de pourtour, formait l'ancienne tour à étages appelée
le *Temple des sept lumières du monde*, et que Nabuchodonosor

fit élever sur les antiques constructions inachevées de la tour
de Babel.

Au milieu de la plate-forme qui résiste encore à l'action
du temps se dressent sept autres tours en ruines superposées les unes au-dessus des autres, différant entre elles de
couleurs et consacrées aux sept planètes. Le noir caractérisait Saturne, le blanc Vénus, l'orangé Jupiter, le bleu Mercure, l'écarlate Mars, l'argent la Lune et l'or le Soleil. Dans
une construction placée au-dessous, le dieu des mois et des
signes zodiacaux, Sin, possédait un temple spécial.

Au temps de Nabuchodonosor, des rampes extérieures
ménagées dans le corps même des tours conduisaient à un
sanctuaire où l'on adorait le palladium de Nebo, divinité in-
spectrice des légions du ciel et de la terre, sanctuaire dans
lequel, d'après Hérodote, une femme désignée par le dieu
venait chaque nuit veiller et prier.

La religion des Babyloniens consistait dans l'adoration
des corps célestes, et leur cosmogonie rappelait celle de la
Bible.

Toutefois, lorsqu'on parvient à déchiffrer les textes cunéiformes, on trouve que leur mythologie se caractérise par
une forme plus matérielle. En effet, les Babyloniens profes-
saient à peu près le même culte que les Ninivites et, par conséquent, se rapprochaient, pour la plupart de leurs divinités,
des autres nations sémitiques. A Ninive, on adorait surtout
le dieu national des Assyriens, Assour, dont le nom signifie
le dieu bon. Assour présidait à un cercle des douze divinités
principales, parmi lesquelles figuraient *Bel-Dagon*, le père

des dieux ; *Oannes* (*Anou*) ; *Salmon ; Sin* ou *Lunus ; Merodach*, le dieu des oracles ; *Ao*, le dieu des phénomènes naturels, peut-être identique à *El*, la planète de Saturne ; *Samas*, le Soleil ; *Ninip-Sandan*, le dieu de la guerre ; *Nargal*, le dieu des sacrifices sanglants ; *Nebo*, dont plus tard les Sabéens firent la planète Mercure, et que les inscriptions désignent comme l'inspecteur du ciel et de la terre.

Chacun des dieux de cette phalange prenait le titre de *Bel*, mot qui signifie *seigneur*.

On nommait les déesses *Mylitta*, *Estar* ou *Astaroth*. *Zarponit* ou *Delephat* était la déesse de la nature et *Estar* la déesse des combats ; venaient ensuite *Nana*, déesse de la lune tripartite, et *Mylitta Toauth*, mère des dieux, femme de *Bel-Dagon*. Dans les derniers temps de l'empire assyrien, on adorait à Babylone l'*Aphrodite Ourania* dont parle Hérodote. On a retrouvé dans les ruines de Ninive des tessères portant des noms de femmes qu'on suppose avoir servi de cachet d'entrée au temple de Mylitta.

A côté des débris gigantesques de la tour de Babel et du temple élevé par Nabuchodonosor, *vains restes de ce qui n'est plus*, comme dit Bossuet, on remarque un *Tchoubbeh*, c'est-à-dire une coupole sacrée construite à l'endroit même où, suivant la tradition musulmane, Nemrod fit jeter Abraham dans une fournaise ardente.

Non-seulement la galerie de M. Wilson se composera exclusivement de matériaux empruntés à *Borsippa*, mais encore elle affectera la forme du *Temple des sept lumières du monde*. Enfin, si nous sommes bien informés, parmi les monuments qu'elle contiendra, ils s'en trouvera plusieurs attribués à tort ou à raison aux monarques Enédorachus et Otraste, de la dynastie chaldéenne, qui, en s'en rapportant à certains archéologues, régnèrent, je ne sais combien d'années avant le déluge. D'après ces mêmes autorités, et entre autres d'après M. Jules Oppert, c'est sous ces derniers rois que des dieux-poissons, qui passaient la nuit dans la mer Erythrée, venaient le jour enseigner aux hommes l'agriculture et certains arts industriels.

Des épaves moins problématiques que les monuments attribués à ces rois mythologiques consistent en inscriptions cunéiformes, c'est-à-dire dont les caractères sont en forme de clous. On verra encore chez M. Wilson des tablettes en terre chargées d'inscriptions, qui remplaçaient pour les Babyloniens le papyrus des anciens, et sur lesquels, à l'aide d'un stylet, ils écrivaient leurs notes en lettres appelées *anariennes*, plus rapides et moins compliquées que les caractères cunéiformes. On y comptera à foison des vases, des bijoux, des objets domestiques en verre, en ivoire, en argent, en or, des pierres fines; enfin des bas-reliefs en briques vernissées séchées au soleil, cuites au four, peintes en jaune et en bleu et cimentées avec du bitume, y prendront place à côté de pierres de granit hardiment et pittoresquement sculptées.

Plusieurs de ces bas-reliefs qui affectent souvent la forme de cylindre représentent le costume des Babyloniens. Ce costume consistait en une longue tunique blanche traînant sur le sol, recouverte d'un autre vêtement analogue, mais plus court, et d'une espèce de veste. Des tiares pointues et hautes, qui rappellent les mitres de nos évêques, recouvrent leur tète entourée de cheveux frisés et tressés, et leur main droite s'appuie sur un bâton que surmonte toujours une figure emblématique.

Cette figure emblématique se reproduisait en outre sur un cachet cylindrique en hématite, en calcédoine ou en sardoine, dont la collection de M. Wilson réunit une immense quantité. Tous représentent à leur partie supérieure l'une des divinités babyloniennes, tantôt *Bel-Dagon*, *Mylitta Toauth*, la mère des dieux, et surtout *Zarponit*, déesse de la fécondation. Au-dessous vient immédiatement le nom du propriétaire, placé ainsi sous la protection de son dieu ou de sa déesse de prédilection.

Quant aux guerriers figurés soit dans les peintures en briques cuites, soit sur certains cylindres, j'avoue que leur costume n'offre rien de bien militaire. On pourrait, avec un peu de mauvaise volonté, comparer leurs casques hauts et pointus à des bonnets de coton fortement empesés. Leurs cuirasses, dont M. Wilson possède plusieurs exemplaires, semblent fabriquées en tôle légère, et leurs lances dépassent en longueur les lances interminables des naturels de l'Océanie. Toutefois, leurs boucliers en forme de carré long, leurs épées courtes et leurs massues en bois hérissées de clous en bronze, donnent une meilleure opinion de leur bravoure, et attestent qu'ils ne reculaient pas au besoin devant le combat corps à corps.

La conversation prit ensuite une autre direction, et Tsoui-tsine reprit :

—D'autre part, M. Ramon de la Sagra vient d'envoyer à l'Académie des sciences un appareil singulier qui permet à l'observateur de voir distinctement ce qui se passe derrière sa tête. Cet appareil consiste en un châssis vertical en bois qui contient un écran dépoli, et dans le milieu de sa longueur un petit miroir circulaire adapté à une tige.

En appliquant l'œil gauche à ce miroir circulaire et en regardant l'écran de l'œil droit, on aperçoit, comme s'ils se trouvaient placés devant les regards, les objets qui se trouvent disposés derrière la tête.

On vient d'expérimenter en Amérique, dans les houillères de Kippax, près de Leeds, une machine destinée à remplacer en partie le travail si dangereux des mineurs.

L'eau sert d'agent, et au moyen de tuyaux de $0^m,035$ de diamètre, par un petit moteur installé en bas du puits, elle agit avec une pression de 10 kil. 50 par centimètre carré, sur une série d'outils tranchants qui font l'office de pics et qui sont disposés de manière à prendre un mouvement alternatif.

On a expérimenté sur une couche de houille dont l'épaisseur de $1^m,65$ se trouve séparée par un lit stérile de $0^m,075$.

La machine, montée sur quatre roues et placée sur des rails qui servent au roulage intérieur, exécute avec une remarquable facilité le travail le plus pénible du mineur. Elle fait en une seule passe une rainure parfaitement rectiligne et d'une profondeur égale sur tous les points. Enfin, après un travail consécutif d'environ trois heures, elle mène à bonne fin une fouille de la dimension d'un peu plus de vingt mètres sur dix.

Un seul homme manœuvre cette machine entièrement automatique dans tous ses mouvements et sans complication d'organes. La besogne de son conducteur consiste simplement à la mettre en mouvement et à l'arrêter.

Enfin, sans compter qu'elle substitue un travail mécanique au travail pénible et dangereux de l'homme, elle débite la houille d'une manière plus avantageuse, en cela qu'elle produit moins de menus que l'emploi de la pioche.

Comme toutes les machines qui transforment les industries, celle-ci est née d'une grève.

Les ouvriers qui exploitaient la mine de Kippax, malgré les salaires considérables qu'ils recevaient, demandèrent une nouvelle augmentation qu'on leur accorda, et qui ne tarda point à être suivie de nouvelles exigences relatives à la durée des heures de travail. L'exploitation, avec de pareilles conditions, devenait impossible, et quatre des ingénieurs attachés à la mine, MM. Cock, Warrington, Barret et Marshall, un mois après, avaient inventé et faisaient exécuter l'appareil dont je viens de vous raconter les heureux résultats. Aujourd'hui le personnel des ouvriers se trouve réduit de plus des quatre cinquièmes.

Tsoui-tsine me fit voir ensuite, car rien ne lui est étranger, je vous l'ai dit, des découvertes de la science et des secrets de l'industrie, un procédé pour vernir la tôle de zinc et qui est des plus ingénieux.

— Le bon marché de la tôle de zinc, me dit-il, rend son usage beaucoup meilleur marché et la place au-dessus du fer-blanc, sans compter qu'elle se travaille mieux que ce dernier et qu'elle n'est point, comme lui, sujette à se rouiller par suite d'un mauvais étamage.

Aussi l'usage du zinc devient-il à Paris de plus en plus considérable, grâce surtout au moyen par lequel on peut le recouvrir de couleurs à l'huile qui ne s'effacent pas.

Ce moyen repose sur l'emploi d'acides et de combinaisons d'acides unis à d'autres substances.

Les agents chimiques auxquels on recourt de préférence sont l'acide muriatique atténué avec de l'eau jusqu'au poids spécifique de 144.

On le met en œuvre soit seul, soit mélangé à d'autres substances, telles que le chromate de plomb, le plomb carbonaté, le soufre sublimé, le chlorure d'antimoine, le bleu de Berlin, l'outremer, le vert de Schweinfurt.

On l'applique à Paris de trois façons différentes.

On fait jaillir le mélange sur la surface de la tôle de zinc ; c'est ce qu'on appelle *graniter*.

Le *chiquetage* consiste à frapper légèrement le zinc avec une éponge imprégnée de la préparation.

On obtient le *revêtement par couches* en étendant le vernis soit avec un pinceau, soit avec un cylindre.

Jugez des charmants résultats qu'on obtient par ces trois moyens, continua-t-il, en les exécutant devant moi de ses petites mains blanches et charmantes que lui envierait une jolie femme. Tout cela sèche vite et reste pour ainsi dire incrusté dans la tôle. Les chocs les plus rudes parviennent rarement à dépouiller la plaque métallique de l'ornement dont on l'a décorée.

CHAPITRE II

LES PERLES, LES HUITRES ET LES MOULES

andis qu'il s'exprimait ainsi, je remarquai à l'un des doigts de Tsoui-tsine une perle d'une énorme grosseur, et je lui témoignaï l'admiration que me causait cette merveille montée en bague.

— Elle m'inspire quelques inquiétudes, me dit-il en souriant, j'ai bien peur qu'avant quelques années elle ne perde sa valeur.

— Comment cela ? lui demandai-je.

—Hier, me répliqua-t-il, je suis allé demander, pour ma bague, une consultation au plus riche et au plus célèbre marchand de pierres précieuses de Paris ; je l'ai trouvé occupé à examiner, à l'aide d'une forte loupe, un magnifique collier de perles.

Il y en avait bien deux cents, toutes d'une grosseur que l'on rencontre rarement ; toutes à peu près de la même dimension, quoique aucune d'elles ne se ressemblât ; en les regardant de près, on remarquait des différences notables dans leurs formes.

— Voilà qui vaut un million ! m'écriai-je.

—Ce collier fut acheté deux millions par l'impératrice de Russie, répondit le marchand. Aujourd'hui encore on le payerait cette somme... Et cependant, ajouta-t-il en soupirant et en reprenant sa loupe, j'ai bien peur que, dans quinze ans il ne lui reste, comme à votre bague, d'autre valeur que le souvenir de la souveraine qui l'a donné à la comtesse L...off.

Et comme je le regardais avec surprise :

— Vous ne savez donc pas, me dit-il, que les perles subissent, de même que nous, des maladies ? que parfois elles palissent ? que leur orient — c'est ainsi qu'on nomme leurs admirables reflets — perd sa splendeur, tantôt pour quelque temps, tantôt pour toujours ! Eh bien ! les perles que je tiens là sont malades.

Faut-il croire à un affaiblissement éphémère ? faut-il craindre une mort réelle ? pas plus que les médecins qui soignent les hommes, les médecins de perles ne peuvent prévoir l'issue d'une affection dangereuse. Hélas! je constate sur celles-ci bien des symptômes sinistres. Naguère on n'eût pu en rencontrer de plus blanches, de plus brillantes, de plus irisées, de plus lisses. Aujourd'hui, à l'aide d'un verre grossissant, on remarque sur toutes, çà et là, des taches de mauvais augure.

D'après sir Everard Home, l'éclat particulier des perles prend son origine dans la cellule centrale : cette cellule se trouve revêtue d'une couche de nacre du poli le plus achevé, et que traversent aisément les rayons lumineux, attendu la transparence de la substance même de la perle.

Eh bien! c'est là que gît la maladie. Comme un œil humain atteint de cataracte, cette couche de nacre devient opaque. Le mal est grand. Il est incurable peut-être!

Et en soupirant de nouveau et plus fort, il remit le collier de perles dans son écrin, et le renferma au fond d'un tiroir de son bureau.

— Vous me rappelez, dis-je à Tsoui-tsine, qu'il y a vingt ans, durant une mission scientifique que m'avait confiée M. de Salvandy, alors ministre de l'instruction publique, en me rendant, par mer, d'Alger à Stora, je fis la traversée avec une dame russe, qui pouvait compter cinquante ans environ. Une suite nombreuse l'accompagnait, et elle voyageait avec toutes les recherches du comfort le plus complet. À peine fut-elle débarquée à Philippeville, qui touche, on le sait, à Stora, que la comtesse Derkoff, c'est ainsi qu'on nommait la voyageuse russe, se fit amener toutes les jeunes filles pauvres de la ville qui savaient nager. Elle leur dis-

tribua d'abondantes aumônes, les examina minutieusement
et finit par garder près d'elle une jeune Maltaise de treize
ans, orpheline, vivant de la charité publique, et jolie comme
un ange, — un ange un peu brun de peau, toutefois. Per-

sonne ne s'intéressait à l'enfant, et l'enfant accepta avec
joie l'offre d'entrer au service de l'étrangère. Dès le soir
même, Mariquita se vit donc parée d'une belle robe de
soie, et je vous assure que débarbouillée, peignée, bien at-
tifée, elle semblait dix fois plus charmante que la veille.

La comtesse ne la quittait pas d'un instant; elle l'emmenait

dans ses promenades ; elle la plaçait à côté d'elle à table ; elle
la faisait coucher dans sa propre chambre. Tous les jours au
lever et au coucher du soleil, elle la conduisait sous une tente
dressée au bord de la mer, la déshabillait de ses mains et lui
attachait au cou un magnifique collier de perles.

Mariquita, comme la plupart de ses compatriotes, née sans
doute dans une barque de pêcheur et habituée, dès sa plus
tendre enfance, à passer une partie de sa vie sur la mer ou
dans la mer, aurait, en matière de natation, rendu des points
à une dorade. Elle s'ébattait donc au milieu des flots pendant
des heures entières ; la plupart du temps elle ne se rendait
même qu'avec peine au signal de sa maîtresse, qui la rappelait sous la tente.

Cela dura jusqu'aux pluies d'automne. Alors la comtesse
Derkoff repartit pour je ne sais quelle contrée du continent
et elle emmena avec elle Mariquita.

Le mois dernier, en Hollande, le hasard me fit rencontrer
de nouveau la comtesse Derkoff. Cette fois, un séjour d'une
semaine dans le même hôtel et deux traversées sur le même
bateau à vapeur nous mirent en relations. Je lui rappelai son
excursion en Afrique et les bains mystérieux qu'elle faisait
prendre chaque jour à la petite Mariquita et à un magnifique
collier de perles. Une jeune femme, sur l'épaule de laquelle
s'appuyait la comtesse, fort souffrante, rougit et sourit, tandis que le comte Derkoff, beau cavalier de vingt-huit ans, la
regardait avec une tendresse taquine.

— Le collier était un trésor que je perdais, répondit la
comtesse ; la nageuse était un trésor que je conquérais.

Et comme je la regardais avec étonnement et sans la comprendre :

— Les perles de mon collier perdaient leur orient, continua-t-elle. Or, ce collier est un don fait par Catherine II à mon aïeule, et le plus célèbre marchand de diamants de Paris m'avait déclaré qu'avant peu il ne lui resterait rien ni de sa beauté ni de sa valeur numérique. Une tradition orientale enseigne qu'en baignant pendant cent et un jour des perles malades dans la mer, pourvu qu'elles soient placées sur le sein d'une vierge, peuvent parfois retrouver leur éclat. Je voulus tenter ce moyen désespéré. Voilà pourquoi j'entrepris le voyage d'Algérie, et je fis cent et une fois baigner mon collier par Mariquita.

— Et les perles, demandai-je, ont-elles guéri?

— Non, répliqua la comtesse : la tradition orientale n'était qu'une légende. Les perles mortes n'ont pas ressuscité et ne conservent plus aujourd'hui d'autre valeur que le souvenir de la grande impératrice qui les a données à ma famille.

— Deux millions éteints! ne pus-je m'empêcher de m'écrier.

— Je ne les regrette pas. J'ai trouvé, je vous le répète, un trésor plus précieux qu'elles.

— Lequel, madame ?

— Le voici, fit-elle en embrassant la jeune femme sur laquelle elle s'appuyait. Ne trouvez-vous pas qu'une pareille belle-fille vaut pour le moins deux millions? Mariquita a répondu à mon affection par un dévouement sans bornes... Il ne se trouve point aujourd'hui, dans toutes les Russies, une femme aussi accomplie que ma bru la comtesse Mariquita !

Il en fallait beaucoup moins pour que, pendant le reste de la traversée, notre conversation roulât sur les perles, dont la comtesse avait étudié l'histoire, dans l'espérance d'y trouver les moyens de guérir son collier.

On a discuté beaucoup, disait-elle, sur l'origine des perles. Les peuples d'Orient croient qu'elles sont des gouttes de rosée solidifiées ; mais les Occidentaux, moins poëtes, ont constaté qu'elles résultaient tout prosaïquement de la présence d'un corps étranger dans certaines espèce d'huîtres. Les uns attribuent à un grain de sable introduit par l'eau sous le manteau du bivalve, les autres, à l'invasion d'un parasite, la sécrétion calcaire qui forme les perles, sécrétion qui aurait pour but d'isoler cet objet étranger et irritant. Quoi qu'il en soit, les perles se composent de plusieurs couches alternatives de nacre et d'une substance membraneuse très-fine et régulièrement superposées comme les tuniques d'un oignon. On rencontre les perles soudées à la paroi de la coquille ou libres sous les plis du manteau.

— En 1748, ajouta le jeune comte, Linné était parvenu à fabriquer des perles artificielles ; il perçait avec un poinçon les écailles des huîtres margaritifères. Les Chinois, plus avancés encore que Linné, ouvrent avec précaution la coquille vivante et y jettent cinq ou six petits grains de nacre enfilés d'un brin de soie ; au bout d'une année, ils retirent, assure-t-on, un petit chapelet de perles véritables.

— Peu de personnes, dis-je à mon tour, savent que certains bivalves d'eau douce produisent des perles et que beaucoup de ces moules perlières habitent la Seine. On en désigne les différentes variétés par les noms de *mulettes, margaritifères. sémincuses, épaisses, littorales, peintres* et *enflées.*

— Quant à moi, dit Mariquita, je ne sais sur les perles qu'une légende, que l'on racontait dans mon pays natal :

Un matin, notre saint-père le pape, fatigué d'une nuit passée à prier pour la chrétienté, s'était couché sur le gazon, et sa tiare, ornée d'une perle sans égale, se trouvait ensevelie au milieu de hautes herbes des jardins du Vatican. A l'extrémité de la tige desséchée d'une de ces herbes brillait une goutte de rosée qui salua la perle du nom de sœur.

— Ta sœur ! moi ? dit durement la perle, moi qu'on a payée un million d'écus romains ! Moi qui brille au front du pape le plus illustre du monde ! Fi donc ! tu es folle, petite !

— A quoi sers-tu ? demanda la goutte de rosée.

— A exciter l'admiration de tous ! répondit fièrement la perle. Et toi ?

— Moi ! à mourir pour faire le bien, répliqua la goutte de rosée qui se laissa glisser sur la racine altérée du brin d'herbe.

Un ange descendit des cieux, recueillit dans son sein la goutte d'eau et la porta aux pieds du Très-Haut, qui la bénit, lui donna une âme et en fit un des plus beaux chérubins.

Quant à la perle, elle perdit bientôt son orient. Le camérier du pape la détacha dédaigneusement de la tiare, la jeta dans la poussière et l'écrasa d'un coup de talon.

En ce moment, nous étions arrivés au terme du voyage du bateau à vapeur. Nous en descendîmes pour monter dans les wagons du chemin de fer.

Le hasard voulut que je ne trouvasse point de place dans le compartiment où le comte de Derkoff et sa famille s'étaient installés. Je ne pus donc en savoir davantage sur les perles, et je me hâtai d'écrire la légende de l'ange et des perles racontée par Mariquita.

Un de mes amis, dit Tsoui-tsine, m'a fait voir hier une perle grosse comme un pois, qu'il a trouvée par hasard dans le canal Saint-Martin, et que renfermait une moule *enflée*. Un joaillier offre cinq cents francs de cette perle, que l'heureux pêcheur veut faire monter en épingle.

— Puisque nous causons des perles et des huitres qui les produisent, repris-je, laissez-moi ajouter que je viens de faire une excursion scientifique que peu de personnes peuvent se vanter d'avoir faite. Permettez-moi ce petit sentiment d'orgueil. Vous l'excuserez et vous le comprendrez, quand je vous aurai dit que j'arrive du fond de la mer et que j'ai fait cette excursion pour y rendre visite à des huîtres.

J'ai voulu assister à toutes les phases d'un de ces poëmes inconnus qui accompagnent presque toujours, dans la vie réelle, les choses en apparence les plus vulgaires, et, l'autre jour, à huit heures du matin, par une mer passablement houleuse, surtout pour un homme de terre ferme, j'étais au milieu du port de Saint-Malo, assis dans un petit bateau, *la Sainte-Marie*, qui attendait avec deux cent cinquante autres, que les gardes jurés donnassent le signal du départ.

A peine ce signal fut-il fait, que nous levâmes l'ancre : nous déployâmes nos voiles, et notre embarcation s'élança une des premières, bondissant sur les vagues, avec une légèreté parfois effrayante. Plus d'une fois, la lame frappa ses flancs et même les déborda ; plus d'une fois, en dépit de la vareuse et du paletot de toile peinte qui m'enveloppaient, je me sentis pénétré jusqu'aux os par ses froides caresses. Mais il s'agissait de tenir bon. Je fis donc de mon mieux ; je ris même un peu du bout des dents. Cependant, je l'avoue, suivant l'expression populaire si pittoresque, *le cœur me vint sur le bord des lèvres ;* mais nul des marins qui m'entouraient ne s'en aperçut, ou du moins ne fit mine de s'en apercevoir.

Arrivée sur un point favorable indiqué par la sonde, *la Sainte-Marie* jeta la drague, la rejeta, et fit si bien que son entrepont se trouva littéralement envahi par des monceaux d'huîtres.

Tandis que nos braves compagnons travaillaient avec autant d'ardeur que de succès, hissé sur le petit banc d'huîtres qui envahissait de plus en plus notre bateau, j'admirais le spectacle pittoresque que j'avais sous les yeux ; la flotille, éparpillée sur un espace de cinq kilomètres environ, errait dans tous les sens ; chacun cherchait une place favorable, et de temps à autre des hourras joyeux saluaient une trouvaille opulente.

A onze heures, les cloches des gardes jurés se mirent à tinter impitoyablement pour donner l'ordre de cesser la pêche et le signal de retourner au port. Nous revînmes donc ; *la Sainte-Marie*, comme au départ, se trouva en tête du convoi, le plus alerte des bateaux, quoique pourtant elle fût le plus chargé.

Nous jouîmes quelque temps de notre triomphe, car à deux heures seulement, la mer atteignit assez de hauteur pour permettre à la flotille de rentrer dans le port Pendant ce long espace de temps, on se promena gaiement sur les eaux, la pipe ou le cigare aux lèvres. Par intervalles, au milieu du clapotement des vagues, on entendait, du moins sur *la Sainte-Marie*, le bruit joyeux des bouchons qui s'échappaient d'assez nombreuses bouteilles de vin de Champagne ; enfin un déjeuner d'une rusticité et d'une abondance à faire trembler même l'estomac de Gargantua s'y dévorait en quelques secondes.

La flottille entra et se rangea sur une seule ligne dans le port, où chaque équipage déchargea dans la mer, avec autant d'ardeur qu'il en avait mis à les pêcher, les huîtres sous le poids desquelles la plupart d'entre eux semblaient prêts à chavirer.

Je pus alors mettre pied à terre, ce qui, je l'avoue, me parut fort agréable, quitter mes vêtements mouillés et me réchauffer devant un grand feu, au milieu d'un groupe d'amis, véritables Bretons par l'intelligence, par l'esprit, et, ce qui vaut mieux encore, par le cœur.

Le lendemain, vers huit heures, on retira du port les huîtres qu'on y avait jetées la veille. Cette seconde pêche se passa d'une façon moins pittoresque, mais non moins amusante que celle du jour précédent ; ce fut un spectacle sans égal que ces véritables collines d'huîtres exhalant une forte odeur maritime, verdâtres, attachées les unes aux autres et mélangées à des gerbes de varech.

Deux mille personnes, femmes, enfants, vieillards, commencèrent le triage de ces coquilles de toutes dimensions, et qu'on rangeait par catégories. Après trois jours de travail, on constata qu'on avait pêché neuf millions d'huîtres, parmi lesquelles il s'en trouvait trois millions de *marchandes*.

Déjà, dans deux pêches précédentes, on avait recueilli une quantité à peu près égale de ces bivalves, dont la grande et insatiable bouche de Paris fait une consommation si considérable.

Cette première excursion m'avait mis en goût. Aussi, à quelques jours de là, me trouvais-je dans la rade de Saint-Brieuc, revêtu d'un costume qui laissait bien loin derrière lui la vareuse de Saint-Malo, les grandes bottes de cuir et le paletot de toile peinte à l'huile.

Ce costume se composait d'une sorte de vêtement en caoutchouc qui m'enveloppait hermétiquement des pieds à la tête, qui ne me permettait de voir qu'à travers des lunettes de verre fixées au masque de ce singulier accoutrement, et de ne respirer qu'à l'aide d'une trompe monstrueuse placée devant ma bouche. On ressemble, ainsi affublé, sauf les dimensions, à un éléphant ; enfin on porte aux semelles de ses bottes un double poids de plomb. Aussi descend-on au fond de l'eau avec une extrême rapidité.

Je ne vous dirai pas que dans cet habit on se sente précisément à l'aise ; je ne vous dirai pas qu'on respire aussi facilement que sur le boulevard, quand on se trouve avoir trois ou quatre mètres d'eau au-dessus de la tête ; mais en résumé on voit un spectacle curieux, je vous l'assure.

L'année dernière, au mois de mars, on a pêché, à Cancale et à Tréguier, trois millions d'huitres et on les a distribuées en gisements longitudinaux sur divers points du golfe. On avait, au préalable, recouvert d'une couche d'écailles d'huitres le fond des gisements pour que les nouveau-nées, que devaient produire les huitres importées, trouvassent, en se détachant de leur mère, des corps solides où elles pussent se fixer ; enfin on avait disposé de toutes parts des fascines de branchages, longues d'un à six mètres et retenues par le milieu à l'aide de grosses cordes, attachées elles-mêmes à de lourdes pierres. Des marins, revêtus de scaphandres, avaient placé parmi ces broussailles les huitres prêtes à peupler.

Ce fut dans un de ces parcs sous-marins que, moins d'un an

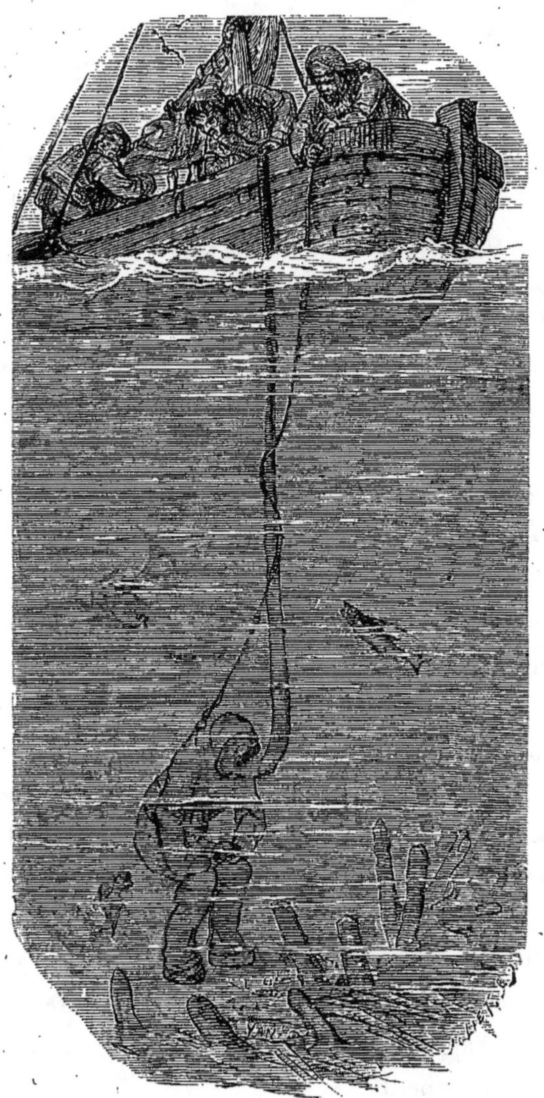

après leur création, je descendis avec une rapidité effrayante.

Après un premier moment de surprise et de commotion, quoique suffoqué, je me mis à regarder autour de moi. Je vis non-seulement le fond de l'eau pavé d'écailles, recouvert de milliards de petites huîtres, de toutes les tailles, mais encore une basse futaie de fascines, chargée d'innombrables bouquets d'huîtres de deux à trois centimètres. Cela ressemblait à une sorte de forêt naine et touffue, dont chaque feuille se trouvait formée par un coquillage vivant.

Je ne vous dirai point que je restai longtemps à admirer ce spectacle. A peine arrivé au fond de la mer, je commençai à étouffer. Mes oreilles bourdonnaient, mon cœur battait à rompre ma poitrine. Je donnai un signal en tirant une corde, et deux secondes après, je revoyais le ciel, je respirais l'air à pleins poumons; je me débarrassais de mon costume d'amphibie ou plutôt de poisson, et je rentrais à Saint-Brieuc, non toutefois sans ressentir une violente pesanteur de tête, qui ne se dissipa qu'après un bon sommeil de plusieurs heures.

L'huître dont nous nous entretenons est hermaphrodite et vivipare, c'est-à-dire qu'elle produit des petits tout formés. Elle jette au commencement du printemps, un frai qui ressemble à une goutte de suif, et dans lequel, à l'aide d'une loupe, on distingue d'innombrables petites huîtres qui s'attachent aux rochers, aux pierres, et même entre elles, faute d'autre point d'appui. Une huître produit en moyenne d'un à deux millions de petits.

M. Davainne a fait une histoire fort curieuse de la génération des huîtres. L'époque de cette génération commence vers le mois d'avril et se termine aux approches du mois de septembre. On le voit, le dicton qui prétend qu'il ne faut pas manger d'huîtres dans les mois dont le nom ne contient pas la lettre R est un dicton plein de bon sens. L'huître, en effet, pendant sa gestation, est maigre, coriace et peu saine. Son frai se digère mal et peut donner des nausées.

L'organisation de l'huître est bien plus complète qu'on ne le croit généralement. Dans cette masse, gélatineuse en apparence, se trouve une grande bouche placée à la partie antérieure de la duplicature du manteau ; deux tentacules en forme de lance garnissent cette bouche ; l'huître possède, en outre, un estomac, un foie énorme, des organes de respiration, des intestins, et enfin un cœur.

— En réalité, demanda Tsoui-tsine, l'huître fournit-elle un aliment nourrissant?

M. Payen affirme que oui, répondis-je; M. Valenciences jure que non.

Le premier dit que seize douzaines d'huîtres représentent les 315 grammes de substance azotée sèche, nécessaire à la nourriture journalière d'un homme de moyenne taille.

M. Valenciennes réplique que la matière charnue des huîtres renferme 80 à 85 centièmes d'eau, et que, dès lors, on ne peut la considérer comme une matière alimentaire de premier ordre.

M. Payen fait observer que les muscles du bœuf et des autres animaux de boucherie contiennent presque autant

d'eau que les huîtres; il ajoute que plusieurs poissons nour-
rissants en renferment davantage.

M. Valenciennes termine par cette réflexion gastronomi-
que, que les huîtres se contractent dans l'estomac sous l'action du suc gastrique; que dès lors elles y occupent peu de
place, et qu'on s'explique ainsi comment certaines personnes peuvent manger *soixante douzaines* de ces coquillages
avant leur dîner. Il a vu de ses yeux accomplir ce grand ex-
ploit de table. Etait-ce par un académicien?

En résumé, faut-il croire à M. Payen? faut-il croire à
M. Valenciennes? Tous les deux sont des savants; tous les
deux appartiennent à l'Académie des sciences, tous les deux
ont traité solennellement une aussi grave question en séance
de l'Institut, et certes je ne prendrai parti ni pour l'un ni
pour l'autre de ces deux éminents professeurs!

Seulement, je me contenterai, en mangeant des huîtres,
de réfléchir sur le néant du savoir humain, qui trop souvent
ne sait pas mieux à quoi s'en tenir sur des questions, hélas!
bien autrement sérieuses!

Scientia est quærere, errare, nil invenire, falsa docere ; la
science consiste à chercher, à errer, à ne rien trouver, à enseigner des erreurs.

Ce n'est pas moi qui débiterai de pareilles sentences! Je
respecte trop les savants pour commettre une irrévérence
semblable. C'est Paracelse qui a écrit tout au long une si
irrévérencieuse définition de la science; définition vraie,
sans doute de son temps, et, j'en ai bien peur, encore un
peu vraie de nos jours.

— On dit *bête comme une huître*, et personne ne songe à dire *bête comme une moule*. Pourquoi cet éloge de la moule? fit Tsoui-tsine en riant.

— On a raison, la moule ne naît point et ne meurt point comme l'huître sur le rocher où elle naît. Elle peut, quand elle le veut, changer de place et se choisir un domicile à son gré. Réaumur raconte que dans les marais salants des bords de l'Océan où les pêcheurs jettent les moules au hasard, on les trouve, au bout de quelque temps réunies en paquet. Il a étudié, en outre, dans des vases de verre, le mode de locomotion de ces bivalves. « Les moules, dit-il, sortent de leur coquille un appendice en forme de langue, le recourbent, l'accrochent à quelque corps, et se tirent vers ce point d'appui ; une fois arrivées, elles s'installent solidement à l'aide des fils d'une soie verdâtre, d'une extrême solidité et à laquelle on donne le nom de *byssus*. »

La plupart des côtes de France fournissent une grande quantité de moules : on les pêche toute l'année, excepté pendant les grandes chaleurs et à l'époque du frai ; on recherche surtout celles qui se trouvent dans les endroits calmes et abrités, où elles formes des bancs considérables.

Sur les côtes de l'Océan, de même qu'à Tarente et à Naples, on parque les moules et on donne par ce moyen à leur chair plus de délicatesse et de blancheur.

L'un des parcs de moules les plus curieux se trouve près du bourg d'Esnandes, à peu de distance de la Rochelle. On nomme ces parcs *bouchots*.

Les premiers bouchots furent établis en 1635 par un pa-

tron de barque irlandais nommé Patrice Walton. Jeté à la
suite d'un naufrage sur la côte d'Esnandes, la nécessité lui
suggéra les moyens de tirer parti de ces plages abandonnées.
Il inventa l'*alouret*, sorte de filet pour prendre les oiseaux
du rivage, et les *bouchots*.

Les descendants de cet homme habitent encore Esnandes.
Entourés de l'estime publique, jamais ils n'ont abandonné
l'industrie que leur aïeul avait créée et qui procure aujour-
d'hui du travail et de l'aisance à plus de trois cents familles.

Le bourg d'Esnandes est situé au nord de la pointe d'une
falaise qui formait autrefois un cap, à l'entrée d'un golfe
d'une assez grande étendue. Aujourd'hui ce golfe se trouve
comblé par les *lais* de mer, c'est-à-dire par des alluvions. Le
cap dont nous parlions tout à l'heure portait, et porte encore,
le nom de *pointe de Saint-Clément*.

L'Océan forme sur les côtes qui s'étendent de l'embouchure
de la Gironde à celle de la Loire, d'immenses dépôts de vase
qui comblent des golfes, réunissent des îles au continent, et
augmentent ainsi, d'une manière rapide, l'étendue du territoire et la fortune des départements de la Charente-Inférieure
et de la Vendée; car ces vases, après le retrait des eaux, se
couvrent d'herbes et deviennent ainsi des prairies fertiles, ou
des terres d'une grande richesse, qui se prêtent aux cultures.

On a cherché à découvrir l'origine de ces dépôts, et l'on
s'accorde à la trouver dans les matières terreuses que la Loire,
la Charente et surtout la Gironde entraînent dans leurs cours.

Ces causes n'agissent point partout également, et l'Océan
ne se montre pas toujours, dans ces parages, aussi bienveil-

lant qu'on pourrait le supposer, après ce que nous venons de dire ; s'il crée d'un côté, il détruit de l'autre ; il ronge et sape les falaises ; peu d'années se passent sans qu'il en fasse écrouler quelque notable portion, et l'histoire conserve le souvenir des villes de Châtelaillon et de Montmeillan qu'il engloutit ainsi vers la fin du moyen âge.

En arrivant près du rivage, on aperçoit d'abord à plus d'un kilomètre en avant, et tranchant sur la couleur moins foncée de la vase une longue ligne noire qui se prolonge à droite et à gauche, à une distance où l'œil ne peut la suivre ; derrière celle-là, se trouvent encore d'autres lignes que leur éloignement empêche de bien distinguer.

Ces lignes sont formées par des pieux couverts de moules dont l'ensemble prend le nom de *bouchots*, d'où dérivent les mots de *boucholeur* et de *boucholage*.

De petits bateaux de deux mètres de long et de cinquante centimètres de large, formés de quatre planches minces, conduisent aux bouchots. La planche du fond, en bois de noyer, se relève à l'avant et s'appelle *sol* ou *semelle ;* les trois autres, en sapin, forment les flancs et l'arrière, coupé carrément. Ces bateaux, d'une construction tout à fait primitive, coûtent de vingt à trente francs, pèsent de 15 à 20 kilogrammes et se nomment *acon* ou *pousse-pied*.

La manière de se servir du *pousse-pied* est assez curieuse. Le boucholeur, à cheval sur l'un des bords, tient ployée sous lui une jambe, se penche en avant et s'appuie sur ses deux mains, qui étreignent les deux côtés de l'*acon ;* il pousse de son autre jambe enfoncée dans la vase et glisse sur la surface

avec assez de rapidité. Une seule personne peut entrer dans
un *pousse-pied* avec le pêcheur qui la conduit.

Les bouchots se composent de deux rangs parallèles de pieux
solidement enfoncés dans la vase ; des branches flexibles,
tressées de l'un à l'autre, les relient entre eux, donnent plus
de résistance à l'ensemble et offrent aux moules un plus grand
nombre de points d'attache.

Entre les deux rangs de pieux se trouvent des espèces de
planchers en clayonnage ou en filets qui forment divers étages.
On y dépose les moules que l'on va pêcher sur la plage de l'île
de Ré. Elles se répandent sur les pieux et s'y rattachent solidement à l'aide du byssus.

Les boucholeurs repiquent les moules sur les bouchots.
Ils éclaircissent celles qui sont trop épaisses ; ils les répandent sur les endroits qui en manquent ; ils les placent à
mesure qu'elles grossissent sur des clayonnages de plus en
plus élevés ; enfin, c'est dans la partie supérieure des
pieux qu'ils choisissent celles qu'ils livrent au commerce :

La supériorité incontestable des moules élevées dans les bouchots tient sans doute à ce qu'elles ne se trouvent jamais en contact avec la vase.

Après les tempêtes de l'hiver, les vasières ont perdu leur surface plane, qui seule peut permettre aux *acons* de les parcourir ; elles sont hérissées de sillons et de gibbosités, dus à l'agitation de la mer, qui a empêché les dépôts de se former régulièrement. Alors arrivent par millions les *corophii longicornis*.

Les corophies, petits crustacés, présentent une vague ressemblance avec les crevettes. On voit à la marée montante des myriades de ces animaux s'agiter en tous sens et à l'aide des grandes antennes dont les gratifie la nature, battre et déblayer la vase pour y découvrir des néréides, des aphrodites et des arénicoles. Trouvent-ils un de ces insectes maritimes, dont ils se montrent très-avides, ils se réunissent et semblent agir d'accord pour l'attaquer, le tuer et le manger ; ils ne cessent leur carnage qu'après avoir fouillé et aplani la vasière et lorsqu'ils ne trouvent plus de proie pour assouvir leur voracité, ils se jettent ensuite sur les mollusques et sur les poissons restés à sec pendant la marée basse. Malheur aux moules tombées de leurs bouchots ! En dépit de leurs solides valves, elles sont dévorées.

Ce que des milliers d'hommes ne parviendraient pas à exécuter dans le cours d'une année, les corophies l'entreprennent et l'achèvent en quinze jours ; ils démolissent et aplanissent plusieurs kilomètres carrés de sillons et de gibbosités qui, cependant, opposent une résistance sérieuse, puisque le soleil les a séchés et durcis.

— Louis XVIII, ajoutai-je à mon tour, aimait passionné-
ment les moules ; chaque jour on lui en faisait venir de la
Rochelle pendant toute la saison où la tradition veut qu'elles
soient excellentes, c'est-à-dire pendant les mois sans R, au
rebours des huîtres, que les gourmets ne prisent que dans les
mois dont le nom contient un R. Le monarque, dans un de ses
jours de belle humeur, enseigna même à M. de Talleyrand la
recette d'une sauce au poivre de Cayenne, qui plaçait désormais les moules au rang des mets de premier ordre.

Quand l'illustre maître d'hôtel du célèbre diplomate, Carême, apprit cette nouvelle, il s'écria :

— Pourquoi les autres monarques n'imitent-ils point le
noble exemple de Louis XVIII? Il n'en faudrait pas moins
pour mettre l'art culinaire là où il doit véritablement être,
c'est-à-dire à la tête des sciences humaines. La science qui
nourrit ne vaut-elle pas mieux que la science qui tue?

M. de Talleyrand raconta au roi les réflexions de son cuisinier.

— Prince, répondit en souriant le vieux monarque, Carême
a raison ! Mais j'ai peur qu'il ne faille encore bien du temps
pour qu'une idée si juste prévale. Je n'aurai point de sitôt, je
le crois, à nommer un ministre de la cuisine publique.

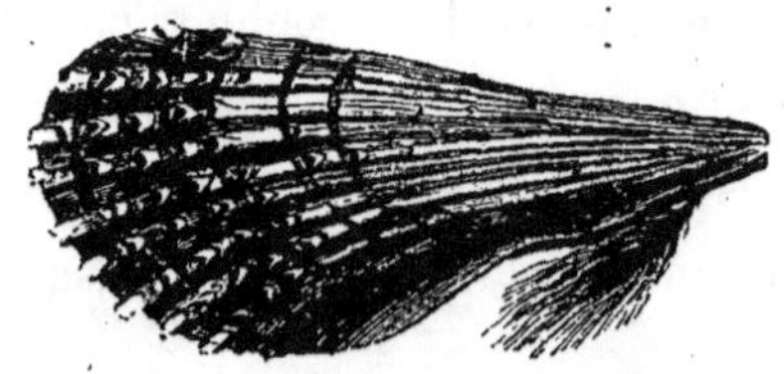

CHAPITRE III

LE CULTE DU SERPENT

andis que nous devisions ainsi, on annonça le docteur Forbes.

Le docteur Forbes remit une lettre d'introduction à Tsoui-tsine et lui exprima le désir qu'il éprouvait de visiter les belles collections du prince siamois.

Je ne me trouvai pas sans plaisir en présence de ce savant

voyageur connu par plusieurs publications d'un grand intérêt.

Le docteur Forbes est un homme de cinquante ans tout au plus ; ses traits réguliers annoncent une volonté énergique et froide, et son teint hâlé révèle un long séjour sous un ciel ardent.

Il nous raconta, en effet, qu'il arrivait d'Haïti qu'il avait habité pendant vingt ans ; il compte, ajouta-t-il, s'établir en Angleterre, sa patrie, pour y jouir désormais et en paix d'une fortune honorablement acquise pendant un long et laborieux séjour au cap de Santo-Domingo.

Il rapporte de cette île, non-seulement quelque chose comme un million, gagné par son savoir médical secondé par d'heureuses spéculations, mais encore une précieuse collection éthnographique, et de plus un dieu dont il s'était fait accompagner, sachant, dit-il en souriant, l'intérêt que causerait sa visite.

Et sur notre demande il nous montra le dieu et son temple.

Le temple consiste en une caisse de bois odorant garnie à l'intérieur de flanelle, et percée sur son couvercle orné de verroteries d'une vingtaine de trous d'un centimètre. Chaque mois, toute divinité qu'il soit, l'hôte divin qui habite ce tabernacle éprouve le besoin de changer de vêtements et d'avaler une poule, un cochon d'Inde, et, faute de mieux, un ou deux rats ; après quoi, il se rendort pour trois ou quatre semaines. Du reste bon prince, doux, de mœurs sociables, il sort de son temple au premier appel du docteur Forbes, appel qui consiste en une sorte de sifflement doux et pro-

longé, noue autour du cou de son ami les replis d'un corps
qui ne mesure pas moins d'un mètre cinquante de long, et
se complaît à faire miroiter à la lumière les couleurs riches
et variées de sa robe ; car il faut bien finir par le confesser,
le dieu Voodoo est un serpent d'une espèce analogue aux
boas et d'un beau gris d'argent diapré de taches pourprées.

Le docteur Forbes nous raconta que, pour se mettre en
possession de cette divinité rampante et de son *sanctum san-
ctorum*, il s'était exposé à toutes sortes de périls ; si les adorateurs du Voodoo eussent soupçonné le vol sacrilége que
faisait commettre au savant l'amour de la science, ils l'en
eussent infailliblement puni en l'assassinant.

En effet, le culte du Voodoo, qui est à la fois une religion
et une société secrète, compte de nombreux adeptes parmi
les habitants de Haïti, et le fameux Soulouque n'en était pas
un des moins fervents et des moins fanatiques sectateurs.

Le Voodoo, que les prêtres de cette singulière religion choisissent tout petit et avec des rites minutieux et bizarres,
doit, comme le bœuf Apis des Égyptiens, porter sur la tête
une tache blanche en forme de croissant ; comme lui encore,
après dix ans de culte, il reçoit une mort mystérieuse et on le
jette vivant dans un brasier allumé derrière son propre autel.

Jusqu'à cette heure suprême, quatre jeunes lévites des
deux sexes et appartenant à une caste inférieure de la hié-
rarchie religieuse du Voodoo, se tiennent prosternés, nuit
et jour, en adoration perpétuelle devant l'autel de pierre et
le tabernacle du reptile-divinité.

Les mystères de son culte se célèbrent en outre toutes les

semaines, le samedi ; ils commencent à minuit dans l'immense cabane qui sert de temple. Un prêtre et une prêtresse, revêtus du costume sacerdotal, se placent debout de chaque côté de la divinité en faisant entendre un sifflement lent et doux semblable à celui auquel le docteur Edwards Forbes recourt lorsqu'il veut éveiller son Voodoo.

Alors le dieu rampant montre sa tête plate, ses yeux immobiles, et sort de sa gueule une langue noire et fourchue.

Aussitôt éclate de toutes parts une musique composée de tam-tams en fer et de calebasses remplies de coquillages et de feuilles de tôle qu'on frappe à grands coups de bâton, ou qu'on agite violemment, comme on le pratique dans nos théâtres pour imiter le bruit de la tempête.

A ce signal, les adeptes déjà initiés entrent lentement les bras nus, les mains enlacées au-dessus de leur tête, et sans autres ornements qu'une espèce de pagne souillée de sang humain. Ils se rangent silencieusement autour de l'autel et attendent, sans faire un mouvement, l'arrivée du grand prêtre.

Tout à coup celui-ci s'élance brusquement de quelque coin obscur du temple. Il porte sur la tête un diadème rouge attaché par un ruban bleu, et un long manteau écarlate enveloppe son corps à demi-nu. Sur sa poitrine se balance une tête de serpent en bois, étrangement sculptée, et peints de couleurs grossièrement appliquées.

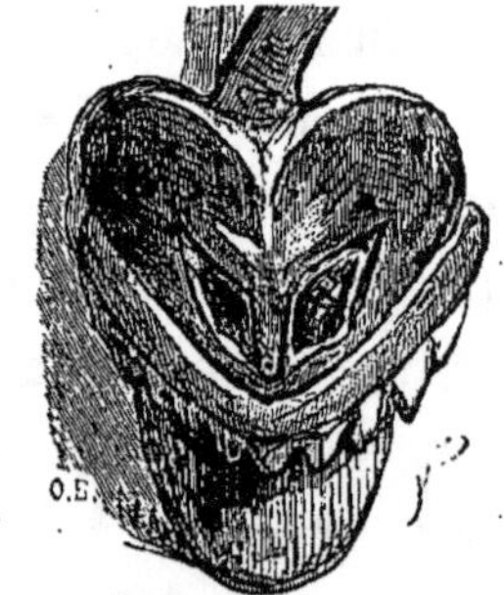

Fétiche de Voodoo.

La grande prêtresse, parée d'un costume analogue, sort

d'un autre coin, et aussitôt les danses commencent. Le docteur Edwards Forbes assure, et je le crois sans peine, qu'on ne saurait, sans en avoir été le témoin comme lui, se faire une idée de ces danses tumultueuses, convulsives, échevelées, impudiques, exécutées par des nègres des deux sexes qui ne tardent point à tomber dans une exaltation furieuse.

Au milieu de l'effervescence la plus violente, la grande prêtresse élève les bras. A l'instant chacun se tait et reste immobile dans l'attitude où le surprend le geste sacerdotal. Alors, au milieu de ce silence effrayant, d'une voix lente et basse, cette femme, toujours choisie parmi les plus décrépites, et partant parmi les plus hideuses, se met à rendre des oracles, et surtout à décréter des arrêts de mort. Elle annonce qu'avant un mois, qu'avant une semaine, qu'avant un jour, qu'avant une heure, le Voodoo doit frapper telle ou telle victime infidèle ou hostile à son culte. Dès qu'elle cesse de parler, le grand prêtre égorge un chevreau, et remplit de sang une grande coupe que la pythonisse vide d'un seul trait. Puis elle s'écrie : Désobéir à Voodoo, c'est mourir. Jurez de frapper les coupables.

Chacun s'incline trois fois, touche de son front la terre, et répond : J'obéirai.

Ce serment prêté, le grand prêtre, tenant à la main un sceptre surmonté d'une figure humaine, dont un serpent entoure le corps, à l'aide d'une braise encore chaude, prise à l'amas de bois odoriférant qui brûle nuit et jour derrière l'autel, trace sur l'aire du temple un cercle accompagné de dessins étranges. Il fait introduire ensuite un néophyte à qui

il remet, avec une foule de simagrées, un morceau d'étoffe contenant
du crin de cheval, des dents de crocodile, les ossements d'une main, et
certaines herbes cueillies la veille sur
la tombe d'une victime assassinée
par l'ordre du Voodoo. Le néophyte
sème de çà et de là ces sinistres objets et les foule aux pieds en dansant
dans l'intérieur du cercle, tandis que
les initiés forment autour de lui une
ronde à donner le vertige aux cerveaux les moins impressionnables.
Quand le néophyte ruisselant de sueur
tombe mourant de fatigue et d'effroi,
le grand prêtre le frappe, soit de son
bâton, soit à grands coups d'un mail-
let de bois sur la tête, et le chœur des
inités recommence à tourner de nouveau autour de lui et à hurler le
refrain suivant :

> Eh ! eh ! Bomba ! hen ! hen !
> Congo bafia té,
> Congo mourne dé lé,
> Dongo do hi la !
> Congo, li congo li !

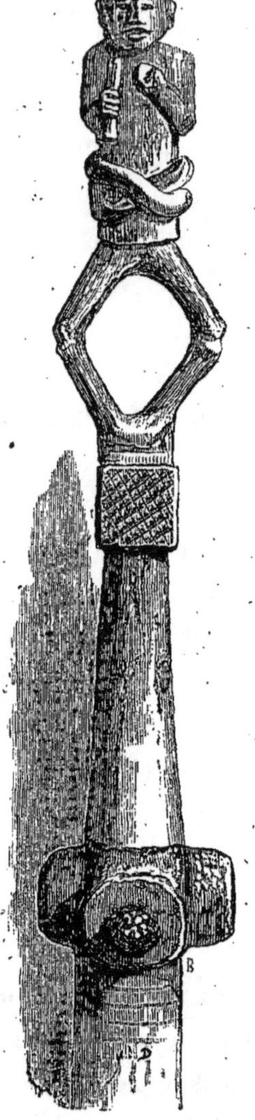

Bâton serpent du Voodoo.

Bon gré mal gré, il faut que le
néophyte se relève, qu'il recommence à danser, et surtout

qu'il ne sorte pas du cercle, car sans cela on le massacrerait
à l'instant. Qu'un des pieds, qu'une des mains de ce malheureux abasourdi par cette effrayante initiation et par les coups
qu'il reçoit sur la tête, vienne seulement à dépasser d'un centimètre la ligne noire tracée par le charbon sacré, le grand
prêtre le frappe d'un fouet de cuir, et aussitôt le malheureux tombe assommé ou poignardé par les spectateurs.

Triomphe-t-il ? il prend place désormais parmi les adeptes,
prête serment d'obéir aveuglément, n'importe à quelle heure
du jour et de la nuit, aux ordres du grand prêtre, et reste jusqu'au lever du soleil avec ses nouveaux collègues à s'enivrer
de tafia et à se livrer aux plus immondes débauches.

Soulouque, quoiqu'il ne sût ni lire ni écrire, comprit en
arrivant à l'empire qu'il fallait que les adorateurs du Voodoo
non-seulement ne fussent pas contre lui, mais encore fussent pour lui. Il convia donc à un festin le grand prêtre
et la grande prêtresse qui, ramenés ivres-morts au temple
du serpent, moururent tous les deux le surlendemain. On
parla bien un peu de poison, mais on n'en procéda pas moins
à l'élection de la dignité du grand prêtre devenue si opportu-
nément vacante. Soulouque, admis déjà depuis quelques
mois dans la secte du Voodoo, s'associa une prêtresse de son
choix, fit sacrifier devant le dieu un taureau au lieu d'une
chèvre, et se vit acclamer le grand maître tout-puissant
de cette franc-maçonnerie prête à exécuter les ordres de
meurtre qu'elle ne pouvait manquer de recevoir du nouveau
Vieux de la Montagne.

— Le culte du serpent, dit Tsoui-tsine, se retrouve dans

toutes les parties de l'Afrique, où semblent encore en vigueur les vieilles croyances du serpent d'airain de Moïse, du Thermuthis égyptien, des psylles de Rome, du dragon des Assyriens, du dragon chinois et des reptiles que la déesse indienne Doorga brandit dans ses mains sanglantes.

Les druides eux-mêmes vénéraient le serpent, ainsi que l'attestent les plus remarquables de leurs temples découverts en Angleterre dans la plaine d'Abury, à douze kilomètres de Salisbury, et à Stonehenge, dans le comté de Wilt.

MM. Lartet et Henry Christy, dans leur *Mémoire sur les antiquités archéologiques et paléontologiques de l'Aquitaine et du Périgord*, donnent la figure d'un os gravé trouvé à Laugerie, servant sans doute d'amulette, sur lequel se trouve la figure d'un serpent gigantesque, près d'une figure humaine et de têtes d'animaux.

Nos possessions françaises d'Algérie ont leurs aïassouas; ils se prétendent les disciples d'un prophète du nom de *Aïssa* duquel ils tiennent l'autorisation de se

Os gravé provenant des grottes de Laugerie.

nourrir des viandes défendues par le Koran, et qui profitent
de ce privilége pour dévorer toutes sortes de reptiles veni-
meux qu'ils manient impunément, en témoignage, disent-
ils, de la dispense accordée à leur secte.

L'homonyme de M. Edwards Forbes, sir William Forbes,
parla longuement encore d'un temple consacré aux serpents
qui se trouve dans le royaume de Dahomey, dans la Nigritie
maritime; ce culte des reptiles y porte le nom d'*Obeah*; enfin sur toutes les côtes occidentales d'Afrique, le serpent est
l'auxiliaire indispensable des sorciers et des sorcières appelés *Obi* et qui exercent la profession de jeteurs de sort et de
médecins. Non-seulement ils portent dans leur poitrine un
serpent apprivoisé, mais encore ils se servent, pour leurs
incantations, de la représentation plus ou moins grossière
d'un de ces reptiles.

Du reste, vous pouvez voir la plupart des fétiches consacrés au serpent dans toutes les parties du monde. Ils font
partie d'une collection d'idoles que je suis en train de ras-
sembler.

En parlant ainsi, il nous introduisit dans une galerie atte-
nante à son laboratoire.

— Vous le voyez, dit-il, le serpent ou le dragon, car c'est
tout un, se retrouve ici taillé sous toutes les formes.

Tantôt le fétiche offre la forme d'un serpent qui avale un
homme, et la tête de la bête rampante se trouve combinée
de façon à former la tête de sa victime; tantôt, à l'extrémité
d'une courte canne, se tient une figure humaine, autour de
laquelle s'entortille un serpent dressant sa large gueule jus-

qu'aux lèvres de celle-ci qui la baise respectueusement.

Le premier de ces fétiches s'attache au-dessus de la couche des malades, dans le but d'écarter de ces derniers les mauvais esprits cause de la langueur qui les mine, ou de la fièvre qui les dévore.

Le second est le bâton magique que le sorcier, — car en Afrique tous ceux qui professent l'art de guérir sont des sorciers, — tient à la main et promène sur le front,

Fétiche-serpent du Gabon.

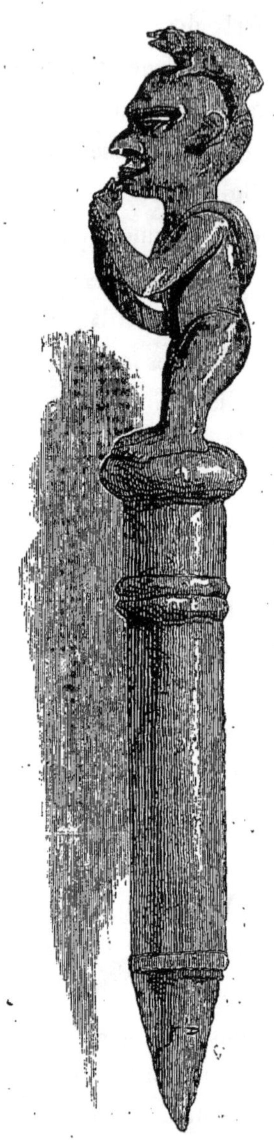

Fétiche-serpent du pays des Pahouins.

Pyramide-talisman de la côte occidentale
d'Afrique.

sur la poitrine, sur les mains et sur les pieds du malade. Non-seulement il a sculpté ce bâton la nuit, au clair de lune, mais encore il en a coupé le bois avec des rites très-étranges et l'a trempé sept fois dans un bain de sang humain.

Voulez-vous avoir une idée des cérémonies employées pour la confection du talisman d'un sorcier africain ? Examinez cette pyramide en bois, haute d'un mètre vingt centimètres environ, et rapportée par l'amiral Didelot. Elle mettra sous vos yeux toutes les phases d'une incantation du pays des Pahouins.

A la base sont deux hommes assis au-dessus desquels se tordent deux gigantesques serpents. Le premier de ces hommes, qui est un sorcier, prépare un morceau de bois avec lequel il se dispose à fabriquer son bâton magique. L'autre est un novice qui tient à la main un couteau trempé dans du sang. Au-dessus, une panthère se dresse au milieu de ses petits, tandis que le sorcier, prenant le malade entre ses bras, l'élève vers le ciel. Plus au-dessus encore, deux malades implorent le sorcier recouvert d'un vêtement en partie emprunté aux débris d'un costume de zouave sénégalais, tandis qu'un autre initié implore à genoux le mauvais esprit symbolisé par un crapaud gigantesque. Au sommet de la pyramide, le sorcier broie des plantes magiques sur une pierre, les écrase dans un pilon et enfin scie et sculpte son bâton. Les trois autres faces de la pyramide présentent divers détails qui complètent l'histoire de la fabrication du talisman.

Cette pyramide de bois, enlevée dans une expédition contre une tribu révoltée, était à la fois le rituel des Obis et un palladium magique auquel on supposait la vertu d'assurer la victoire à ceux qui la possédaient. Aussi la tenait-on précieusement renfermée dans une case fortifiée qui lui servait de temple, et ne la montrait-on au peuple qu'au moment d'un grand danger.

Lorsqu'un aspirant Obi voulait s'initier aux mystères de cette profession, il fallait qu'il se préparât par des ablutions, par un jeûne de trois jours et par certains rites mystérieux, à son initiation ; enfin il ne pouvait pénétrer dans la case qu'une nuit où la lune brillait dans son plein et il devait escalader l'enceinte du lieu sacré, construite en terre et en pierres et haute de quatre mètres environ. Des espèces de lévites, réunis dans cette enceinte, et armés de bâtons noueux et souvent même de sabres et de lances, s'opposaient à cette escalade et faisaient souvent un mauvais parti au néophyte

Boîte en bois de la Nouvelle-Zélande, vue de face.

qu'ils assommaient sans pitié, surtout quand ce dernier ne s'était point au préalable concilié la bienveillance des défenseurs de la case, soit par une distribution de rhum, soit par le don de pièces d'étoffe ou de perles de troques.

Maintenant, comparez cette boîte en bois sculpté de la Nouvelle-Zélande à cette pipe d'une ardoise dure et brillante de la Nouvelle-Grenade.

Toutes les deux se composent de figures particulières groupées artistement entre elles et formant néanmoins un ensemble général. La boîte, au prémier coup d'œil, ressemble à un oiseau; mais le bec de cet oiseau est formé par un bonnet prolongé en mitre et qui couronne une tête aux yeux ronds et équarquillés,

au nez écrasé. Un cra-
paud rampe sur la poi-
trine de ce monstre et lui
tire la langue hors de
la bouche. Une tête aux
yeux fendus en amande,
au nez pointu et acéré, à
la bouche fine, au menton
aigu, sert de trône au
démon ailé. Par-dessous,
une autre tête, plus me-
naçante encore, forme le
ventre de l'oiseau et rappelle les plus hideuses
créations qu'aiment à re-
produire les sauvages de
l'Océanie.

Regardez maintenant
cette boîte de profil. D'a-
bord vous en admirerez
mieux la finesse exquise
du travail, mais encore
vous y remarquerez quelle
expression convulsive l'artiste néo-calédonien a su
donner à la victime que
torture le crapaud mysti-

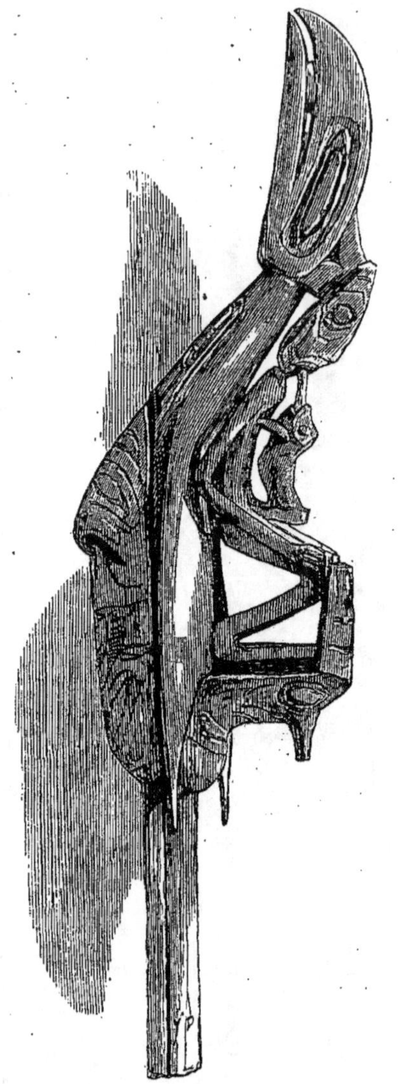

Boîte en bois de la Nouvelle-Zélande, vue de profil.

que. Ses jambes se crispent sous elle ; et elle cherche à se

soustraire convulsivement au vampire qui absorbe sa substance vitale.

Placez à côté de cette boîte la pipe américaine. N'est-ce
pas un travail tout à fait identique? n'est-ce pas la même
façon de faire? n'est-ce pas une seule figure composée de di-
verses figures? n'est-ce pas la même aptitude à inventer des monstres? Ne retrouvez-vous pas, je le répète, dans ces deux objets d'une origine si éloignée, les mêmes formes, les mêmes enlacements de figures arrivant à un résultat d'ensemble presque analogue.

Voici comment on se sert de cette pipe. On place le tabac dans un trou creusé au-dessus de la partie la plus large, et on aspire la fumée par un second trou placé à la partie la plus étroite, et qui communique avec

Pipe en syénite de l'Amérique du Nord.

la première par un conduit intérieur admirablement ménagé.

Voici maintenant un dragon en bois provenant du Sénégal

et un dragon en lave trouvé dans les ruines de Palenqué, au Mexique; Palenqué, cette ville mystérieuse perdue au milieu de forêts vierges, et qu'édifia en des temps inconnus une race d'hommes complétement disparue depuis je ne sais combien de siècles. Les monstres offrent la même ressemblance.

Dragon en bois du Sénégal.

Seulement l'un est animé; sa gueule menaçante grince de ses dents aiguës, et ses yeux jettent un regard sinistre; l'autre se tient accroupi et prêt à s'élancer sur la victime.

Dragon en lave provenant des ruines de Palenqué.

Enfin, si l'Africain porte sur son dos un morceau de miroir, l'Américain porte à la même place un morceau d'obsidienne brillant comme la petite glace.

Fétiche-serpent de Loango.

Fétiche-serpent des îles Marquises.

Ce fétiche-serpent en ivoire des îles Marquises, ce fétiche en bois de la Nouvelle-Calédonie, ce fétiche-serpent de Loango, contrée d'Afrique qui appartient à l'Espagne, ne viennent-ils point encore à l'appui de ce fait si incontestable que le culte du serpent répandu à toutes les époques et dans toutes les contrées du monde n'est qu'un reflet du culte idolâtre qui se manifestait déjà du temps de Moïse, qu'on retrouve dans l'Océanie, en Amérique, en Afrique, et qui existait à Rome sous le nom d'Esculape, ce dieu de l'antiquité païenne qui aimait à se métamorphoser en serpent, et qui se montrait sous cette forme à Rome dans un temps d'épidémie?

La Thrace elle-même, d'après Plutarque, partageait le culte de l'Italie pour le serpent; cet historien raconte qu'Olympias, mère d'Alexandre le Grand, ne marchait qu'accompagnée d'une troupe de femmes édoniennes, tenant des thyrses à la main, portant des serpents vivants dans leur coiffure et poussant sans cesse les cris d'*Evoe, Saboe, flues, ottes*.

Ne doit-on point conclure de tout ce que vous venez de voir que l'homme provient d'une seule et même souche et que, dispersé sur toute la surface du monde, il y conserve plus ou moins complètes les traditions de sa première origine. Les armes en pierre, l'arc, la flèche, la fronde, toujours travaillés d'une façon à peu près semblable, le culte du serpent, enfin, ne se réunissent-ils point pour démontrer cette vérité et la faire toucher du doigt? Quant aux changements de couleurs de la peau, de certaines formes du vi-

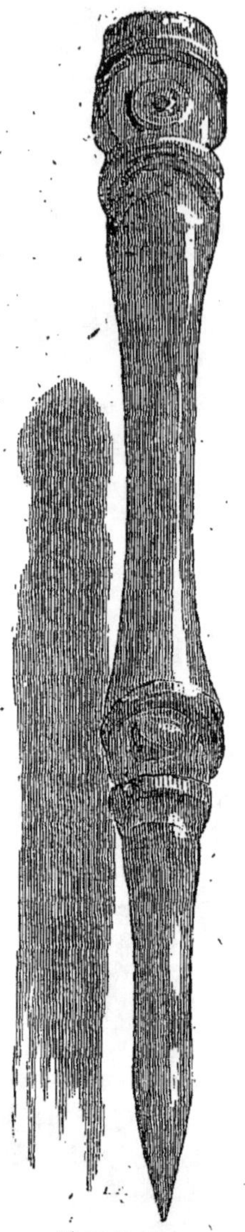

Serpent en bois
de la Nouvelle-Calédonie.

sage et des membres, les croisements de race, le temps, l'action du climat, la nourriture, les mœurs, ne suffisent-ils point pour les expliquer sans laisser un doute?

Avant de quitter cette question, jetez les yeux sur le panneau de la Nouvelle-Zélande dont je viens de vous parler. Vous y retrouverez encore le serpent.

Taillé à jour dans un bloc de ce bois dur et brun que faute de mieux connaître on désigne sous le nom de *bois de fer*, il représente un être fantastique, aux yeux de nacre, qui mord, dans sa large bouche à dents aiguës, des doigts terminés en fourche, et autour duquel des serpents, des oiseaux, des plantes et des herbes forment un treillage d'un effet aussi étrange que pittoresque.

Il servait à former soit le fronton d'une case, soit l'arrière d'une pirogue; il représente une des divinités les plus en faveur chez les sauvages néo-zélandais.

C'est *Tawiri-Matea*, le père des vents et des orages.

Selon les naturels de la Nouvelle-Zélande, les hommes ont deux ancêtres : l'un, *Rangi*, descendit du ciel, et l'autre, *Papa*, surgit du sein de la terre.

L'obscurité régnait alors dans les espaces, et les enfants engendrés par *Rangi* et *Papa* ne connaissaient pas la lumière. Cet état de choses dura des milliers de siècles et finit par fatiguer la race de *Rangi* et de *Papa*.

Ils se consultèrent entre eux pour savoir s'ils se contenteraient de s'affranchir du joug de *Rangi* et de *Papa*, ou s'ils les tueraient.

Tumatanenga, le plus fier des enfants, s'écria : « Mettons-les à mort! » Mais *Tane-Mahuta*, le père des forêts et de tous leurs habitants, ne fut pas de cet avis.

Il proposa de séparer leur père et leur mère, de ne plus s'occuper du ciel et de rester sur la terre, leur grande nourrice. Tous ses frères y consentirent, à l'exception de *Tawhiri-Matea*, le père des vents et des orages.

Alors *Rungo-ma-Tane*, père des moissons, se leva, et, par un effort suprême, essaya de séparer le Ciel de la Terre; mais il ne put y parvenir.

Après lui, *Tangaroa*, père des poissons et des reptiles, ne fut pas plus heureux.

Enfin, *Tane-Mahuta*, père des forêts, commença l'épreuve. Il appuya sa tête sur sa mère *Pàpa* (la Terre) et arc-bouta ses pieds contre son père *Rangi* (le Ciel).

Une voix lui cria alors : « Enfant criminel et impie, pourquoi veux-tu séparer tes parents? »

Mais *Tane-Mahuta* ne tint pas compte de cet avertissement; par un suprême effort, il poussa sa mère la Terre en bas, et de son pied puissant lança son père le Ciel dans les espaces supérieurs. Alors l'obscurité se concentra; la lumière apparut et montra tous les êtres engendrés par le Ciel et par la Terre, qui avaient vécu dans les ténèbres avant la séparation de ces derniers.

La jalousie s'empara de *Tawhiri-Matea*, père des vents et des orages. Il abandonna ses frères, qui restaient avec leur mère, et remonta vers le Ciel.

Là, de sa poitrine puissante il créa des enfants. Il en envoya un au nord, un autre au midi, un troisième à l'est, et

un quatrième à l'ouest. Il leur donna mission de souffler fortement sur la terre et de tâcher de tout détruire. Il créa ensuite les trombes, les orages, les nuages, les tempêtes, les
lança sur les forêts de son frère, *Tane-Mahuta*, et les détrui-
sit en partie.

Avec ses enfants les plus puissants, il attaqua son frère
Tangaroa, père des eaux et de la mer. Il mit tout en confusion dans l'empire de ce frère, et les habitants s'enfuirent
éperdus.

Tangaroa avait deux fils, *Ikatere*, le père des poissons, et
Tute-Wehiwehi, le père des reptiles. Dans la confusion produite par leur oncle, Ikatere et ses enfants s'écrièrent : —
Fuyons sur la terre! Tute-Wehiwehi et les siens voulurent,
eux, rester dans la mer. De là grande querelle.

Ikatere, en fureur, leur dit : — Si vous restez dans l'eau,
je vous prédis toutes sortes de malheurs. Il n'y aura pas de
bons repas sur la terre sans qu'on ne vous y mange, et on
vous fera une guerre acharnée.

Les autres répondirent : — Si vous fuyez sur terre, toutes
sortes de malheurs vous menacent. A l'avenir, excepté nous,
tous les êtres vivants trouveront la mort dans les eaux et
seront dévorés.

Ces discours ne produisirent aucun effet et la séparation eut lieu.

Il survint ensuite de grandes luttes entre les puissances
de la terre et des eaux, toujours tourmentées par le terrible
Tawhiri-Matea, que protégeait le ciel pour sa fidélité filiale.

Bien souvent les maîtres des eaux l'emportèrent, et c'est

pourquoi aujourd'hui les mers sont beaucoup plus étendues que la terre ferme.

Depuis cette époque, la Terre est restée séparée du Ciel ; mais leur amour n'est pas éteint.

Les soupirs de *Papa* (la Terre) montent toujours vers son époux et sont appelés brouillards par les hommes.

La nuit, *Rangi* (le Ciel) pleure sa séparation d'avec la Terre. Ses larmes tombent sur le sein de cette dernière et sont appelées par les hommes gouttes de rosée.

Quant à *Tawhiri-Matea*, père des vents et des orages, comme il fait chavirer les pirogues, qu'il démolit de son souffle puissant les habitations et qu'il est le plus redoutable et le plus fatal des enfants de *Rangi* et de *Papa*, il reçoit des naturels un culte fervent.

Le dieu des tempêtes, bas-relief de la Nouvelle-Zélande.

On place son image au-dessus des maisons, on la sculpte à la proue et à la poupe des pirogues, et on l'invoque dans les moments de danger et dans les jours de fête; car, disent les naturels, il ne faut point flatter les puissants, surtout les dieux, seulement quand on en a peur ou besoin. Il est bon de s'en faire des amis et de se les rendre favorables, dans le calme, afin de les trouver quand le mal arrive et que la tempête gronde et s'apprête à sévir.

CHAPITRE IV

LE CABINET DU JAPONAIS

endant que Tsoui-tsine et le docteur For-
bes s'entretenaient ainsi, sans perdre un
mot de leurs paroles, et tout en y prêtant
une oreille attentive, je regardais curieu-
sement le cabinet et les collections au
milieu desquelles je me trouvais.

Ces collections, disposées sur les gradins d'une immense
galerie, présentaient assurément le spectacle le plus étrange
auquel on pût assister.

Elles se composent de trois séries bien distinctes d'objets
exotiques :

Dans la première se trouvent les armes et les ustensiles en pierre de toutes les époques et de tous les pays du monde.

La seconde renferme les idoles et les fétiches de l'Asie, des deux Amériques, de l'Océanie et de certaines contrées de l'Europe.

La troisième se compose des armes, des costumes, des bijoux, des instruments de chasse et de pêche, et de tout ce qui se rattache aux habitudes et aux mœurs des sauvages.

En examinant la collection de l'âge de pierre, et en comparant les uns aux autres les objets qui la forment, on peut se convaincre d'un coup d'œil que le sauvage aux époques mystérieuses et sans date des premiers âges, comme le sauvage contemporain, procédait de la même manière.

Ainsi que je vous l'ai raconté dans l'*Homme depuis cinq mille ans* [1], MM. Lartet et Christy ont découvert, en fouillant les grottes de la Dordogne, surtout aux Eysies, des quantités considérables de silex taillés en haches, en pointes de flèches, en grattoirs, en couteaux, en ustensiles de toutes les espèces. A côté de ces épaves des premiers âges de l'homme se trouvent, dans la collection du savant japonais, des objets identiques, fabriqués par les mêmes procédés, dragués dans la Seine ou rapportés par des voyageurs de la Syrie, du Mexique, de l'Afrique, de l'Inde, des deux Amériques et des diverses îles de la Polynésie.

La nature de la pierre varie seule. Sans cela, quelle que soit leur origine, on confondrait ces armes les unes avec les

[1] *L'Homme depuis cinq mille ans*, chapitre III, page 17.

autres. Toutes, elles sont détachées en lames brutes par un coup sec frappé sur le caillou. Aux époques relativement récentes, ce même caillou a été dégrossi et aminci par un frottement lent, patient, persévérant, infatigable.

En Europe, on emmanchait ces armes et ces outils dans le bout d'une corne de renne ou de bœuf, on les fixait par des bandelettes de cuir, ou par des liens d'écorce. On les enfonçait encore dans le tronc d'un petit arbre dont la séve finissait par l'étreindre fortement ; on coupait ensuite cet arbre et l'on possédait soit une hache, un marteau, une lance, une flèche, soit un ciseau pour percer les os et en recueillir la moelle, soit enfin un grattoir pour amincir et assouplir les peaux destinées à fournir des vêtements.

Les plus beaux objets en pierre grossière proviennent de l'Europe et de la Syrie. Les plus beaux objets en pierre polie, je vous l'ai dit, sont d'une date relativement plus récente et se récoltent en Europe dans les tombeaux celtes de la France, de l'Allemagne, de l'Angleterre et surtout du Danemark.

Les sauvages européens de l'âge de pierre grossière travaillaient les os avec autant d'adresse que le silex. Ils en façonnaient des manches de poignards, ornés de sculptures et de gravures représentant des figures d'animaux et même d'hommes. Ils en faisaient des poinçons, des outils de toutes les formes et de tous les usages, et même des aiguilles avec un chas et un œil, comme les nôtres, et comme celles que les Samoyèdes et les Esquimaux fabriquent encore aujourd'hui.

Leurs parures consistaient en bracelets, et en colliers formés de pierres percées d'un trou, de petites éponges fossiles et de tragos globulaires, sortes de petites perles naturelles d'origine conchyliologique et qu'on rencontre abondamment dans certains bancs de calcaire.

Dans l'âge de pierre polie, surtout en Danemark, on retrouve le marteau en granit du dieu Thor, identique au marteau en galet des naturels du cap de Bonne-Espérance,

Fétiche-matelot
de la Nouvelle-Calédonie.

de fortes lances, des poignards et des ciseaux à débiter le bois que nos plus habiles marbriers seraient fort embarrassés de confectionner aujourd'hui.

Les idoles et les fétiches offrent la même unité de forme et d'idée.

Chez un grand nombre d'entre eux, comme nous le disions tout à l'heure, surtout chez ceux qui sont relatifs à l'art de guérir, la forme du serpent prédomine. Quant à ceux qui sont destinés à prévenir d'un sort, d'une *jettatura*, ils représentent toujours l'objet même dont on cherche à se garantir.

Ainsi, par exemple, une grande figure en bois de la Nouvelle-Calédonie porte le costume des navigateurs anglais qui, les premiers, sont venus apporter la guerre et les massacres dans cette île. Sa coiffure, ses larges favoris teints en couleur rouge, sa veste et ses boutons, adaptés bizarrement à un corps nu, ne laissent aucun doute à cet égard.

Eh bien ! voici le même costume européen donné à des fétiches du Sénégal et par les Pahouins qui ont tant à redouter des négriers et des pirates ; voici encore un fétiche en ivoire de Loango, identique et ayant la même destination.

Toutefois le chapeau,

Fétiche-matelot en ivoire de Loango.

Fétiche-matelot du Sénégal.

les favoris, les boucles d'oreilles indiquent non plus, cette

fois, des Anglais, mais des négriers de l'Amérique es-
pagnole, qui se livraient, et qui, j'en ai bien peur, se
livrent encore à la traite des noirs. Pour conjurer les rapts
criminels de ces bandits, pour ne point aller souffrir et
mourir sur une terre inconnue et lointaine, les indigènes
sculptent et mettent dans leurs cases des figurines de ces
brigands.

Quant aux idoles destinées à combattre les maladies si
redoutables de la consomption et de la dyssenterie qui

Fétiche en terre cuite de Palanqué.   Fétiches en os humains
                                              des îles Marquises.

exercent particulièrement leurs ravages parmi les peuplades
sauvages, toutes se tiennent les mains appuyées sur la

poitrine et indiquent ainsi les douleurs qu'elles éprouvent et le siége de leurs souffrances.

Les fétiches en terre cuite de Palanqué, au Mexique, et les fétiches en os humains des îles Marquises, ont la même destination. Cés derniers se fabriquent avec les tibias d'un ennemi tué dans un combat et dont les anthropophages ont dévoré le

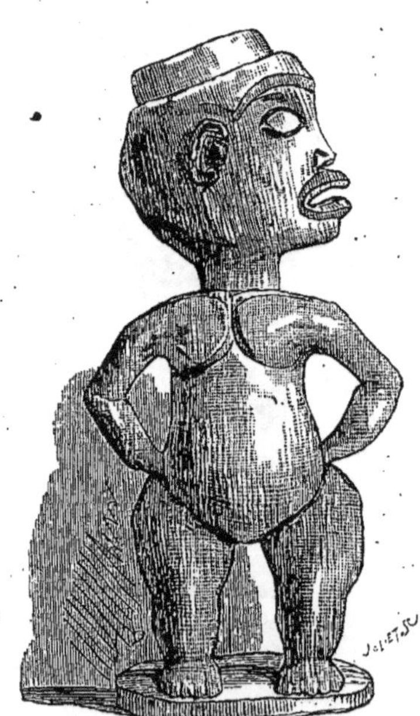

Fétiche en bois des Pahouins.

Fétiche en bois de la Nouvelle-Zélande.

cadavre, après l'avoir parfumé avec un bois odorant, et rôti à un grand feu. Les fétiches en bois de la Nouvelle-Zélande, les figurines de la côte occidentale d'Afrique, montrent constamment un homme ou un enfant dans l'attitude que je viens de décrire.

Fétiche en bois de la Nouvelle-Calédonie.

Quoique faites par des hommes qui n'ont aucune notion de l'art et qui n'ont pour tailler le bois que des outils en pierre, ces figures rendent la plupart, avec une expression saisissante, les angoisses de la maladie.

Les deux dernières que je vais placer sous vos yeux proviennent, l'une de la Nouvelle-Calédonie, et l'autre de l'Afrique centrale.

La première a été rapportée, en 1852, par le docteur
Arnault, médecin de la marine, qui a longtemps habité
la Nouvelle-Calédonie à la suite d'un naufrage. Accueilli
favorablement par la tribu des Palac du Dgaod, et admis
à vivre pour ainsi dire de la vie complète des indigènes,
on vint un jour requérir ses soins pour un enfant qui
se mourait du carreau. En attendant son arrivée, on
avait placé, au-dessus de la couche du petit malade, une
idole en bois représentant un enfant étendu, les mains appuyées sur le ventre. A force de soins, le docteur Arnault
parvint à guérir la pauvre créature. Il demanda pour prix
de sa cure le fétiche qu'on ne lui accorda pas sans résistance. Une fois en sa possession, il le plaça sur sa poitrine,
et dès lors sa réputation de médecin devint tout à fait
considérable. Trouvait-il de la répugnance à l'exécution de
ses prescriptions, il parlait au nom de l'idole et aussitôt
on lui obéissait docilement. Plus de deux cents enfants
malades durent la vie à cette ingénieuse idée.

Le second fétiche en terre cuite provient de l'Afrique
centrale et a été vendu à M. Paul Mouriez, auteur d'un livre
remarquable sur Méhémet-Ali, par un marchand d'esclaves
qui venait d'amener au Caire une cargaison de malheureux
noirs destinés à être exposés en vente dans le bazar consacré
à ce genre de commerce. La pauvre femme qui tenait l'idole
cachée dans son pagne, ne s'en sépara qu'en répandant
des larmes et avec un véritable désespoir : « Mon enfant
mourra ! » s'écria-t-elle en montrant un pauvre petit né-
grillon qu'elle tenait sur sa poitrine. M. Paul Mouriez trouva

néanmoins le moyen de la consoler et de la rassurer en lui
remettant une pièce de monnaie en or, percée d'un trou,
et qu'il attacha au cou de l'enfant, en lui disant que c'était
un talisman de premier ordre puisqu'il provenait d'un
sorcier tout-puissant, qui avait opéré des miracles, et qui,

enfant obscur né dans une île à demi sauvage, était devenu le plus grand magicien du monde. Cette pièce était
à l'effigie de Napoléon Ier, et vous voyez que M. Paul Mouriez ne trompait pas trop l'esclave.

Veut-on se préserver de la guerre, on fabrique un
guerrier farouche, la lance à la main. On a soin en outre
de placer sur sa poitrine une glace carrée et surtout de
former les prunelles de ses yeux avec deux petits mor-

ceaux de miroirs. Pour les sauvages qui ne connaissent point
ces produits de l'industrie européenne, jugez de l'effet
mystérieux que produisent les regards étranges de l'idole,
chatoyant d'une façon fantastique sous les reflets de la lu-

mière et devenant, pour ainsi dire vivants, quand on les
faisait briller au soleil.

Pareil effet, soit dit en passant, avait été pratiqué dans
les temps antiques pour une statue en porphyre rouge de Ju-
non récemment exhumée des ruines de la ville de Pompéi.

Les yeux de cette statue ont pour point visuel des améthys-
tes d'une teinte foncée qui donnent à ses regards une expression surnaturelle, saisissante et d'un effet presque inconnu.

Vous voyez que, une fois encore, l'art grossier des sauvages se rencontre avec l'art si perfectionné des Grecs et des Romains.

Veut-on préserver ses enfants de l'effroyable mortalité qui les frappe dans les pays sauvages, on sculpte, tant

Idoles en bois du Mantchoury.

bien que mal, une femme portant groupé sur son dos un petit garçon robuste.

Des centaines de fétiches de toutes les natures, de toutes les tailles, de toutes les provenances, démontrent cette unité de procédés. On oppose aux mauvais esprits de monstrueux et effrayants fantômes, comme l'attestent ces figures en bois du Mantchoury. L'une d'elles, dont les yeux glauques sont formés par deux morceaux d'os blanc, brandit les bras et les poings en signe de menace et s'apprête à frapper. L'autre, dont le visage n'offre rien d'humain porte sur la tête, en guise de casque, une bête étrange qui tient de l'ours et du crapaud, se dresse sur huit pattes et ouvre une gueule peu rassurante.

A la Nouvelle-Calédonie, le mauvais esprit est représenté par une figure sans bras, à large bouche, à nez formidable, et la tête couverte d'une sorte de turban rouge, à aigrette blanche. Des griffes arment ses pieds courts et ronds.

En Afrique, on cherche à détourner de son passage les animaux féroces par des représentations d'animaux féroces et qui appartiennent toujours à des espèces imaginaires. Un Pahouin ne partirait jamais pour la chasse, sans emporter avec lui,

Idole en bois
de la Nouvelle-Calédonie.

un gris-gris en bois, qui n'est autre chose qu'une image de quadrupède à courte queue, aux pattes trapues, aux oreilles droites, à la gueule armée de dents sans nombre et aux yeux

en ivoire. Si l'on avait l'imprudence de se riquer sans ce
gris-gris dans les marécages infects ou dans les plaines de
sable de ces contrées, non-seulement on courrait le risque
de revenir sans le moindre gibier, mais encore d'être dévoré
par les ours et les panthères ou piqué par les vipères qui
abondent de toutes parts et qui se tiennent cachées dans
les herbes et sous le sable. Par un accident imprévu,
perd-on le gris-gris? aussitôt on renonce à poursuivre le
gibier, on revient sur ses pas, et pendant la route et à défaut de l'image fatidique, on invoque, par des cris et en
frappant sur un tambour, l'esprit que représentait le morceau de bois sculpté.

Fétiche de chasse des Pahouins,

Les mêmes Pahouins, repoussés dans leurs marécages
par le colonel Faidherbe, ne trouvèrent rien de mieux pour
se défendre aux approches de la nuit, que de placer entre
eux et les zouaves sous les ordres du gouverneur du
Sénégal, une rangée de fétiches. Les soldats français se
chauffèrent pendant toute la nuit au bivouac avec ces singuliers ennemis faits en bon bois sec et dont trois ou qua-

tre, recueillis par un officier, figurent aujourd'hui encore noircis par le feu, dans la collection de M. Tsoui-tsine.

Fétiche de guerre des Pahouins.

Les costumes et les armes n'offrent pas un spectacle moins singulier et des rapprochements plus complets.

A la Nouvelle-Calédonie, les guerriers placent sur leur tête un immense masque de bois léger, représentant une face humaine avec une bouche, des yeux, un nez gigantesque surmonté d'un véritable bonnet de grenadier fait de cheveux et auquel se rattache une sorte de sac en filet recouvert de plumes. Cette coiffure, qui grandit de plus d'un mètre ceux qui la portent, ne leur permet de voir qu'à travers

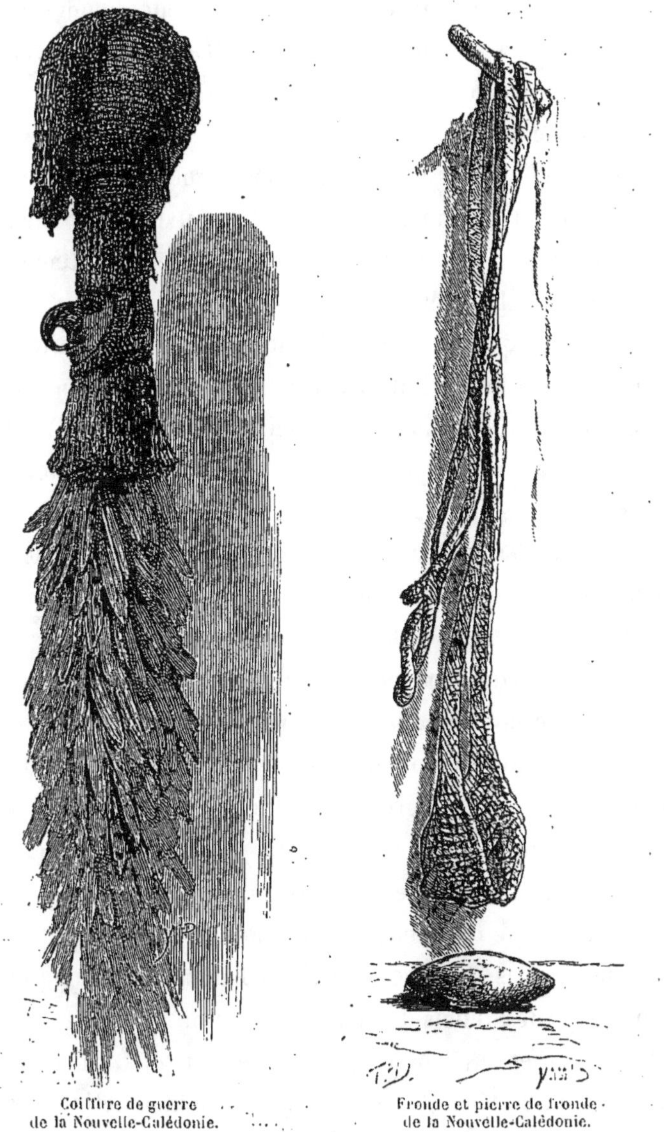

Coiffure de guerre
de la Nouvelle-Calédonie.

Fronde et pierre de fronde
de la Nouvelle-Calédonie.

l'ouverture de la bouche du masque et doit leur rendre fort

difficile le maniement de leurs arcs, de leurs longues lances et de leurs frondes ; mais il paraît qu'à la Nouvelle-
Calédonie on repousse mieux les ennemis en les effrayants
qu'en les blessant.

Je viens de parler des frondes de la Nouvelle-Calédonie.
Elles serviront à donner une nouvelle preuve de la patience
des sauvages et du peu d'importance que ceux-ci attachent
à la valeur de leur temps.

Les pierres qu'ils lancent à l'aide de ces frondes, faites en
tissu et en cordes végétales, consistent en petites pierres de
forme ovale que termine, à chacun de leurs deux bouts,
une pointe aiguë. Les indigènes commencent par tailler ces
projectiles dans une craie un peu dure, mais facile à débiter.
Ils les dégrossissent à l'aide de silex tranchants, et les placent
ensuite dans leur bouche pour les amincir et les polir en
les frottant contre leur langue et contre leur palais.

Les Néo-Calédoniens et les indigènes des îles Marquises
travaillent le bois avec un art merveilleux. Ils en font des
casse-têtes admirablement sculptés et à peu près identiques de forme, malgré les distances qui séparent les
contrées respectives des sculpteurs sauvages. Des boîtes
comme celle dont je viens de parler tout à l'heure et devant la fantaisie desquelles un Chinois lui-même s'extasie-
rait, des rames, des sceptres, des bâtons de commandement sont des chefs-d'œuvre d'exécution.

Leurs étoffes en écorce, qui s'appellent *tapa*, rivalisent
de finesse et de légèreté avec la gaze et la mousseline européennes. Taïti excelle non-seulement dans la fabrication de

ces étoffes, mais encore dans les ornements en plumes, en
graines rouges et en cheveux. Rien ne saurait donner une

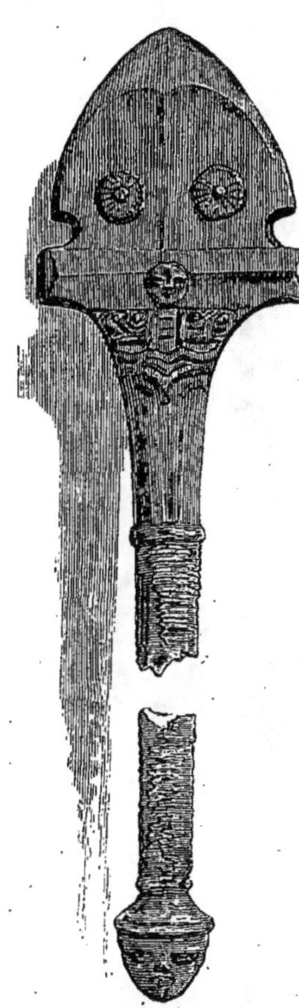

idée de l'élégance et de la grâce de
la couronne que portent les femmes
de cette île; on ne pourrait leur opposer comme perfection que les
mêmes parures confectionnées à
Cayenne et sur les rives de l'Oré-
noque. Faites d'une paille légère,
tressées avec une légèreté et une
élégance digne de la plus habile modiste de Paris, ces couronnes se ter-
minent à leur partie postérieure par
une aigrette souple faite de pellicu-
les blanches empruntées aux fruits
du palmier et qui flottent aux vents
d'une façon toute vaporeuse.

Bâton de commandement
des îles Marquises.

Coiffure de Taïti.

L'Amérique du Nord excelle à mégir les peaux, à les broder
avec la pellicule qui recouvre les piquants des porcs-épics
et à les peindre de dessins bizarres et de couleurs heurtées.

Coiffure des Peaux-Rouges (Amérique du Nord).

Les chefs, le front ceint de hauts diadèmes en plumes et

souvent ornés de cornes revêtues d'étoffes et de la dépouille entière d'un oiseau de proie, avec son bec et ses pattes, s'enveloppent de vastes manteaux de bison blanc blasonnés de casse-têtes et de signes héraldiques. Ils tiennent à la main une longue lance à la flamme de drap rouge brodée de perles de troque et frangée de plumes de vautour; ils portent à leur ceinture un couteau à scalper, à leur bras un bouclier léger; enfin, un large pantalon en peau d'antilope retombe bizarrement sur leurs pieds et traîne à terre quand ils marchent, ce qui leur arrive rarement, car ils ne descendent guère de cheval. Quant au casse-tête ou *tomahaw*, il consiste en une hachette de fer fixée dans un manche court et qui assomme autant qu'il tranche.

Tous ces sauvages ont leurs instruments de musique. En Afrique, sur les côtes et au centre, ce sont des tambours formés d'une peau tendue sur une calebasse ou sur un trou grossièrement creusé, des guimbardes en lamelles de fer, des guitares et des harpes dont on pince les fils de cuivre, des tambours et des tambours de basques. Dans l'Océanie, ce sont des flûtes en roseau ou en bois dans lesquelles on souffle plus souvent avec les narines qu'avec les lèvres. Dans l'Amérique du Sud, ce sont des flûtes au milieu desquelles s'ouvre un trou large comme la main, pour modifier les sons. Dans l'Amérique du Nord, ce sont des flûtes en os, tantôt d'hommes, tantôt d'animaux.

A la Nouvelle-Calédonie, des figures en bois déposées dans les sépultures attestent aussi, comme vous le voyez, une connaissance presque exacte des détails anatomiques

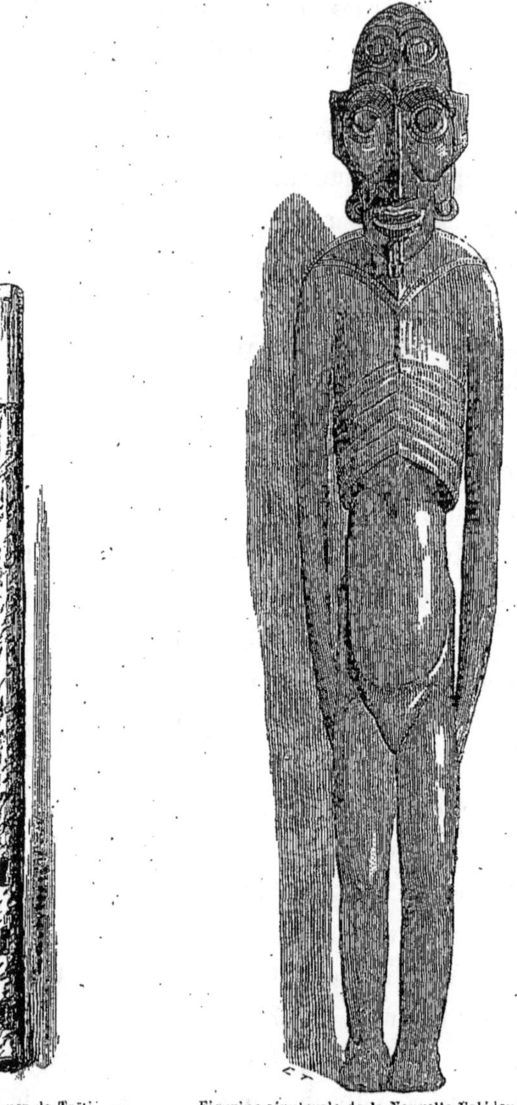

Flûte à nez de Taïti.   Figurine sépulcrale de la Nouvelle-Calédonie.

d'un cadavre humain ; il en est de même de cette tête en

bois, représentant un chef célèbre, un aïeul, avec son tatouage, c'est-à-dire avec son blason.

Il ne faut pas croire, en effet, que les tatouages de la Nouvelle-Calédonie, non plus que les peintures des sauvages

Masque en bois d'un chef mort de la Nouvelle-Calédonie.

de l'Amérique du Nord, se fassent au hasard et n'aient pas de signification propre. Ce sont des *armes parlantes*, comme disaient les hérauts du moyen âge. Chacun de ces signes rappelle l'antiquité de la race du chef, ou ses propres exploits. Chose étrange! des peuplades encore à demi à l'état de nature, et où chacun pourrait bien vivre sur un pied de complète égalité, ont des castes séparées entre elles par une distance considérable.

Ce cabinet vertigineux rassemble par milliers des objets étranges et inconnus, de tous les pays et de toutes les époques ; ils y papillotent à l'œil, ils s'y enlacent, ils s'y agglomèrent ; produits tantôt d'une civilisation avancée et perdue, comme les antiquités mexicaines et de la Nouvelle-Grenade, tantôt œuvre d'une civilisation à peine ébauchée et barbare, comme ce qui provient de l'Océanie et de l'Amérique. On se sent saisi à chaque instant par des masses de ces *pourquoi* que l'esprit humain se pose trop souvent sans pouvoir les résoudre. On éprouve une sorte de cauchemar en voyant le sauvage des îles Sandwich recourir à une pierre informe pour broyer la moelle végétale qui lui sert de

nourriture, tandis qu'il y a vingt ou trente siècles, plus
peut-être, les Néo-Grenadiens, les Mexicains et les Javanais
coulaient, avec des procédés identiques aux procédés des
Étrusques, des figurines en or, et savaient, comme Benve-
nuto Cellini, travailler au repoussé les métaux précieux.

Plaque en or repoussé de la Nouvelle-Grenade trouvée dans les ruines du territoire
de Meddelin, près de la rivière de la Magdalena.

CHAPITRE V

LA BAGUE LAPONNE

es objets provenant de l'Europe et sur-
tout de certaines de ses contrées encore
voisines de l'état sauvage, dit le docteur
Forbes, ne présentent pas moins d'intérêt.

Voici un calendrier lapon, un étui à pipe et une bague en
argent du même pays qui me rappellent deux héroïnes que
j'ai connues et dont l'histoire est vraiment singulière.

Avant que je vous la raconte, examinez cet étui en bois,
dégrossi qui réunit à la fois une loge pour une pipe et une
boîte pour le tabac, et qui porte le nom de son propriétaire
gravé sur une de ses faces.

Le calendrier, composé de petites plaques de bois, porte
tracés grossièrement des signes in-
diquant les différentes phases de la
lune, si importantes à connaître dans
une partie du globe où le soleil reste
six mois sans apparaître au ciel.

Étui de pipe lapon.

Ces signes, dont l'usage remonte
sans doute aux époques les plus reculées, sont identiques aux signes
qu'employait et qu'emploie peut-être encore un *Almanach
du Berger* qui s'imprime en Europe depuis que l'impri-
merie existe, et dont même on retrouve quelques rares

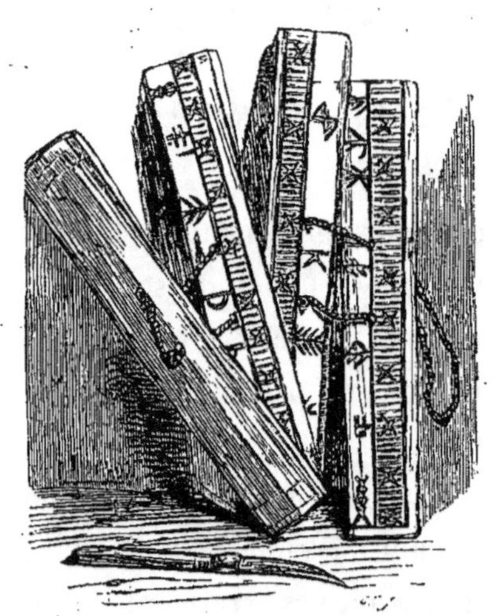

Calendrier lapon.

exemplaires. Ce singulier almanach, où n'existe point une
lettre de l'alphabet, se faisait pour être placé entre les
mains des bergers qui ne savaient point lire.

Ses caractères bizarrés, que nous ne nous trouverons pas embarrassés de comprendre aujourd'hui, leur indiquait les divers quartiers de la lune, la *lune montante*, la *lune descendante*, les fêtes et les dimanches, les jours ouvrables; quand il fallait se saigner, prendre médecine, se ventouser, avaler des pilules, sevrer les enfants, se tailler les cheveux, se couper les ongles, se traiter les yeux, fumer la terre et récolter du bois.

On savait encore, grâce à cet almanach, quand le tonnerre gronderait, et les jours de pluie, de brouillard, de gelée, de vent et de neige.

L'une des héroïnes des aventures que je vais vous dire, portait toujours un almanach en bois à sa ceinture.

Asseyons-nous. Je suis certain que mon récit vous intéressera.

Par une belle matinée de juin 1846, un voyageur anglais, si toutefois on peut donner le nom de voyageur à un flâneur venu de Paris à Hambourg, se promenait sur le port de l'ancienne ville anséatique, et achevait de fumer un des cigares assez médiocres que l'on trouve sur la rive droite de l'Elbe. Tout à coup, un noir tourbillon de fumée s'éleva au milieu des bâtiments à vapeur rassemblés dans un immense bassin, et un écriteau apparut au bout d'un mât, portant tracé, sur sa planche grisâtre, en lettres gigantesques, le nom d'*Hammerfest*. C'était un bâtiment qui appareillait pour la ville laponne.

Comme il importait peu à celui dont nous parlons d'aller dans un lieu plutôt que dans un autre, attendu qu'il jouis-

sait d'une de ces bonnes vacances si rares dans le pénible
et laborieux métier d'homme de lettres, la fantaisie lui prit
de visiter Hammerfest, ce pays étrange, auquel les œuvres
de M. X. Marmier, les tableaux de Biard et les voyages de *la
Recherche* venaient de donner tant de popularité à Paris. Son
parti fut promptement arrêté. En un quart d'heure, il avait
fait transporter à bord du *Petermann* ses bagages, et il se
trouvait installé dans la chambre des voyageurs de première classe, c'est-à-dire dans une sorte de salon semi-cir-
culaire, disposé à l'arrière du bateau, où les voyageurs
campaient sur une banquette recouverte en velours d'Utrecht
cramoisi assez mal commode, surtout si l'on venait à penser
aux moelleux fauteuils de nos chemins de fer. En compen-
sation, on avait le murmure des vagues, la promenade sur
le pont, l'aspect toujours si poétique et si émouvant de la
mer du Nord, et une table confortablement servie pour
ceux qui aiment le lièvre aux confitures et le poisson ac-
commodé aux pruneaux.

Heureusement, la traversée de Hambourg à Hammerfest
n'est pas longue, et, peu de jours après son départ, *le Petermann* arrivait à sa destination sans éprouver le moindre coup de vent. La mer n'était pas toujours restée *comme
d'houile*, ainsi que disent les marins du Midi, mais ses
vagues courtes n'avaient point heurté de trop de *coups de
voude* les flancs du bateau; enfin un beau ciel bleu avait au
moins, chaque jour, pendant une demi-heure, permis aux
rayons un peu tièdes du soleil du Nord d'égayer le pont
du *Petermann*, où les passagers se promenaient et se te-

naient assis sur les bancs qui s'y trouvaient disposés

Du reste, la traversée eût-elle été mauvaise, qu'ou en eût été largement indemnisé par l'aspect étrange d'Hammerfest, située, comme on le sait, au 70° 39′ 15″ de latitude, au bord d'une baie appelée Hvaloë (île de la Baleine). C'est la ville la plus septentrionale qui existe.

Hammerfest est bâtie sur un rocher en ruine. Un amas de maisons rouges et grisâtres se montre d'abord aux yeux des passagers. On ne peut réprimer un mouvement de surprise en présence de ces basses constructions en bois, qui ne se composent que d'un rez-de-chaussée, et s'étendent comme une ceinture au bord de l'eau. Le port creusé dans une enceinte de collines se hérisse d'énormes poutres en sapin qui forment une sorte de squelette sans nom, dont les ossements noirs et rongés par les vagues semblent les débris de ces monstrueux léviathans dont les traditions du Nord parlent à l'exemple de la Bible, et qui dépassaient par leurs proportions gigantesques l'étendue d'une ville.

Le bateau à vapeur jeta l'ancre. Les passagers mirent pied à terre à l'aide de chaloupes amenées par des matelots du port, et chacun se dirigea vers la maison qui devait le recevoir.

Je dis la maison, car Hammerfest ne compte guère qu'une auberge, attendu que cette ville n'est visitée que par un petit nombre de voyageurs et seulement pendant les trois ou quatre mois où les glaces et une nuit de six mois, sans interruption, ne rendent pas impossible l'entrée du port. Donc ce sont les habitants qui remplissent l'office d'hôte-

liers; ils louent une partie de leurs maisons aux étrangers
que des affaires amènent à Hammerfest, ou bien ils leur
offrent une bienveillante hospitalité.

Le capitaine du *Petermann* instruisit de cet usage
notre voyageur, que le digne marin regardait comme une
sorte de phénomène, attendu qu'il n'arrivait pas une fois,
dans l'espace de dix ans, qu'un curieux fît la traversée de
Hambourg à Hammerfest, dans un but désintéressé, sans y
être amené par le désir de faire des échanges commerciaux
et d'y acheter des tonnes de lard, de baleine, des dents ou
des peaux de morses, des fourrures de renards bleus et de
renards blancs, des cuirs de rennes, des dépouilles d'ours
blancs, de l'édredon brut, ou du minerai de cuivre.

Le digne capitaine indiqua en outre à son passager favori
la maison d'une veuve suédoise où, moyennant un prix
modéré, ce dernier trouverait un logement convenable et
une table confortablement servie pour le pays.

« Je n'enverrais pas tout le monde chez dame Anders, lui
dit-il, mais vous êtes un honnête garçon, presque une jeune
fille — pour les habitudes du moins — car vous ne buvez
même pas d'eau-de-vie. »

Et en disant cela, non sans une nuance de mépris, le marin porta à ses lèvres et vida d'un seul trait un verre qui
contenait bien une demi-bouteille.

« Vous n'avez qu'à dire que vous venez de la part du capitaine du *Petermann*, et vous serez reçu comme l'enfant de
la maison. »

Là-dessus, il remplit de nouveau son verre de Gargantua,

et le vida en soupirant, moitié de satisfaction pour la douce chaleur que le spiritueux donnait à son estomac, moitié de dédain pour le buveur d'eau.

Hammerfest ne compte guère que quatre-vingts maisons ; le Français trouva donc sans difficulté le logis de dame Anders.

A peine eut-il prononcé le nom du capitaine, qu'une femme d'environ cinquante ans, qui était venue le recevoir sur le seuil, et qui lui avait fait d'abord un accueil assez froid, lui sourit comme à un ami, l'invita à entrer, lui donna une bienvenue presque maternelle, et appela Margareta.

Une jeune fille accourut à cet appel, et jamais plus charmante créature n'était apparue aux yeux de celui qu'elle salua d'une voix harmonieuse et dans un français incorrect sans doute, mais qui recevait je ne sais quelle grâce et de l'accent et des expressions étrangères de la jeune Suédoise. Elle conduisit son hôte dans une chambre d'une propreté qui eût fait pâlir de jalousie une Hollandaise elle-même, et que chauffait un énorme poêle, tel qu'on en rencontre en Russie. Une demi-heure après, le voyageur redescendait près des deux femmes ; une heure après, il était leur ami, presque un fils pour la plus âgée, presque un frère pour Margareta.

Madame Anders était la veuve d'un ministre suédois, de la religion réformée, mort à trente ans subitement et sans laisser d'autre héritage à sa femme et à sa fille que le produit d'économies fort minces. Quoique jeune et belle, ma-

dame Anders n'hésita point à tout sacrifier à son enfant, âgée de quatre ans, et elle vint rejoindre à Hammerfest un frère, veuf comme elle et qui faisait le commerce de pelleteries ; ce frère mourut lui-même quelques
années après, léguant assez d'aisance à sa sœur et à sa nièce
pour qu'elles pussent vivre sans gêne à Hammerfest ; mais
cette aisance eût été de l'indigence partout ailleurs que
dans la capitale du West-Finmark. Lorsque par hasard,
l'été, dame Anders trouvait un hôte honnête à qui elle pût
louer une chambre chez elle, le produit de cette location
venait lui apporter les moyens de se procurer quelques petits
objets qui ajoutaient un peu de bien-être à sa vie habituelle.

En somme, elle s'estimait heureuse, et Margareta partageait cette opinion de sa mère.

Margareta pouvait compter dix-huit ans. On ne saurait
guère trouver une nuance analogue à la couleur de ses yeux
que dans le tableau d'Ary Scheffer, représentant la Marguerite sortant de l'église. Ses cheveux, d'un blond ineffable,
retombaient en longues grappes soyeuses jusque sur ces
épaules, et s'enlaçaient, sur le sommet de sa tête, à des
nœuds de velours vert. Ses traits, d'une grande régularité,
se faisaient remarquer moins par leur beauté que par leur
grâce, et en dépit des longs hivers de la mer du Nord et de
l'âpreté du climat, son teint conservait une fraîcheur et une
pureté angéliques. Une robe de vadmel blanc, bordée d'une
large bande bleue, seyait merveilleusement à sa taille souple, et ses petits pieds paraissaient encore plus petits dans

la chaussure à semelle de bois et garnie de fourrures qui les enfermait.

Elle avait appris seule, et à l'aide d'un petit nombre de livres qui formaient la bibliothèque de son père, l'allemand, le français et un peu d'anglais. Quelques volumes apportés par le voyageur, et que celui-ci s'empressa de lui offrir, achevèrent de gagner le cœur de la douce enfant, qui se hâta joyeusement de les placer à côté des rares tomes qu'elle possédait déjà.

Les nouveaux amis ne tardèrent point à s'entretenir des

deux grands mobiles de leur vie : elle, de son père qu'elle
entrevoyait comme une pâle image dans le passé, et à qui
elle avait voué un culte profond dans sa solitude ; lui, de sa
fille, son unique amour, qu'il avait laissée en France, et
vers laquelle se reportait sans cesse son souvenir attendri.
Il en faut bien moins pour établir vite une véritable intimité entre une jeune fille et un poëte, surtout au bord de la
mer Glaciale.

D'ailleurs, les mœurs du Nord ont un caractère de confiance et de liberté qui ne serait pas sans danger sous les
climats ardents du Midi. Une jeune fille, en Suède, et surtout dans le désert glacé d'Hammerfest, peut sortir avec
un étranger et s'appuyer sur son bras sans que personne
songe à y trouver à redire. Dès le lendemain de son arrivée,
le Français, guidé par Margareta, parcourait avec elle le
port plein de barques de pêcheurs norwégiens ou lapons,
de bâtiments russes, de chaloupes finnoises, et gravissait
le sommet du Tyvefield, où l'enfant s'arrêtait de temps à
autre pour faire regarder à son compagnon quelques tiges
de cochlearia, de pâles renoncules et des saxifrages qui se
hâtaient de pousser bien vite et de montrer au jour leurs
feuilles étiolées et leurs fleurs maladives. Ces lieux bizarres
prenaient un caractère plus poétique encore de la jeune
fille qui riait et folâtrait parmi les rochers déchiquetés par
le froid et sous un ciel bas, aplati, d'un bleu sombre, qui
tout à coup, et avec la rapidité d'un changement à vue
de théâtre, se couvrait d'un brouillard épais, blanc, mat,
sans transparence ; brouillard que bientôt un coup de vent

enlevait brusquement et faisait disparaître avec la même
rapidité.

Le soir, faut-il dire le soir, dans un pays où le jour ne
change point, ne se modifie qu'insensiblement, et se montre presque aussi complet à minuit qu'à midi? le soir, madame Anders, sa fille et leur hôte se réunissaient dans le
parloir, le plus près possible d'un immense poêle, sur
lequel brûlait une lampe Carcel, sorte de phénomène, à peu

près unique à Hammerfest, dont un marchand étranger avait fait don à madame Anders et que celle-ci entretenait avec un soin méticuleux qui tenait en quelque sorte du culte ; car, sans cette lampe, il eût fallu recourir aux moyens grossiers et insuffisants d'éclairage seuls connus et usités dans ce pays.

Margareta quittait parfois sa place pour jouer une sonate de Beethoven ou une étude de Ferdinand Ries, compositeur allemand qu'on ne connaît point assez chez nous. Elle préférait toutefois entendre les récits que le Français lui faisait des mœurs européennes et des merveilles de la France. Elle les écoutait comme on écoute un conte des *Mille et une Nuits* ou une légende fantastique, avec admiration, mais sans regret et sans désir. Jamais il ne lui arrivait de jeter un regard d'envie vers Paris, ou de laisser échapper un soupir en regardant sa pauvre maison d'Hammerfest. Ce n'était pas de la résignation, mais une espèce de sérénité calme, qui n'allait point au delà du cercle étroit du possible dans lequel elle vivait renfermée.

De temps à autre, elle prenait la parole à son tour, et elle entretenait son hôte des mœurs des Lapons, ce peuple décimé, qui chaque jour tend de plus en plus à disparaître de la terre et à s'effacer peu à peu devant la civilisation européenne. Elle lui disait aussi cette longue nuit de six mois, par un froid mortel, passée dans une maison hermétiquement close, sans autre soleil qu'une lampe qu'on ne laisse jamais éteindre, et pendant laquelle on n'entend même pas retentir sur le sol glacé de la rue le pied d'un passant.

Margareta racontait encore, — et ces récits naïfs et terribles prenaient un charme indicible dans sa bouche, —
les traditions et les légendes de Hvaloë.

A quelque distance d'Hammerfest se trouve, disait-elle,
une petite île appelée Kirkegaardo (île du cimetière). C'est
là qu'on enterre ceux que la loi humaine a frappés de réprobation et livrés à l'inexorable vengeance des lois, et ceux qui
se sont suicidés. On dépose aussi sur ses rives, sans cesse battues par les flots de la mer Glaciale, les infortunés morts par
accident et les naufragés dont les cadavres viennent échouer
sur la côte. Les marins, et surtout les pêcheurs, n'approchent
de ces bords sinistres qu'avec un sentiment de crainte, sur-

tout vers l'heure de minuit; car
Kirkegaardo est hanté par des
fantômes qui errent tristement,
enveloppés dans leurs suaires
en lambeaux et qui élèvent
vers le ciel leurs mains de squelettes, en demandant à Dieu de
donner enfin le repos à leurs
âmes.

Les Lapons seuls, tout superstitieux qu'ils soient, établissent
sans crainte leurs tentes sur les
rives de Kirkegaardo : pendant
presque tout l'été, on peut tenir
pour certain d'y rencontrer quelque troupe des habitants
primitifs de ces contrées.

... Kirkegaardo est hanté par des fantòmes qui errent tristement...
(P. 100.)

De ces récits au désir de visiter Kirkegaardo, la transition était toute naturelle. Aussi fut-il arrêté que, dès le lendemain, Margareta et l'hôte de sa mère entreprendraient ce voyage de quelques heures. Dès cinq heures du matin, une petite barque, conduite par un pêcheur finlandais, les emmena tous les deux vers l'île réprouvée.

A peine y débarquèrent-ils, qu'ils aperçurent un camp de Lapons. Ce camp se composait d'une vingtaine de tentes plantées sur quatre piquets, et les bandes de vadmel qui les formaient s'ouvraient par le haut, afin de laisser sortir la fumée du foyer établi à l'intérieur sur quelques pierres. Au centre du camp s'élevait un *passe vare*, sorte de pyramide en pierres, construite il y a bien des siècles par les Lapons idolâtres: C'est là qu'ils immolaient et qu'ils immolent encore quelquefois des rennes et des béliers et que leurs sorcières invoquent Jabbe-Akká, la mère de la mort, ou Sarraka, la Lucine de ces contrées glacées.

Margareta entra dans une des tentes; elle n'y trouva qu'une vieille femme dont il eût été difficile de déterminer l'âge, tant la fatigue, la misère, la rigueur du climat l'avaient flétrie et desséchée. En France, on n'eût point hésité à la croire centenaire. Vêtue d'une blouse de vadmel fanée et en lambeaux, les jambes entortillées de chiffons qui semblaient une parodie du cothurne antique; la tête couverte d'une sorte de béguin rouge qui se dressait en crête sur son front et venait se nouer sous son menton décharné, elle tenait entre ses jambes un petit tambour, plus large que haut, et sur la peau duquel le voyageur reconnut des caractères runiques peints

grossièrement en diverses couleurs. La Laponne, deux ossements d'enfant dans les mains, frappait alternativement de
ces sinistres baguettes le tambour, dont elle écoutait avec
une profonde attention les roulements et les vibrations.

A l'arrivée de Margareta, elle leva sur la jeune fille ses
yeux rougis et crispés par l'âge et par la fumée, et, sans lui
adresser un seul mot, recommença à interroger son tambour.

Margareta attendit quelques instants en silence que la vieille femme lui accordât plus d'attention.

« Que vient faire sous la tente de la sorcière Brite Revsbo-ten la jeune fille chrétienne? demanda-t-elle enfin. Veut-elle interroger les esprits et son cœur, se sent-il assez gros de chagrin pour qu'elle ait recours aux démons des Lapons?

— Brite, répondit Margareta, je vous amène un étranger, l'hôte de ma mère, à qui j'ai parlé de votre science magique et de votre pouvoir sur les esprits. »

La sorcière regarda fixement le Français et ne répliqua, rien.

« Vous ne refuserez point les cadeaux de notre ami, reprit la jeune fille; voici une bouteille d'eau-de-vie, un paquet de tabac et un écu qu'il vous prie d'accepter. »

Les traits hideux de Brite Revsboten parurent s'animer à ces séduisantes offres. Elle étendit ses deux mains osseuses vers la bouteille, la porta à ses lèvres, but d'une haleine assez d'eau-de-vie pour enivrer un habitué de nos barrières parisiennes et se hâta ensuite de bourrer de tabac et d'allu-mer une affreuse pipe de terre courte et noire et qui attestait un long usage. Elle regarda longtemps la pièce de monnaie que Margareta avait eu soin de choisir à effigie ancienne, car les Lapons n'aiment que les vieilles pièces et n'acceptent qu'avec défiance celles qui portent une date récente.

« Et que veut l'étranger à Brite Revsboten? demanda-t-elle après avoir de nouveau bu à la bouteille.

— Connaître l'avenir. »

Brite tira d'un sachet de cuir qu'elle portait sur sa poitrine

un anneau d'argent grossièrement façonné en losange et doré
sur sa partie la plus large, où se trouvaient cinq petits anneaux mobiles et deux ronds formés par une vingtaine de

points obtenus à l'aide du re-
poussé. Elle mit cet anneau au
doigt indicateur de sa main
gauche, l'agita trois fois pour faire
résonner les anneaux et frappa en-
suite sur son tambour avec une violence extrême. Peu à
peu la figure de cette femme prit une expression d'enivrement et d'extase ; elle se souleva et s'écria :

« Il y aura bientôt des morts à Hvaloë ! »

Margareta ne put retenir un mouvement de terreur.

« Maison solitaire et sans maître ! un qui s'en va, deux
qui s'enfoncent sous la terre ! Jabbe-Akka, il t'en faut trois !
qui sera le troisième pour montrer le chemin au deux autres ?
Jabbe-Akka, moi !... Ta fille !... »

Elle ne put achever et tomba dans un accès de convulsions
violentes.

« Venez, dit Margareta en entraînant son hôte hors de la
tente, venez ! Une fois que nous serons éloignés, elle repren-
dra un calme qu'elle ne saurait retrouver en notre présence. »

En parlant ainsi, elle était pâle elle-même et presque dé-
faillante.

« Ah ! dit-elle, j'en ai honte comme chrétienne, mais les
prédictions sinistres de cette femme m'inspirent une terreur
que je ne puis maîtriser ! »

Son compagnon, à qui, bientôt plus calme, elle traduisit ce que la sorcière avait dit pendant son accès prophétique, ne put s'empêcher de sourire de l'émotion de la pauvre enfant. Il finit par la rassurer, du moins en apparence; et ils revinrent ensemble à la tente de la sorcière, qu'ils trouvèrent fatiguée, mais assez tranquille pour avoir rallumé sa pipe et vidé complétement le flacon d'eau-de-vie.

« Brite, lui fit demander le Français par l'intermédiaire de Margareta, vendez-moi votre tambour et votre bague. »

La sorcière leva un regard effaré et à demi abruti par l'ivresse sur l'étranger qui lui adressait cette demande.

« Vous ne savez donc pas, dit-elle, que j'ai passé bien des nuits au pied d'un passe-vare à tailler le bois de ce tambour et à peindre la peau qui le recouvre? Vous ne savez donc pas qu'il m'a fallu, un pied nu et une main sur la pierre d'un tombeau, évoquer les terribles esprits de la solitude?

— Vous en ferez un autre, mère Brite, allégua Margareta; tenez, regardez, voici ce que l'étranger vous offre en échange du tambour et de l'anneau. »

Elle lui montra deux bouteilles d'eau-de-vie apportées par le pêcheur.

Brite fit un signe de tête négatif, mais faible, et attacha un regard ardent sur la liqueur.

« Ah! dit-elle, maudits soient les chrétiens et leur eau de feu! »

Remarquons en passant que les sauvages du Nord comme les sauvages du Midi donnent également ce nom à l'eau-de-vie.

Puis, par un mouvement brusque, elle jeta le tambour dans les jambes du Français et se rua sur les bouteilles.

« Et la bague? demanda-t-il, curieux de posséder cet échantillon barbare d'orfévrerie laponne.

— La bague? dit-elle, la bague? Vous ne savez donc pas que, si je vous la donnais, je perdrais tout mon pouvoir et que je mourrais! Elle m'a été léguée, à sa mort, par ma puissante maîtresse en sorcellerie, Lyma Swaskot; Lyma qui m'enseigna comment on fabrique un tambour magique, comment on évoque les esprits, comment on guérit le scorbut, en buvant du sang chaud de renne, et les pieds gelés, en les frottant avec du fromage de renne. J'ai appris d'elle encore à recueillir l'âme d'un mourant et à l'enfermer dans un tambour magique!... »

Le Français l'interrompit en lui montrant une troisième bouteille d'eau-de-vie et un énorme paquet de tabac.

— Tiens! s'écria-t-elle en jetant sa bague, tiens, tentateur! Que les esprits te maudissent, car désormais j'appartiens à Jabbe-Akka!

— Vous avez eu tort de lui acheter sa bague, mon ami, dit Margareta en s'éloignant de la tente. Lorsque la pauvre Brite sortira de l'état d'ivresse où elle se trouve plongée, elle restera inconsolable de la perte de cet anneau; elle ne vous l'eût point vendu si l'eau-de-vie ne lui eût ôté toute sa raison. »

Mais la bague semblait une trop curieuse acquisition à celui à qui s'adressaient ces paroles pour qu'il pût se résoudre à s'en dessaisir, et, par un entêtement puéril, il reprit

le chemin de Hammerfest, emportant avec lui le talisman à
son doigt.

— Pendant la traversée, Margareta, accablée par une
tristesse qu'elle essayait en vain de combattre et sous le
poids de laquelle elle retombait sans cesse, s'enveloppa

de son manteau de vadmel, et, à demi couchée à l'arrière de l'embarcation, tint son œil fixe et sans regard atta-

ché sur les flots. Un brouillard profond, à travers lequel le pêcheur pouvait à peine se diriger, ne tarda point à couvrir la mer et à dérober les côtes à la vue. Involontairement, l'étranger, en traversant ces ténèbres blanches et visibles, près de cette belle jeune fille immobile et plongée dans une silencieuse méditation, devint insensiblement lui-même plus triste qu'il ne l'eût voulu. Il se sentait atteint par les superstitions si puissantes dans ces mélancoliques climats, et plus d'une fois il eut sur ses lèvres l'ordre au marinier de retourner à Kirkegaardo pour reporter à la sorcière l'anneau fatidique. Mais une fausse honte l'arrêta, et la chaloupe ne tarda pas d'ailleurs à aborder sur le rivage de l'île de la Baleine.

En quittant l'embarcation, le Français offrit son bras à Margareta, et tous les deux, à la clarté blafarde du jour de minuit, se dirigèrent vers Hammerfest. Une aurore boréale enflammait le ciel de ses bizarres phénomènes et jetait sur le sol une lueur rougeâtre et presque sanglante; ils arrivèrent, silencieux et haletants, chez madame Anders.

Débarrassée de son accoutrement de voyage et assise au foyer de sa mère, Margareta reprit enfin un peu de sérénité.

« Comme chrétienne et comme Suédoise, dit-elle en souriant à son hôte, je dois vous paraître bien absurde, n'est-ce pas? Mais je crois qu'on respire ici la superstition avec l'air glacé de la mer du Nord. D'ailleurs, lorsque mon pauvre oncle tomba frappé subitement par la mort, Brite avait prédit ce malheur un mois auparavant. Que Dieu me pardonne une faiblesse dont je rougis, que je sais ridicule et qui m'obsède malgré moi : les oracles de cette femme me font peur.

— Qui peut vous causer cet effroi?

— L'histoire tout entière de Brite Reysboten, plus que centenaire peut-être, que chacun dans le pays redoute et qui a joué un rôle à la fois fatal et heureux dans la vie d'une jeune fille que j'ai connue, que j'ai aimée, que j'aime encore, quoique absente, et qui, pendant les premières années de mon séjour à Hammerfest, s'est montrée pour moi presque une sœur. Sans elle, ma mère et moi, nous aurions succombé au désespoir. Stierna nous a soutenues et consolées autant qu'on peut consoler de la perte d'un père comme le mien.

Elle s'arrêta un moment.

« Vous vous en souvenez, continua-t-elle, lorsque le steamboat de Hambourg entre dans le port de Hammerfest, d'ordinaire les voyageurs se pressent sur le pont pour considérer l'aspect de cette ville bâtie le long d'un rocher en ruine et au bord de la mer Glaciale. Un amas de maisons rouges et grisâtres se montre d'abord à leurs yeux, et ils ne peuvent réprimer un mouvement de surprise en présence de ces basses constructions en bois qui ne se composent que d'un rez-de-chaussée. Ils ne tardent pas néanmoins à distinguer, au milieu d'habitations qui tiennent un peu de la cabane, une sorte de petit édifice d'une forme plus étudiée et auquel un étage qui le surmonte donne une certaine élégance ; c'est le consulat.

Cette maison fut construite en effet par meinherr van Geen, consul des Pays-Bas, négociant hollandais fixé depuis grand nombre d'années en Norwége, et que le désir d'exploi-

ter les riches mines de cuivre qui se trouvent dans les environs de Hammerfest détermina à venir habiter cette ville.

Meinherr van Geen, que des intérêts commerciaux devaient retenir pour longtemps encore sur la terre sauvage du
West-Finmark, s'était fait bâtir la demeure dont je viens de
parler et y avait installé sa femme et sa fille Stierna. Madame
van Geen, avec l'obéissance passive qui caractérise les épouses
du Nord, se résigna, dès le premier jour, et même sans un
murmure intérieur, à la volonté de son mari. Née à Christiania d'une famille norwégienne et habituée aux douceurs
d'une existence élégante et confortable, à peine reportait-elle
parfois une pensée de regret vers ses habitudes et ses relations d'un autre temps ; encore évoquait-elle ces rares souvenirs non pour elle, mais pour sa fille. Stierna imitait l'ab-
négation de sa mère. Rarement un soupir, causé par l'ennui,
s'échappait de sa poitrine, en songeant aux bals et aux
fêtes perdues de Christiania.

Cependant le genre de vie auquel se trouvaient soumises
les deux exilées réunissait assurément tout ce qui peut entourer de rigueurs la solitude la plus absolue. Pendant l'hiver, notre nuit de six mois sans interruption, sans autre clarté
que la lueur funèbre des aurores boréales, les condamnait
à ne point sortir de leur logis, où les retenait d'ailleurs plus
impérieusement encore la violence d'un froid presque mortel. Il fallait donc passer la moitié de l'année dans les appartements hermétiquement clos du consulat sans ouvrir une
fenêtre, sans autre lumière que les clartés rougeâtres et fati-
gantes des lampes. Les seuls incidents qui vinssent animer

le silence et l'isolement de cette famille se résumaient, le
matin, dans le départ de meinherr van Geen pour les mines
de Kaafiord, et le soir, dans son retour au logis. Joignez à ces
deux circonstances quotidiennes les rares visites du ministre
luthérien, et vous connaîtrez tous les incidents qui parfois
rompaient la monotonie de cette réclusion. Du reste, pas un
bruit dans la ville morte et presque toujours à demi ensevelie sous la neige ! Pas un mouvement intérieur ! Rien que
les plaintes ou les fureurs des vents ; la mer elle-même, enchaînée par les glaces, se taisait et restait immobile. Toute
relation, soit avec Hambourg, soit avec Christiania et même
Drontheim, se trouvait interrompue. On ne recevait ni livres,
ni journaux, ni nouvelles ; il fallait lire et relire les derniers
volumes arrivés vers la fin de l'automne et rester dans la
plus complète ignorance des événements qui pouvaient
survenir au delà de l'étroite enceinte d'Hammerfest. Une
révolution eût bouleversé l'Europe sans qu'un des bruits de
cette catastrophe arrivât jusqu'aux habitants de la cité perdue dans l'obscurité du pôle.

Deux hivers s'écoulèrent ainsi pour Stierna et pour sa
mère.

Stierna trouvait moyen de jeter quelque animation autour d'elle par la gaieté de son caractère ou plutôt par l'heureux privilége de son insoucieuse et folâtre jeunesse. Lorsque
meinherr van Geen rentrait au consulat, fatigué des travaux
et des excursions de la journée, elle accourait au-devant de
lui, dans le vestibule, l'aidait à se débarrasser de sa large
houpelande de fourrures et parvenait presque toujours à faire

naître un sourire sur les lèvres du négociant tout préoccupé
de ses spéculations commerciales. Elle animait l'entretien
par ses saillies et dérogeait souvent, avec une audace pleine
de tendresse, aux lois sévères d'étiquette que les habitudes
hollandaises prescrivent aux enfants, quel que soit leur âge,
en présence de leur père. Quant à sa mère, la jeune fille ne
la quittait point d'un instant ; près d'elle elle brodait ou elle
faisait de la tapisserie ; près d'elle encore et sous ses regards

elle s'asseyait au piano et chantait les ballades de Schubert
ou les partitions apportées de France et d'Allemagne par les

derniers bateaux à vapeur. Excellentes musiciennes, Stierna
et madame van Geén abrégeaient ainsi bien des heures de
solitude. L'enthousiasme et l'inspiration venaient même parfois animer cette demeure froide et sombre; souvent la
pendule du salon, en sonnant minuit, surprenait madame
van Geen et sa fille encore au piano, tandis que le négociant
dormait d'un profond sommeil, étendu dans un fauteuil en
face de l'énorme feu de houille qui brûlait en murmurant
dans la cheminée.

Stierna n'avait rien de caché pour sa mère; elle pensait
tout haut avec elle; l'âme ne se trouve pas plus étroitement
unie au corps que ne l'étaient entre elles ces deux femmes.
Souvent elles se comprenaient sans échanger une parole;
elles se prenaient mutuellement pour le but constant de leurs
pensées réciproques. Cette vie, si triste et si redoutable au
premier aspect, était, on le voit, devenue pour madame van
Geen et pour sa fille, sinon heureuse, du moins bien voisine du bonheur.

Deux femmes et un vieux domestique composaient la maison de meinherr van Geen. La cuisinière se trouvait attachée au service du négociant depuis le jour de son mariage,
c'est-à-dire depuis vingt ans. La femme de chambre pouvait
compter quarante ans. Cette dernière, grave, méthodique,
compassée, ne disait point une parole au delà de ce qu'exigeaient strictement ses devoirs; la silencieuse créature s'iden-
tifiait lugubrement au climat du West-Finmark et à cette
maison presque sépulcrale, sans cesse éclairée par des lampes; d'origine allemande, elle se nommait Truchden. La

cuisinière Tréa passait sa vie à déplorer la stérilité du pays qu'elle habitait et à regretter la Hollande et ses verts jardins regorgeant de légumes. C'était la lamentation à côté de la désolation, Jérémie en présence de la femme pétrifiée de Loth. Si on ajoute un pauvre perroquet frissonnant et grelottant sans cesse, un épagneul qui ne s'éloignait jamais de la cheminée et quelques plantes d'Europe souffrantes et malingres, qui s'étiolaient faute d'air et de lumière, on prendra une idée exacte et complète de tous les êtres vivants qui habitaient le consulat.

Un matin cependant, avant que meinherr van Geen sortît pour se rendre à ses mines de cuivre, le marteau de la porte, silencieux depuis plus de trois semaines, s'agita tout à coup et produisit un son qui retentit dans la maison entière. Le chien tressaillit, souleva la tête et proféra une sorte de grognement sourd ; le perroquet jeta un cri aigu ; madame Van Geen et Stierna se regardèrent avec étonnement, tandis que Tréa formait déjà cent conjectures et qu'une exclamation de surprise s'échappait des lèvres roides de Truchden.

Après une discussion entre celle-ci et le vieux domestique qui refusaient également d'aller ouvrir et qui se rejetaient ce soin de l'un à l'autre, la cuisinière Tréa, déterminée par la curiosité beaucoup plus que par la complaisance, se décida enfin à traverser le corridor et à se diriger vers la porte, dont le marteau s'agitait de nouveau et avec impatience cette fois.

— C'est vous, mère Brite Revsboten? dit-elle en ouvrant et d'un ton moitié familier et moitié protecteur Hâtez-vous

d'entrer ; la neige tombe druement, et en voici déjà mon
visage tout couvert.

Celle à qui s'adressaient ces paroles n'en pressa pas davantage son allure lente et grave. Elle secoua son manteau de
peau de rennes, le suspendit dans l'antichambre, déposa près
de son manteau une paire de longs patins norwégiens taillés
dans deux longues planches de sapin et nommés *skalhen* et suivit dans la cuisine Tréa qui la précédait une lampe à la main.

La mère Revsboten, comme l'appelait la cuisinière, entra
dans la maison en femme qui n'y vient point pour la première
fois, s'assit près du poêle de fonte flanqué de fourneaux qui
occupait une partie de cette pièce et attacha ses petits yeux
bordés de rouge sur la dédaigneuse Truchden, qui ne lui
adressait ni un mot ni un signe de bienvenue.

— Ah ! murmura-t-elle entre ses dents, il paraît que dans ce temps-ci la jeunesse n'a plus un salut ni un bonjour pour la vieillesse !

En achevant ces mots, elle ôta ses gants de peau de renne et tomba dans une sorte de torpeur produite sans doute par la brusque transition de l'atmosphère glacée de la rue à la température élevée de la cuisine.

Dame Revsboten, que d'ailleurs vous avez vue hier, était une petite femme que sa robe de *vadmel*, — on appelle ainsi une étoffe de laine grossière, — non moins que son bonnet de drap bleu taillé en forme de pointe, attestaient appartenir à la race laponne. Des rides de toute nature sillonnaient déjà son visage fatigué, hâlé et couvert d'une teinte rougeâtre assez semblable, moins l'éclat, à celle qui colore, en automne, les feuilles prêtes à tomber. Sans compter le manteau laissé par elle dans le vestibule, elle portait, par-dessus sa robe de vadmel, un surtout en fourrure de renne ; des bottes façonnées avec une peau qu'on n'avait point dépouillée de ses poils grisâtres chaussaient ses pieds d'une petitesse remarquable.

Après avoir joui, pendant quelques instants, de l'engourdissement plein de bien-être que lui causait la chaleur, la Laponne tira de sa poche une pipe de terre courte et noire, assez semblable à celle que les matelots affectionnent : seulement les formes de la pipe norwégienne sont plus massives et partant plus solides.

Tandis que la vieille bourrait son tabac, Tréa s'empressa de prendre une braise dans le poêle et de la présenter à la fumeuse. Truchden, au contraire, se sentit prise d'un accès de toux, même avant que les vapeurs de la pipe se répandissent dans la cuisine.

La vieille Laponne lui jeta un des regards ternes qui lui étaient particuliers, continua à fumer paisiblement et retomba peu à peu dans l'état de somnolence et de méditation d'où l'avaient tirée un moment les soins qu'elle venait de prendre. Sans la fumée épaisse qui sortait de temps à autre de ses lèvres et qui se répandait en nuages autour d'elle, son immobilité eût fait croire qu'elle dormait profondément. Avec un peu d'attention, néanmoins, on remarquait sous ses paupières sans cils et bordées de pourpre un œil fixe qui semblait attaché avec une sorte de terreur sur des objets invisibles.

Tout à coup Brite Revsboten tressaillit, et, par un mouvement brusque, sortant de son état de léthargie, proféra quelques mots en langue laponne. Ses yeux exprimaient la terreur, et Tréa vit une larme tomber sur les joues osseuses de la vieille femme.

— Allons, dit-elle, allons mère Revsboten, tenez, buvez ce bon verre d'eau-de-vie, et ne vous tourmentez point comme vous le faites.

Celle à qui s'adressaient ces paroles parut ne point les entendre, quoique d'ordinaire le mot d'*eau-de-vie*, comme le fit observer charitablement et à mi-voix Truchden, eût le pouvoir d'éveiller de la façon la plus complète le cerveau stupide de la Laponne. Loin de s'inquiéter de cette épigramme, qui sans doute n'arriva point jusqu'à ses oreilles, Brite Revsboten tira de son doigt une bague d'argent à laquelle se trouvaient attachés cinq anneaux plus petits ; elle l'agita, la fit tinter d'une manière bizarre, prononça des formules magiques, et tirant de dessous sa robe un petit tambour couvert de figures fantastiques, se mit à en frapper la peau avec deux ossements humains en guise de baguettes. Les sons produits par le tambour et la voix de Brite formaient un murmure vague, douteux et à peine sensible, et rien dans ses gestes ne ressemblait à des contorsions. C'étaient des mouvements lents, des balancements de tête sans précipitation, une sorte de marche sur place assez semblable à celle qu'exécutent les militaires lorsqu'ils marquent le pas.

— Elle est ivre, dit Truchden en haussant les épaules ; quelque *fieldfinner* de sa tribu aura dépensé ses *shillings* à griser la veuve du diable.

Tréa, qui ne professait point pour l'eau-de-vie le mépris qu'affectait la sévère Allemande, répondit en termes un peu vifs à cette supposition injurieuse de sa compagne, et prit chaudement la défense de Brite toujours insensible à ce qui se disait autour d'elle.

Tandis que cette scène se passait dans la cuisine, le chien ne cessait d'aboyer sourdement dans la salle, et le perroquet poussait des cris de détresse.

— Je croyais avoir reconnu le pas de Brite? dit madame van Geen à sa fille. Mais je me trompe sans doute, car Aslack ne montrerait point une pareille agitation à l'arrivée d'une ancienne connaissance.

— Brite serait déjà venue nous apporter les nouvelles du

Les sons produits par le tambour et la voix de Brite...

(P. 118.)

pays, répondit Stierna, qui, sur un signe de sa mère, se leva et se dirigea vers la cuisine.

Telle était la solitude de ces deux femmes qu'un coup de marteau frappé à leur porte prenait les proportions d'un véritable événement qui les préoccupait et les intriguait.

Au moment où la jeune fille entra dans la cuisine, Truchdeh et Tréa se turent aussitôt. Brite ne parut remarquer ni l'arrivée de Stierna, à laquelle d'ordinaire elle témoignait beaucoup d'affection, ni les hurlements sourds d'Aslack qui vint se coucher à ses pieds en poussant des gémissements.

Mademoiselle ván Geen, pendant les visites assez fréquentes que lui faisait Brite, s'était familiarisée quelque peu avec la langue laponne. Elle prêta l'oreille aux paroles que murmurait faiblement la vieille femme et ne tarda point à distinguer ces mots découpés par une sorte de rhythme saccadé :

> Va-t'en, malheur !
> Va-t'en, mauvais esprit !
> Va-t'en, va-t'en !
> J'agiterai mon anneau,
> Je frapperai mon tambour.
> Je le frapperai jusqu'à ce que tu t'éloignes,
> Je te l'ai dit, et je te l'ai déjà dit,
> Quand tu m'es apparu au pied du passe-ware de Hvalsund,
> Je te le répète encore ici, tu t'éloigneras, tu t'éloigneras !

Peu à peu elle s'affaissa sur les genoux et tomba, ou plutôt s'assit à terre, brisée par la lutte réelle ou imaginaire qu'elle soutenait avec l'esprit du mal. Une sueur glacée ruisselait sur son visage décomposé, et le tambour magique s'échappa de ses mains. Alors Aslack se tut, mais il demeura

l'œil fixe, les lèvres entr'ouvertes et ses dents blanches prêtes
à mordre. Cette scène n'était éclairée que par les lueurs
pleines d'ombre d'une lampe suspendue au plafond, et ali-
mentée, suivant l'usage du pays, par du suif de rennes. La
longue flamme rougeâtre qu'elle produisait se tourmentait,
comme si quelque souffle mystérieux prît plaisir à la.
faire vaciller. Tout à coup elle grandit, s'éleva jusqu'au plafond, s'éteignit et laissa la cuisine plongée dans une obscurité profonde.

Truchden et Tréa jetèrent un cri de terreur, puis,
oubliant tout à coup leur querelle, elles se serrèrent
l'une contre l'autre en silence et avec effroi. Stierna elle-
même ne put se défendre d'un sentiment de crainte et d'é-
motion, et pendant quelques instants on n'entendit que les
soupirs de Brite et les plaintes d'Aslack.

Après quelques minutes de ce silence sinistre, Brite
Revsboten se releva avec plus de vivacité qu'elle n'en
montrait d'ordinaire, ralluma la lampe et s'avançant vers
Stierna :

— Que Dieu bénisse et protége ma fille ! dit-elle.

Stierna lui tendit une main que Brite porta respectueusement à ses lèvres. Suivant la coutume laponne, elle passa
ensuite son bras autour de la taille de la jeune fille et l'attira doucement vers elle.

— Pourquoi vous êtes-vous mise en route par un froid aussi
violent, Brite? demanda mademoiselle van Geen. Vous m'a-
viez promis de passer paisiblement l'hiver à Soholm, sous
votre tente, et de ne point renouveler vos excursions tant

que le printemps et le jour ne commenceraient point à reparaître...

— Quand il le faut, il le faut! répondit la Laponne. Dieu aurait maudit le prophète Élie, s'il ne se fût point levé lorsqu'une voix d'en haut lui criait: Lève-toi!

— Vous pensez donc qu'un malheur nous menace? demanda Stierna, dont le cœur battait avec violence tandis qu'elle faisait cette question. La solitude du triste pays qu'elle habitait la rendait superstitieuse, et la scène dont elle venait d'être témoin lui laissait une vive impression.

— Il faut toujours attendre le malheur; il tourne sans cesse autour de nous, cherchant à nous dévorer, répondit silencieusement Brite, qui, suivant la coutume des siens, entremêlait ses discours de sentences empruntées à la Bible et aux livres mystiques.

— Un malheur va-t-il nous frapper?

— Dieu tient le bonheur et le malheur dans ses mains. Prions Dieu et implorons sa miséricorde!

Stierna ne put obtenir de Brite que ces réponses évasives et vint retrouver sa mère, qui remarqua la préoccupation de sa fille et sourit tristement lorsque celle-ci lui en avoua la cause.

— Je te pardonne ta faiblesse, mon enfant, dit-elle; car je la partage, je l'avoue. Mais Brite Revsboten n'est, après tout, qu'une pauvre créature ignorante qui, j'en ai bien peur, ne jouit pas de toute sa raison, depuis le jour fatal où un éboulement de rochers est venu écraser sous ses yeux son mari et ses huit enfants. Cependant son arrivée inatten-

due en cette saison dangereuse, et les visions qui l'obsèdent me jettent, malgré moi, dans une sorte d'inquiétude.

En ce moment, Brite entra dans le salon; Aslack, qui, tout
à l'heure, était revenu avec sa maîtresse, tourna deux fois
avec défiance autour de la Laponne, et finit par se blottir en
grommelant sur la peau de renne qui lui servait de tapis.

— Soyez la bienvenue, Brite Revsboten! dit madame van
Geen. Stierna, donne un verre d'eau-de-vie à notre vieille
amie; après la longue course qu'elle a faite, cela la ré-
chauffera.

Stierna remplit trois fois le verre de Brite, et trois fois
Brite le vida. La liqueur spiritueuse la ranima et rendit un
peu de vivacité à l'œil grisâtre de la Laponne, qui semblait
presque éteint. Stierna voulut de nouveau verser de l'eau-
de-vie à la vieille femme. Celle-ci l'arrêta.

— Assez, dit-elle. Le corps a besoin de force, mais non
pas aux dépens de l'esprit. Pour combattre l'ennemi, il faut
que les mains soient chaudes, mais la tête doit rester froide.

En disant ces mots, elle sortit et alla se réfugier dans la
cuisine, près de sa vieille amie Tréa.

Dès ce moment, Brite redevint une Laponne ordinaire,
c'est-à-dire une vieille femme paresseuse, qui passait la plus
grande partie des journées endormie devant le poêle, et qui,
cherchait à rendre aux deux servantes juste assez de services
pour qu'elles ne trouvassent point à redire à sa présence au
logis. Elle trayait les rennes confiées aux soins de Tréa, façon-
nait le lait en fromage et se trouvait toujours disposée à seconder la cuisinière dans les soins du ménage. Il fallut, bon

gré mal gré, que la renfrognée Truchden se sentit mieux
disposée en faveur de la vieille femme, car celle-ci lui bróda
en nerfs de renne, teints de diverses couleurs, une paire
de pantoufles d'un cuir si souple et si chaud, que la digne
femme de chambre ne pouvait se lasser d'interrompre son
travail de couture pour considérer sa chaussure élégante.

Un mois s'écoula avant que Brite Revsboten parùt songer
à quitter le consulat. D'ordinaire, après y avoir séjourné
deux ou trois jours, elle témoignait une vive impatience de
reprendre sa vie nomade. Cette fois elle semblait vouloir
prolonger longtemps encore son séjour près de la famille
van Geen.

Elle ne quittait jamais la cuisine qu'à l'heure où chacun
se retirait pour se livrer au sommeil, et s'obstinait à coucher sur une peau de renne, et sans quitter ses vêtements.
Restée seule, elle se levait, prenait son tambour magique et
ranimait le feu du poêle pour préparer des drogues, qu'elle
tirait de son sein, où elle les tenait cachées dans la vessie
d'un loup autrefois tué par elle-même, disait-on.

Chacun, au logis, s'était habitué peu à peu à la présence
de Brite et à ses habitudes bizarres. Le sentiment de terreur
apporté par son arrivée et par ses visions à Stierna et à madame van Geen se dissipait insensiblement, et la mère et
la fille reprenaient leur calme habituel.

Cependant, la nuit épaisse qui couvrait Hammerfest depuis cinq mois commençait à perdre un peu de sa densité ;
chaque jour, vers midi, une sorte de crépuscule jetait sa lumière douteuse pendant quelques instants, à travers les bru-

mes qui succédaient à l'âpreté d'un froid inexorable. Les blocs immenses de glaces qui couvraient le port de vagues immobiles et bleuâtres se désunissaient et s'entre-choquaient sur les eaux devenues libres. Le vent prenait de la violence : il soulevait des tempêtes sur la mer, venait se briser avec force contre la ville et emportait au loin des tourbillons de neige qu'il arrachait à la surface de la terre.

A cette saison, plus sinistre peut-être que l'hiver dans toute sa rigueur, succédèrent tout à coup, et par une brusque transition, un air tiède et des jours sans fin. La neige se fondit, la terre se dégela à sa surface, les toits des maisons se couvrirent de mousse, et des bâtiments commencèrent à paraître dans le port déblayé des glaces qui l'encombraient. Hammerfest se montra sous un aspect nouveau, quoiqu'il restât encore plein de mélancolie, se ranima et sortit de sa léthargie. Il ne faut pas croire, du reste, que le ciel se montrait pur et immense comme dans vos contrées : des brumes épaisses couvraient l'atmosphère et donnaient à l'été de ces pays désolés l'aspect de vos dernières journées d'automne.

Par une matinée du mois de juin, les brumes se dissipèrent tout à coup, s'enfuirent emportées au loin sur la mer Glaciale par un caprice imprévu des vents, et laissèrent apparaître un ciel bleu et un soleil ardent. Chaque vague se dora d'éblouissants reflets ; chaque grain de sable se mit à étinceler comme un diamant ; la colline au pied de laquelle se déroule Hammerfest se couvrit de matelots et de promeneurs ; enfin l'horizon sembla reculer en s'agrandissant, et les montagnes de Soro se dressèrent au loin, blanches de leurs neiges éternelles, et détachant sur un fond d'azur leurs cimes bizarrement découpées.

Stierna et sa mère se hâtèrent de quitter le consulat pour jouir de cette belle journée. Au moment de franchir le seuil de leur demeure, elles trouvèrent, assise sur les marches du perron, Brite Reysboten qui pleurait silencieusement, son tambour magique à la main.

— D'où vient cette tristesse, ma bonne mère? demanda Stierna à la Laponne.

— Ah! répondit de sa voix basse et contenue la vieille Laponne, l'été est bien triste dans une ville pour celle qui possède, au milieu des plaines du Tromo, deux cents ren-

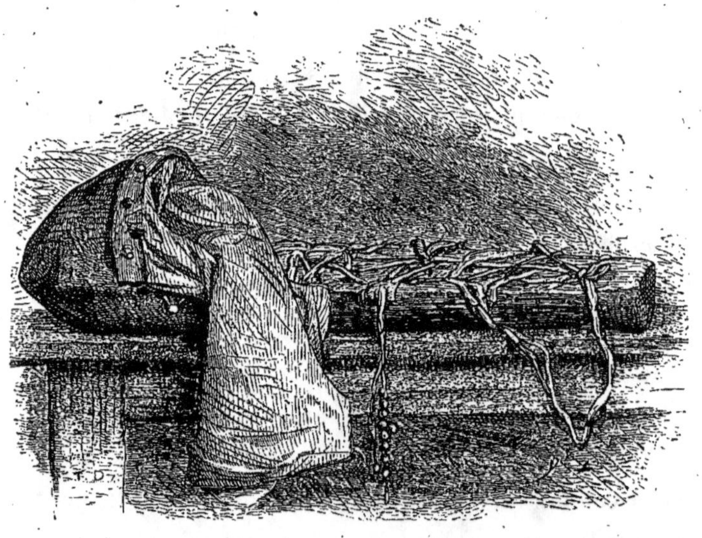

nes, une tente, un frère et un petit neveu qui dort dans son berceau.

— Pourquoi n'allez-vous point passer la belle saison dans ces plaines que vous regrettez avec tant d'amertume? interrompit madame van Geen. Vous viendriez nous retrouver aux approches de l'hiver; vous le savez, vous serez toujours la bienvenue au consulat.

Brite leva la tête avec surprise.

— Ma place est ici, répliqua-t-elle; le jour où je quitterai cette maison, l'esprit ennemi y entrera.

— Je commence à croire que ta protégée perd encore un peu plus de sa raison, qui n'a jamais été bien saine, dit madame van Geen à sa fille, sur le bras de laquelle elle s'appuyait gaiement.

Bientôt toutes les deux cessèrent de penser à Brite pour s'épanouir aux délicieuses sensations qu'elles éprouvaient, en respirant un air tiède et pur, sous les rayons caressants d'un soleil radieux.

Madame van Geen se sentait renaître, et les traits pâles de Stierna se vivifiaient sous ces influences bienfaisantes. Son œil bleu s'éclaira, ses joues étiolées par une longue ré-clusion s'animèrent d'une charmante rougeur, et sa mère éprouva une joie indicible à voir la jeune fille marcher avec une vivacité qui ne gardait plus rien de son expression ha-bituelle de nonchalance et de mélancolie. Tout la charmait et l'enthousiasmait; les navires entraient dans le port et le quittaient, la voile au vent et le pavillon déployé; les steam-boats couronnés de vapeur amenaient de nombreux passa-gers; les matelots allaient et venaient, les négociants fai-saient embarquer les marchandises amassées pendant

l'hiver. Ici d'immenses quantités de fourrures s'entassaient
sur des bâtiments norwégiens, à côté de tonneaux pleins
de poissons salés et de vastes ballots d'édredons. Plus loin,
meinherr van Geen, debout sur les poutres de sapin qui
garnissent de toutes parts le port, donnait les dernières
instructions à quatre capitaines qui allaient commander
quatre vaisseaux chargés de cuivre provenant des mines de
Kaafiord. La joie peinte sur le visage, il prit congé des marins, les suivit du regard et les salua du geste une dernière
fois. Lorsqu'il les vit lever l'ancre et prêts à quitter la côte,
il sentit une main se poser affectueusement sur son épaule.
Il se retourna vivement : c'étaient sa femme et sa fille.

— Soyez les bienvenues ! leur dit-il. Votre chère présence
manquait à mon bonheur. Tenez, regardez, continua-t-il, en
indiquant du doigt les quatre navires qui déjà s'éloignaient.
Encore cinq années d'une pareille récolte et nous quitterons
pour toujours le Finmark. Je serai riche au delà de tous mes
désirs ; nous n'aurons qu'à choisir la contrée la plus délicieuse de l'Europe pour y passer le reste de notre vie. Dans
cinq ans l'Italie, l'Allemagne ou la France, à ton choix,
Stierna, et cinq ans passent bien vite, surtout à ton âge !

Il pressa la main de sa fille, échangea un regard de bonheur avec sa femme et s'éloigna rapidement, car on l'appelait pour donner des ordres à un cinquième navire en
chargement. La joie de meinherr van Geen avait gagné
Stierna. Son cœur battait délicieusement à la pensée de
quitter cette terre d'exil. Le soleil lui semblait plus suave
encore, et elle se laissait aller à une joie indicible. Tantôt

elle s'arrêtait pour cueillir, dans un angle de rocher ou sur
le bord d'un de ces toits bas et couverts de mousse qui sont
particuliers aux maisons d'Hammerfest, de pâles renoncules, des saxifrages ou quelque frêle cochlearia ; parfois elle

respirait avec délices les vagues parfums de ces plantes chétives, ou bien elle grimpait, légère et rieuse comme un enfant, sur les cimes escarpées des petites collines de pierre
qui entourent la ville, et récoltait, comme partout, des
fleurs pour ajouter de nouvelles richesses à son bouquet.

Aslack prenait sa part de la joie de sa maîtresse, et s'associait avec pétulance à ses excursions. On le voyait s'élancer en quelques bonds à la cime d'un roc, et là, le nez au vent, les oreilles soulevées, l'œil vif, il regardait sa maîtresse, qu'il semblait défier. Cherchait-elle à le rejoindre? d'un autre bond il s'éloignait pour revenir bientôt près d'elle et la quitter de nouveau.

Madame van Geen se sentait heureuse et pleine de peur en voyant sa fille courir et s'exposer ainsi, au milieu de ces rocs, avec la prestesse et la gaieté d'une gazelle. Quand tout à coup, par un effet commun dans les contrées du Nord qui avoisinent l'océan Glacial, le ciel s'éteignit, se contracta et se couvrit brusquement d'un épais brouillard; le soleil disparut, le port s'attrista, et un vent âpre succéda aux caresses d'un air calme et serein. Madame van Geen s'empressa de rappeler Stierna, et se sentit mordre par le froid, tandis que la jeune fille se hâtait de descendre les rochers qu'elle avait gravis.

Toutes les deux, pressées l'une contre l'autre et le cœur plein d'une tristesse dont elles ne pouvaient se rendre compte, regagnèrent promptement le consulat. Aslack, la tête basse, les suivait à pas lents.

Au moment de rentrer, Stierna se retourna pour jeter un dernier regard sur les lieux naguère si joyeux et maintenant si lugubres qu'elle venait de quitter. Elle aperçut, au loin, sur le bord du cimetière qui dominait la ville, une figure qui s'agitait.

C'était la vieille Brite Revsboten qui, debout et dans une

attitude bizarre, levait lentement une de ses mains vers le
ciel et frappait de l'autre sur son tambour.

Pendant l'été, à Hammerfest on ne cesse point de faire du
feu dans les appartements. Cette habitude, indispensable,
remédie aux miasmes des brumes et du vent de la mer.
Seulement on substitue le bois à la houille, et les âtres se

remplissent d'énormes bûches de sapin qu'on ne laisse jamais s'éteindre, et qui, pendant les vingt-quatre heures de la journée, jettent sans relâche autour d'elles, sur tous les objets, les reflets mobiles de leur flamme rougeâtre. En rentrant de sa promenade, madame van Geen vint s'asseoir, en frissonnant, devant la cheminée. Stierna se mit à genoux à côté d'elle, et prit les mains de sa mère, qu'elle sentit moites et brûlantes. Celle-ci, dégageant doucement une de ses mains, enlaça de son bras la jeune fille et l'attira contre sa poitrine par un mouvement presque convulsif. Stierna posa sa tête sur l'épaule de sa mère, et elles demeurèrent longtemps dans cette attitude, sans échanger une parole. Aslack, qui semblait partager la tristesse de ses maîtresses, s'étendit mélancoliquement à leurs pieds.

Cependant le jour disparaissait presque tout à fait sous les nuages sombres dont s'était couvert le ciel, et la pluie ne tarda point à tomber abondamment. Cette demi-obscurité, si bien en harmonie avec la nature des pensées des deux femmes, ajouta encore à leur tristesse.

— Mon Dieu, mon Dieu, que deviendrais-tu dans cette solitude, si Dieu me séparait de toi? dit madame van Geen, sans s'apercevoir qu'elle pensait à voix haute.

— Oh! ma mère, ma mère, comment peux-tu te laisser aller à de telles pensées!

— Je t'ai trop aimée, Stierna, continua madame van Geen. J'aurais dû t'apprendre à pouvoir te passer de ta mère. Ma tendresse imprudente n'a point voulu se séparer de toi une seule journée, une seule heure depuis le moment de la naissance. S'il fallait nous quitter, que deviendrais-tu, chère moitié de mon âme?

— Qui pourrait nous séparer, ma mère?

— Pardonne-moi, chère enfant! Je souffre un peu ce soir. Ma tête brûle. Un feu douloureux parcourt mes veines. Je parle sous l'influence d'une excitation maladive! Et puis je suis préoccupée de visions affreuses et de pensées sinistres qui m'obsèdent malgré moi. La vieille Brite, ses craintes, ses rites magiques s'obstinent à s'emparer de mon souvenir... Quels sont ces pas que l'on entend sous nos fenêtres, et qui s'arrêtent devant la porte? Ce ne saurait être ton père qui revient. Ses affaires doivent le retenir pendant plusieurs jours à Kaafiord.

On entendit la porte de la rue tourner sur ses gonds : peu après, une des portières qui fermaient le salon se souleva et laissa voir Brite Revsboten. Quoique à son entrée elle se fût dépouillée d'un large manteau de peau de renne, l'eau ruisselait de toutes parts sur ses vêtements et baignait ses cheveux gris, qui s'échappaient en désordre de dessous son bonnet de drap bleu. Elle s'avança avec l'allure lente et caractéristique des Lapons et on entendit s'étouffer sur le plancher le bruit de ses pieds, enveloppés de sandales de peaux garnies de leurs poils.

— Je pars, je pars! murmura-t-elle, si bas qu'on l'entendit à peine. Adieu!

— Pourquoi nous quitter si brusquement, chère Brite? Truchden ou Tréa vous auraient-elles offensée? demanda Stierna.

— La pluie qui tombe à flots, ne cessera pas de long-temps et rend votre voyage presque impossible, ajouta madame van Geen.

— Il ne reste plus qu'un moyen de combattre Jabbè-Akka, et il faut que j'y aie recours, interrompit Brite. Ni la pluie ni le danger ne sauraient m'arrêter. Et puis, ajouta-t-elle, Brite Rewsboten ne redoute ni les eaux du ciel ni les précipices de la terre. Une pirogue attend la Veuve du Diable. Adieu.

— Adieu, Brite, et que Dieu veille sur vous !

La vieille femme tira de son doigt l'anneau d'argent qu'elle y portait.

— Tenez, dit-elle, jusqu'à mon retour, celle qui portera cette bague n'aura rien à redouter de l'esprit noir.

Elle déposa la bague sur la cheminée et disparut. Après son départ, Stierna et sa mère étendirent toutes deux les mains vers l'anneau.

— Je veux que ce soit toi qui le porte, dit Stierna.

— Il ne quittera point ton doigt, répliqua madame van Geen.

Une discussion affectueuse s'éleva entre elles pour décider à qui ne porterait point l'anneau.

— Eh bien ! conclut Stierna, qu'il reste là sur la cheminée ! Le séjour du West-Finmark étiole donc bien notre raison, puisque nous voici attachant presque de l'importance aux superstitions d'une vieille Laponne ignorante et à demi-folle.

— Oui, reprit madame van Geen, de si ridicules superstitions sont indignes de chrétiennes et de femmes sensées. Obéis donc, chère Stierna, et passe à ton doigt cette bague d'argent. Depuis longtemps tu désirais posséder un de ces bijoux devenus rares, même dans nos contrées, et qui sont de curieux monuments de l'art et des croyances des vieux Lapons.

Elle baisa Stierna au front et lui mit au doigt la bague. Stierna obéit en soupirant et se laissa faire. Madame van Geen éprouva une joie secrète quand elle entendit tinter à la main de sa fille les petits anneaux d'argent qui formaient les chatons mobiles de la bague.

— Ce talisman la protégera, pensa-t-elle en se reprochant toutefois d'ajouter foi à des croyances si puériles.

Quelques minutes après avoir pris congé de madame van Geen, Brite Revsboten traversait la ville et se dirigeait vers la mer. Là, sans dépouiller, en apparence, sa lenteur habituelle, elle s'accrocha aux poutres de sapin qui recouvrent les flancs du port, ouvrage des hommes, comme le reste de cette ville étrange. D'un pied sûr, sans que le bruit des flots qui se brisaient au-dessous d'elle l'intimidât, sans que la violence de la pluie et l'épaisseur de la brume rendissent son coup d'œil moins certain ou son pied moins ferme, elle descendit ou plutôt elle se laissa glisser jusqu'en bas. On eût dit, à la voir enveloppée de sa longue peau de renne et les mains couvertes de gants de fourrure, un ours blanc qui se livrait aux jeux périlleux que lui permettent l'agilité de sa nature et les ongles puissants qui arment ses formidables pattes.

Brite, arrivée au bas du revêtement de sapin, se jeta dans une petite barque longue, étroite, pointue, semblable à celle des Esquimaux. Elle s'y enferma jusqu'à la ceinture, à l'aide d'un sac façonné des dépouilles d'un phoque; les extrémités de ce sac se trouvaient attachées aux bords d'un trou rond ménagé au milieu de la bizarre chaloupe, Brite saisit deux rames courtes, donna une légère impulsion à la frêle embarcation et partit, bondissant sur la mer avec l'agilité des cétacés qu'on entrevoyait au loin se jouant dans la tempête et montrant leurs évents au-dessus des flots blancs d'écume.

La vieille nageait avec un rapidité fabuleuse pour ceux qui ne connaissent point ce genre de navigation, où la barque et le pilote ne font qu'un : c'est un poisson doué de l'intelligence et de la volonté humaine.

Combien de temps parcourut-elle ainsi la mer? Dieu seul et elle-même le savent. Avec une sagacité merveilleuse, elle reconnaissait, à la forme des rochers qui hérissaient la côte, les lieux où elle voulait aborder. Alors elle se dirigeait sans hésiter vers quelque partie de cette rive dangereuse, abritait son bateau entre deux blocs de pierre, l'attachait par une de ses longues et étroites extrémités, au moyen d'une corde et d'un pieu, armait ses pieds de skalken, et à l'aide de ces longs patins s'aventurait à travers des marais fangeux et à la surface mobile. Toujours sans empressement, toujours avec son indolente apparence, elle interrogeait du regard les dangereuses plaines et cueillait quelques-unes des herbes pâles qui surnagent plutôt qu'elles ne poussent à la surface de cette boue. Elle examinait chaque plante avec soin et ne la déposait dans sa poche de cuir qu'après avoir murmuré des paroles mystérieuses. Au sortir des marais, elle regagna sa pirogue et se remit à la mer, jusqu'au moment où elle aperçut au loin les têtes arides des hautes montagnes et le manteau rougeâtre dont les forêts de bouleaux nains recouvrent çà et là leurs flancs. Alors elle aborda de nouveau la côte et entra dans ces forêts où les arbres les plus hauts ne s'élèvent point jusqu'à la poitrine des voyageurs. Elle choisit les jeunes pousses de plusieurs de ces arbres dont le feuillage ne repose pas même les yeux des passants par la douce couleur verte qu'il déploie lorsqu'il se trouve sous un climat tempéré. A ces pousses elle joignit des renoncules jaunes et les baies noires de l'*impetrum nigrum*.

Elle sortit du bois où elle s'était arrêtée longtemps et alla

. . Elle interrogeait du regard les dangereuses plaines. .
(p. 156.)

plus loin visiter des plaines de mousses. Là, elle chercha encore, à travers cette couche de végétation qui ressemble plus à un rude duvet qu'à des herbes véritables, le fruit rose du *rubus chamærosus* et les grains bleuâtres que produit sa tige frêle.

Après trois jours sans sommeil, sans repos, employés à recueillir tous ces objets, elle entreprit encore une longue excursion pour aller retrouver, au sommet de la plus haute des montagnes, un passe-vare de proportions gigantesques et célèbre dans les traditions laponnes par les sacrifices sanglants dont il fut autrefois témoin. Arrivée, après des fatigues inouïes, elle s'assit dans ces lieux et s'endormit, sans autre abri qu'une sorte de monument grossier composé d'une large dalle que supportaient deux pointes de rochers. A son réveil, elle mangea un peu des provisions qu'elle avait apportées pour son voyage et qui touchaient à leur fin et jeta les yeux autour d'elle. Au loin apparaissaient les plaines de Kaafiord ; derrière leurs forêts naines se trouvait le port de Hammerfest ; au-dessus se dressaient les montagnes de Bossekop. La pluie avait cessé, et le ciel, quoiqu'il parût recouvert d'un voile grisâtre, laissait cependant arriver un peu plus de lumière sur les lignes de l'horizon.

Brite considéra quelques instants le spectacle offert à ses regards par la nature du West-Finmark, sembla s'armer de résolution, tira de sa poche une cuiller en bois couverte d'un peu de soufre et y plaça un morceau d'écorce avec de l'amadou. Dès les premières étincelles du briquet, l'écorce s'enflamma, et, jetée sur un amas de bois sec préparé au pied du passevaré, ne tarda point à produire une haute flamme. La Laponne choisit alors une large pierre de peu d'épaisseur et creusée au milieu; elle la suspendit, à l'aide de deux gros cailloux, au-dessus du brasier, la couvrit d'une partie des graines et des baies recueillies depuis son départ d'Hammerfest et les fit cuire avec des rites étranges. Tantôt elle écartait la fumée par son souffle, tantôt, au contraire, elle la poussait sur les fruits sauvages qui grillaient en frissonnant. Elle traçait des cercles autour du foyer, marchait à reculons, frappait sur son tambour et chantait à mi-voix des invocations dans un langage dont elle-même ne comprenait point les mots barbares.

Ses préparatifs magiques terminés, elle recueillit avec soin les baies à demi consumées, les enferma dans la corne du sabot d'un renne, regagna sa pirogue et reprit sur les flots la route d'Hammerfest.

Minuit sonnait lorsqu'elle quitta sa barque et gravit les poutres de sapin du port; la ville était solitaire et muette, quoique le soleil brillât du plus vif éclat et que le ciel resplendît de lumière. Brite se hâta de gagner le consulat; la porte extérieure s'en trouvait ouverte, contre les habitudes ordinaires; du seuil on entendait des pas qui allaient et qui venaient avec cette hâte, indice certain de quelque motif de trouble. Le pauvre Aslack, tristement couché dans l'antichambre, se leva dès qu'il aperçut sa vieille connaissance et vint au-devant d'elle la queue basse et en balayant de ses longues oreilles les planches de sapin du parquet.

— Dieu soit loué, voici Brite Revsboten! s'écria la métho-

diste Truchden avec une émotion et une joie que ne lui causait point d'habitude l'arrivée de la vieille femme.

— Voici Brite Revsboten ! répéta Tréa qui éleva sa voix aux notes les plus aiguës de son aigu diapason.

A ces mots, Stierna et meinherr van Geen accoururent.

—Soyez la bienvenue, Brite ! dit la jeune fille, qui ne pouvait retenir ses larmes.

— Sauvez-la, et je vous enrichis à toujours ! ajouta le négociant, qui faisait lui-même des efforts inutiles pour conserver un peu de calme; sauvez-la, Brite.

La Laponne semblait atterrée ; elle s'écria :

— L'âge a-t-il donc diminué mon pouvoir ? Ma science est-elle donc impuissante à conjurer Jabbe-Akka ? Avant mon départ, j'avais fait dans le cimetière les exorcismes les plus redoutables et les plus certains... Qui donc le démon noir frappe-t-il ?

Sans lui répondre, Stierna et meinherr van Geen l'entraînèrent dans une chambre voisine. Aslack les y suivit en se cachant derrière Brite.

— Ma mère, ma mère, prenez bon espoir, voici notre vieille amie, dit Stierna en se penchant sur le lit où reposait sa mère.

Madame van Geen souleva la tête et montra un visage sur les traits duquel la maladie imprégnait ses plus funestes ravages.

Brisée par ce léger effort, elle laissa retomber sa tête sur l'oreiller.

— Et dire que deux jours doivent s'écouler encore jusqu'à l'arrivée du médecin que j'attends de Drontheim ! Malédiction sur la soif insensée de fortune qui m'a amené dans ces lieux funestes.

Brite s'avança près du lit de madame van Geen. Après un long et silencieux examen des symptômes de la maladie, elle présenta aux lèvres de la pauvre femme le philtre qu'elle avait préparé avec les drogues recueillies au prix des fatigues et des dangers de son long voyage. Les lèvres brûlantes de madame van Geen reçurent avec avidité cette potion rafraîchissante, et son regard sembla se ranimer.

— Que chacun quitte cette chambre, prescrivit la Laponne ; il faut que je reste seule avec madame van Geen, qui va tomber dans un profond sommeil.

Et comme Stierna hésitait à obéir.

— Allez, dit-elle, et hâtez-vous ! Jabbe-Akka se tient là debout au chevet du lit de votre mère, prête à la toucher du fatal rameau qui sépare l'âme du corps. Allez ! Chaque minute de retard lui ôte une chance de salut !... Elle n'en a déjà que trop perdu en ne portant point mon anneau que je vois à votre doigt. Allez ! Que personne ne rentre sans mon ordre.

Stierna sortit de la chambre dont Brite ferma soigneusement la porte. Malgré les représentations de M. van Geen et de Truchden, jointes aux supplications de Tréa, la jeune fille s'assit sur le seuil et ne voulut point s'éloigner. Aslack se coucha aux pieds de sa maîtresse et posa sa tête sur ses genoux.

Une heure s'écoula ainsi. Stierna prêtait l'oreille à ce qui se passait dans la chambre de sa mère. Elle distinguait la respiration saccadée de la malade et entendait les pas étouffés de Brite Revsboten, dont les pieds enveloppés de souliers de fourrure produisaient sur le tapis le bruit imperceptible d'un reptile qui se glisse à travers les herbes. Tantôt la voix basse de Brite murmurait des mots fatidiques, tantôt les os humains qui lui servaient de baguettes produisaient sur le tambour magique un roulement faible et d'un effet lugubre.

Aslack, les yeux fixés sur Stierna, les narines aux aguets et ses longues oreilles à demi soulevées pour mieux écouter, témoignait une vague inquiétude. Tout à coup il se dressa, se mit à pousser un gémissement lamentable et gratta de ses pattes la porte; en même temps on entendit une plainte s'échapper de la bouche de la malade. Stierna, oubliant la défense de la Laponne, s'élança éperdue dans la chambre de sa mère. Brite Revsboten se tenait accroupie en face du lit; l'eau ruisselait sur son visage et elle paraissait plongée dans une extase profonde.

Au bruit de la porte, elle ouvrit les yeux et aperçut la jeune fille. Elle se leva avec effort comme le fait une personne brisée par la lassitude; la pâleur se montrait sur son visage à travers le hâle dont les intempéries de l'air et le ravage des ans le bistraient; ses traits décomposés attestaient ses fatigues et ses petits yeux bordés de rouge exprimaient une morne terreur.

— Je suis vaincue! dit-elle. Ni mes menaces ni mes prières ne peuvent rien sur Jabbe-Akka. En vain lui ai-je offert le nombre de jours qu'il me reste à vivre, à condition qu'elle en laisserait la moitié à la mourante; la femme noire n'a pas même répondu à mes incantations. Il faut préparer la fosse et les prières.

En achevant ces mots qu'elle murmurait d'une voix entrecoupée et avec un complet égarement, elle sortit de la chambre de madame van Geen et se retira dans la cuisine, où elle s'accroupit, les yeux hagards et comme s'ils eussent été témoins d'apparitions terribles.

Il est des douleurs dont l'excès même atténue la violence; elles produisent, à force de tortures, un état où l'engourdissement s'unit aux angoisses; les sensations n'arrivent plus à l'âme que confuses et émoussées. Assise au chevet de sa mère agonisante, Stierna ne percevait distinctement aucune des pensées qui passaient et repassaient comme des fantômes devant son imagination. Elle demeurait également étrangère au mouvement qui se faisait autour d'elle et aux personnes qui l'entouraient. Truchden et Tréa allaient et venaient sans motifs, ainsi qu'il arrive aux subalternes dans ces occasions funestes où la mort tient sa main suspendue sur un de leurs maîtres. Meinherr van Geen, subissant la crise qui terrasse, après une longue lutte, les natures énergiques, restait là sans force et sans mouvement, la poitrine oppressée et les yeux pleins de larmes qui coulaient sans qu'il s'en aperçût.

L'oisiveté, depuis cinq jours, se joignait à la douleur dans l'esprit de cet homme actif et pour qui les affaires et les préoccupations qu'elles nécessitent formaient une seconde nature. Il pleurait sincèrement sur la fatalité qui frappait la seule femme qu'il eût jamais aimée, la compagne soumise et dévouée de toute sa vie, la mère de sa fille, enfin. Mais cependant, au milieu de tant de douleur, il souffrait un malaise secret de l'abandon où se trouvaient en ce moment les mines de Kaafiord : les travaux, sans direction au commencement de l'été, pouvaient compromettre gravement les opérations de l'année et produire un inventaire moins brillant que les bénéfices de l'année précédente. Malgré lui et quoiqu'il sentît combien étaient insolites ces idées qu'il voulait éloigner, elles revenaient le chercher sans cesse et mélanger d'humeur son chagrin.

Quant à Stierna, nous l'avons dit, toute sa vie était passée dans une sensation : l'impression funèbre que produisait sur ses mains brûlantes la main glacée de madame van Geen. Le froid de la mère pénétrait jusqu'au cœur de la fille.

Vers le matin, Stierna sentit peu à peu cette main s'attiédir et s'échauffer dans la sienne. Elle porta les yeux sur le visage de sa mère; la pâleur de madame van Geen semblait perdre de sa lividité; on aurait dit que les traits de la malade devenaient moins roides et moins immobiles. Non, ce n'était point une illusion! son regard se ranimait et ses lèvres n'avaient plus la même rigidité.

Elle respira profondément, fit un effort et souleva un peu la tête.

— Stierna! dit-elle en cherchant sa fille, Stierna, mon enfant!

Stierna porta la main de sa mère à ses lèvres.

— Mon Dieu, continua madame van Geen, comme je me sens mieux respirer maintenant! Ma poitrine ne brûle plus!

Ma fille! ouvre cette fenêtre, un peu d'air frais et pur achèvera ma guérison.

Par un des caprices de la nature, si communs en ces pays où le vent à chaque instant jette un voile de brume sur le ciel et dissipe ce voile, le soleil brillait de tout son éclat, et l'air qui pénétra dans la chambre était tiède et doux ; en ce moment deux heures du matin sonnèrent.

— Je me sens renaître, continua madame van Geen ; mon Dieu, que cet air est bon ! Venez, van Geen, venez, mon ami ; vous avez bien souffert, n'est-ce pas, pendant ces tristes journées d'inquiétudes ? Elles sont finies maintenant. Il faut donc que vous partiez sur-le-champ pour Kaafiord. Vos mines sont pour votre femme des rivales presque redoutables, je le sais, ajouta-t-elle avec le vague sourire qu'on éprouve tant de joie à voir apparaître sur les lèvres d'un convalescent.

Le négociant alléguait faiblement l'intention de rester à Hammerfest, quoique son cœur tressaillît à l'idée de retourner à Kaafiord.

— Je vous ordonne, de mon autorité de malade, de partir sur-le-champ, reprit-elle avec une grâce charmante. Allez vite ! Que j'entende avant dix minutes le bruit des pas de votre cheval.

Meinherr van Geen regarda sa fille avec un reste d'hésitation.

Stierna souriait et pleurait à la fois.

— Et moi aussi, mon père, dit-elle, je vous exile de notre maison et je vous renvoie à Kaafiord.

— Puisqu'on me chasse, il faut bien que je me sauve !

riposta joyeusement meinherr van Geen; adieu donc.

Après tant de désespoir, tous les trois s'épanouissaient à l'espoir et au bonheur.

Lorsque son père sortit de la chambre, non sans avoir embrassé sa femme et sa fille, Stierna engagea doucement sa mère à garder le silence et à éviter la fatigue.

— Tu as raison, mon enfant, dit-elle; aussi bien je sens le sommeil s'emparer de moi, mais c'est un bon sommeil cette fois; la fièvre n'obsède plus de fantômes mon cerveau, et mon âme s'inonde d'un bonheur que je n'avais jamais éprouvé.

Stierna la vit, en achevant ces mots, fermer les yeux et pencher doucement la tête.

Tandis que le calme et la confiance rentraient ainsi dans la chambre de madame van Geen, une agitation, assez voisine de la querelle, se manifestait à la cuisine. Mademoiselle Truchden, fatiguée de ses longues veilles et fidèle à sa nature, on le sait, plus hargneuse que sociable, réprimait depuis cinq jours son penchant pour les récriminations et les plaintes. Aussi ne manqua-t-elle point de récupérer immédiatement le temps perdu, dès que la convalescence de sa maîtresse vint rendre à sa langue une liberté dont elle restait privée depuis trop longtemps. Ce fut sur Brite qu'elle canonna sa première bordée.

La vieille femme gisait toujours là, accroupie dans un coin de la cuisine, les yeux à demi clos et la tête penchée sur sa poitrine.

— Elle a fait de belles choses cette nuit, ou plutôt ce jour!

s'écria Truchden, trouvant moyen d'attaquer à la fois Brite
et le West-Finmark.

La nuit ou le jour ! répéta-t-elle ; car dans ce pays
de désolation, on ne sait comment appeler un jour et une
nuit qui ne finissent pas... Peste de la sorcière !... Dire à
mademoiselle Stierna que sa mère va mourir, tandis qu'au
contraire la voici tout à fait sauvée et en pleine convalescence ! La véridique et honnète femme qui vient débiter,
à ceux dont elle mange le pain, des mensonges qui les mettent au désespoir !

A ces mots, Brite Revsboten releva la tète et regarda Tréa.

— Truchden dit vrai, répondit la cuisinière. Madame se
trouve tellement mieux, que voici meinherr van Geen qui
part pour Kaafiord.

On entendit en effet le trot du cheval qui franchissait le
seuil d'une porte affectée au service spécial de l'écurie.

— Dieu veuille que la science de la vieille Brite devienne
à ce point misérable et digne de sarcasmes ! répondit la
Laponne, sans rien perdre de son apathie habituelle. Je voulais donner ma vie pour madame van Geen, et ma science
ne vaut guère mieux que ma vie.

— La vie ! donner sa vie ! les beaux contes !

— Je l'ai offerte à Jabbe-Akka, et ce ne serait point la première fois que la femme noire accepterait de pareils échanges. Ma maîtresse dans la science magique, Pepta Kitell,
sauva ainsi les jours de sa fille unique aux dépens des siens.
L'enfant vécut encore sept ans, au prix des quatorze que sa
mère donna à Jabbe-Akka.

— Je vais aller me coucher, Tréa, n'en comptez-vous pas faire autant? demanda Truchden, sans prendre la peine de répondre à Brite.

— Je suis accablée de fatigue et ne tarderai point à vous imiter; mais, avant de le faire, je veux aller prendre les ordres de mademoiselle.

Elle sortit et rentra quelques instants après, en marchant sur la pointe des pieds.

— Mademoiselle dort dans le grand fauteuil, près du lit de madame. Elle tient les mains de sa mère dans les siennes. Bonsoir, Brite Revsboten, ne songez plus aux dures paroles de Truchden; c'est, après tout, une bonne fille, dont la langue produit plus de bruit que de mal. Mais que faites-vous donc là, vous, Brite?

La Laponne tirait de sa poche de cuir, placée par-dessus son kofte (les Lapons nomment ainsi leurs tuniques de vadmel), un petit rameau de bouleau nain, cueilli par elle aux pieds du passe-ware de Tromso. Elle y mit le feu, et jeta sur le brasier quelques parcelles de résine. Des tourbillons de fumée s'élevèrent de ce foyer et se répandirent en tournoyant autour de Brite, qui suivait attentivement les évolutions capricieuses de ces petites nuées. Elle murmurait, en outre, des paroles bizarres.

— Restez, dit-elle à Tréa, qui, après l'avoir considérée quelques instants avec une sorte d'intérèt, finissait par trouver que toutes les opérations magiques de la vieille ne valaient pas un bon lit et quelques heures de sommeil. Restez! Avant une heure, au moment où s'éteindra la der-

nière étincelle de ces charbons, votre maîtresse aura besoin de vos secours.

— Quoi que vous disiez, Brite, je vais prendre un peu de
repos. Vous vous êtes déjà trompée aujourd'hui, grâce à
Dieu ! Je désire que votre seconde prédiction ne vaille pas
mieux que la première. Buvez avec moi un verré d'eau-de-
vie et laissez là votre pipe dont la fumée me rend les yeux
presque aussi rouges que les vôtres.

Brite, sans lui répondre, montra de son doigt osseux les
charbons du rameau de bouleau sur lesquels s'éteignaient
les dernières étoiles de feu qui naguère y brillaient par
myriades.

Au même instant, Stierna poussa un cri déchirant.

La jeune fille, rassurée sur sa mère et pleine de foi dans
l'avenir, s'était laissée aller peu à peu, et sans s'en apercevoir, au sommeil qui l'accablait, et contre lequel elle lut-
tait depuis trois jours passés à veiller. Elle tenait, comme
on l'a dit, une main de madame van Geen dans les siennes,
et insensiblement ses paupières s'étaient fermées. Des rêves heureux s'emparèrent d'abord de son imagination, et
l'entourèrent de pensées riantes. Ils ne tardèrent point à
changer de nature ; Stierna, sans pouvoir s'éveiller, sentait
la main de sa mère se refroidir lentement dans les siennes.
Un cauchemar affreux l'étouffait ; elle se débattait contre le
sommeil sans parvenir à le vaincre. Cette lutte dura longtemps. La main devenait toujours de plus en plus glacée et
plus roide.

A la fin, par un effort surhumain, Stierna s'éveilla. Sa

mère était là l'œil fixe, la bouche entr'ouverte et le visage marqué du sceau fatal de la mort.

Ce fut à cette vue funeste que Stierna jeta un cri de désespoir et d'épouvante. Brite accourut, et, par un geste plein de solennité, montra le ciel à la jeune fille.

— On s'y rejoint ! dit-elle.

Un mois après la mort de madame van Geen, tout dans le consulat reprenait ses habitudes silencieuses et d'une ré-

gularité monotone. Truchden occupait sa place ordinaire près de la cheminée. C'était toujours la même grande créa-

ture sèche de cœur comme de visage ; seulement elle jugeait
à propos, depuis quelque temps, d'orner d'une paire de lunettes son nez anguleux, sous prétexte que le climat d'Hammerfest affaiblissait sa vue ; le motif réel de cette innova-
tion consistait surtout dans le bonheur de se procurer un
motif pour se plaindre et se donner des airs de victime.
Tréa remplissait ses devoirs avec activité ; elle estimait
qu'on ne saurait habiter de pays préférables à ceux où les
maîtresses de maison ne renferment point sous clef les provisions d'eau-de-vie ; le vieux perroquet se repliait plus
tristement que jamais sur lui-même, pour se soustraire au
froid qui commençait à sévir de nouveau, et Aslack, blotti
dans les plis de sa peau de renne, dirigeait à chaque instant ses grands yeux gris vers Stierna. La jeune fille se
tenait presque toujours assise près d'une fenêtre d'où ses
regards apercevaient le cimetière élevé dans lequel reposait sa mère. Quant à Brite Revsboten, on ignorait quels
lieux elle habitait depuis le jour de l'enterrement de madame van Geen. La vieille Laponne avait silencieusement
suivi les restes de sa bienfaitrice jusqu'à leur dernière
demeure. Là, quand les cérémonies funèbres furent terminées, elle prit sont tambour magique et elle se mit à
évoquer les esprits pour qu'ils ne s'opposassent point à
l'entrée dans le paradis de l'âme de la défunte. Ces rits
étranges excitèrent le mécontentement de la foule. On
voulut chasser la sorcière, qui résista opiniâtrément ; peut-
être même, sans l'intervention de meinherr van Geen, la
pauvre créature eût-elle été tuée par les pierres que l'on

commençait à lui jeter. Malgré le danger qui la menaçait, elle accomplit jusqu'au bout ses formules superstitieuses et se retira sans précipitation, sans la moindre crainte, avec un calme et une lenteur que rien ne put ni troubler ni faire hâter.

Dès le lendemain des obsèques, meinherr van Geen se trouvait assailli déjà par tant d'exigences d'affaires et par tant de soins urgents que sa douleur en éprouva un soulagement véritable. Comme tous les hommes exclusivement consacrés aux affaires, il subissait sans réserve leur joug impérieux. Elles dominaient pour ainsi dire, dans son âme, ses affections elles-mêmes.

Jamais meinherr van Geen, voué depuis sa plus tendre jeunesse aux spéculations commerciales, n'avait supposé qu'on pût rien estimer au-dessus de ces spéculations, ou rien mettre en concurrence avec elles. Aussi une pensée d'hésitation ne se présenta-t-elle pas à son esprit lorsqu'il emmena sa femme et sa fille de Christiania à Hammerfest. Il s'y rendait appelé par ses devoirs commerciaux ; n'était-il pas tout simple que les deux femmes l'y suivissent? Une fois au West-Finmark, la plupart du temps il les abandonnait à elles-mêmes dans la triste solitude de ces contrées glacées ; les affaires l'exigeaient, il partait.

Il en advint de même après la mort de sa femme. Il passa deux jours près de Stierna à pleurer avec elle. Ce temps écoulé, on vint lui apprendre qu'une légère agitation commençait à se manifester à Kaafiord, et que les ouvriers menaçaient d'abandonner les travaux si l'on n'augmentait

point leur salaire. Un quart d'heure après avoir reçu cette
nouvelle, meinherr van Geen, à cheval, se dirigeait rapide-

ment vers Kaafiord, où sa présence et sa fermeté ne tardèrent point à ramener l'ordre, le calme et le travail. Cependant, on devait craindre que de nouvelles émeutes ne
tardassent pas à éclater parmi les cinq ou six cents ouvriers
rassemblés sur ce point, et qui se composaient d'éléments
divers, c'est-à-dire d'Anglais, de Russes, de Norwégiens, de
Lapons, de Suédois et de Finlandais. Faut-il ajouter que ces
malheureux, réduits par la misère à venir chercher un rude
travail sous un climat plus rude encore, ne se recomman-
daient ni par la douceur de leurs habitudes ni par l'urba-
nité de mœurs. L'insurrection fermentait toujours parmi
cette foule dangereuse. Aussi, pour soustraire sa femme et
sa fille aux agitations sans cesse renaissantes de ces ouvriers,
meinherr van Geen les avait-il établies à Hammerfest, et non
à Kaafiord, comme il en avait d'abord formé le dessein. Il
fallait, en outre, qu'il occupât une résidence légale dans cette

dernière ville : sans cela il n'eût pu conserver le titre de consul et en exercer les fonctions, fonctions d'une grande importance pour lui au point de vue commercial.

Au moment où meinherr van Geen, après un séjour de deux semaines à Kaafiord, se disposait à retourner à Hammerfest, une affaire imprévue l'obligea à partir brusquement pour Tromso et à prolonger encore l'absence qui le tenait éloigné de sa fille : celle-ci resta donc près d'un mois sans voir son père.

Brisée par la douleur et les regrets, Stierna se tenait, un matin, nous l'avons dit, près de la fenêtre et les yeux fixés sur le cimetière, lorsque tout à coup une exclamation de surprise s'échappa de ses lèvres. Ses joues pâles s'animèrent en même temps d'une légère rougeur. Elle venait d'apercevoir, à l'extrémité du chemin qui longeait le cimetière, un jeune homme vêtu de noir, et qui, après avoir adressé la parole à quelques passants, se dirigeait vers le consulat. Elle se leva avec précipitation, sonna Tréa pour qu'on ouvrît au voyageur, et, le cœur palpitant, attendit elle-même sur le seuil du salon : bientôt elle ne put réprimer son impatience et attendre durant les courts instants qui devaient s'écouler avant que la vieille Hollandaise amenât l'étranger. Elle s'élança au-devant de lui, et lui tendit une main qu'il porta respectueusement à ses lèvres.

— Vous à Hammerfest, meinherr Olaus ! lui dit-elle avec la joie expansive qu'un exilé éprouve à la vue d'un compatriote jeté sur la terre lointaine où il gémissait isolé ; vous en ces tristes pays, meinherr Olaus !

Des larmes brillèrent dans les yeux du jeune homme, qui se laissa tomber avec abattement dans un fauteuil, tandis qu'Aslack lui prodiguait les plus vives caresses et aboyait joyeusement.

—Hélas! répondit Olaus, la destinée qui m'amène en ces lieux est celle qui pesait sur ma vie, même avant que mes yeux ne s'ouvrissent à la lumière, ma mère est morte!.

—Votre mère! s'écria Stierna, votre mère! Hélas! Dieu aussi m'a séparé de la mienne!

Il leva les yeux sur elle avec une expression douloureuse.

—Ma bienfaitrice! ma sainte protectrice!

Il reprit après un moment de silence.

—Puisque votre cœur se trouve frappé du même coup que le mien, mademoiselle, vous comprendrez, vous, pourquoi je n'ai pu rester plus longtemps dans la maison déserte de celle qui était toute ma famille. L'air de Christiania m'étouffait. Tandis que ma mère vivait de mon métier de maître de musique, mes pénibles devoirs me paraissaient supportables; une fois séparé d'elle, ils me devinrent odieux. Un découragement funeste s'empara de moi, et plus d'une fois je me demandai si la mort ne valait pas mieux qu'une pareille existence! Mon père est mort avant ma naissance, vous le savez; ma mère rappelée par Dieu, je restai donc seul à Christiana, sans un ami, sans un être qui prît intérêt à moi. Le souvenir de votre famille et les bienfaits dont elle ne cesse de me combler depuis tant d'années vinrent adoucir mon désespoir. Car mon éducation, le pain de ma mère et le mien pendant les tristes années de mon enfance, je dois tout à la charité de madame van Geen votre mère. Je résolus donc de venir lui demander encore un peu de sa protection d'autrefois. Elle obtiendra de son mari pour moi les moyens de suffire par mon travail à mon humble existence, me disais-je. Peu m'importe de devenir un commis subalterne ou un besogneux maître de chant! Du moins, je n'aurai point à supporter, au West-Finmark, les dédains et les railleries que me vaut à Christiania ma condition infime. Et puis, celle qui tendit souvent une main charitable à ma mère me parlera quelquefois de la sainte femme. Bientôt cette pensée, d'abord vague, devint peu à peu un projet certain et une décision irrévocable... J'arrive! Et le ciel, qui m'a ravi ma mère, m'enlève aussi la consolatrice que je venais chercher de si loin.

— Vous trouverez ici une amie, interrompit Stierna; nos mères prient pour nous ensemble dans le ciel, et je n'oublie point le tendre intérêt que vous témoignait celle dont je pleure la perte. Des orphelins comme nous doivent se consoler et s'entr'aider. Mon père ne peut tarder à revenir au consulat; il vous suffira de lui témoigner le désir d'être placé à Kaafiord pour qu'il vous y donne un emploi honorable. En attendant, devenez notre hôte.

Elle appela Truchden, à laquelle elle donna l'ordre de préparer une chambre pour M. Olaus Grahn, ce que fit la digne Allemande, non sans murmurer entre ses dents. Elle eut soin cependant de ne se livrer à ses emportements qu'après avoir fermé la porte, et lorsqu'elle se trouva trop loin pour qu'on pût les entendre.

Tandis que la vieille servante exhalait ainsi sa mauvaise
humeur, Olaus et Stierna évoquaient avec émotion les souvenirs de leur enfance, et se disaient mutuellement quelles
douleurs les avaient frappés en les séparant à jamais de
leurs mères. Olaus écoutait, le cœur serré de tristesse pour
Stierna, la description de ces nuits de six mois passées dans
la douleur, et de ces jours de même durée, peut-être plus
lents et plus pénibles encore. Stierna faisait dire à Olaus
ses luttes contre la pauvreté; et quel prix lui coûtait souvent le morceau de pain qu'il rapportait à sa mère; car le
nom de leurs mères revenait sans cesse dans ces entretiens.
Tous les deux trouvaient un charme indicible à éprouver
une douleur semblable et à rendre moins lourd leur fardeau
en le portant ensemble. D'ailleurs Olaus n'avait pas entendu
résonner à ses oreilles une parole amie depuis la mort de
sa mère; de son côté, Stierna vivait dans l'isolement. Ils
durent donc tous les deux une bonne et douce soirée à ces
souvenirs de leur jeunesse évoqués d'une voix émue, à
ces larmes qui coulaient à la fois de leurs yeux, à ces paroles d'encouragement, de consolation et d'espérance, à ces
promesses pieuses que se faisaient deux orphelins, placés entre deux tombes et se jurant un mutuel appui. Le malheur et
l'isolement effaçaient, au West-Finmark, la distance sociale
qui existait à Christiania entre l'obscur professeur et la fille du
riche consul. Au lieu d'une protectrice, Olaus trouvait presque une sœur. Le souper qu'on servit, vers huit heures du
soir, acheva de niveler leurs positions et de faire disparaître
les faibles traces de différence de rang qui naguère existaient

si tranchées entre les deux jeunes gens. Olaus qui, pour la
première fois, s'asseyait à la même table que Stierna et s'y
trouvait seul avec elle et traité d'égal à égal, Olaus, enhardi,
sentit sa timidité l'abandonner tout à fait. Il osa, il put exprimer librement les pensées que ses lèvres tout à l'heure
ne balbutiaient qu'à demi. C'était une âme ardente et une
intelligence de poëte, et le cœur de Stierna s'épanouit aux
charmes sympathiques qu'inspire le prestige d'un esprit noble et passionné. Jusque-là, elle avait vécu sans autre société
que sa mère, sainte femme selon l'Évangile, et qui cherchait
à réprimer plutôt qu'à développer dans sa fille les élans
d'une nature trop disposée peut-être à l'exaltation. Un paradis inconnu jusqu'alors à cette jeune Ève s'ouvrit donc
tout à coup pour elle, tandis que la voix de l'enthousiaste
Olaus l'initiait aux prestiges d'un monde merveilleux, interdit si longtemps par la prudence maternelle à la pensée de
la jeune fille.

Ils devisaient ainsi, oubliant les heures, se jetant dans le
champ fécond de l'infini, nageant en pleine poésie et se laissant aller à toutes les rêveries de deux jeunes imaginations
que n'avaient cessé de comprimer, l'une la pauvreté, l'autre l'isolement et une éducation patricienne. Stierna, écoutait, à demi penchée vers Olaus, ces révélations qui lui ex-
pliquaient des mots jusque-là vides de sens pour elle, et
devant les grandeurs desquelles s'extasiait l'ignorante et
naïve enfant. La gloire, la poésie, les luttes, les combats par
lesquels un homme sorti de la foule la plus obscure se place
au premier rang et se conquiert un nom appris et répété

par tous avec admiration, la jetaient dans une extase indicible. Tout à coup, comme si la voix humaine n'eût point suffi à exprimer ses pensées. Olaus courut au piano et se mit à jouer un de ces admirables chefs-d'œuvre de Beethoven qui portent si bien l'empreinte du génie, des souffrances et des élans d'une âme à la fois blessée et sublime.

Tandis qu'ils achevaient de s'enivrer ainsi à cette coupe divine, la voix sèche de Truchden les fit tout à coup retomber du ciel de l'enthousiasme sur la terre prosaïque de la réalité !

— Vous n'entrerez point, disait la querelleuse Allemande ; vous n'entrerez point. Mademoiselle fait de la musique, et je n'irai pas la déranger pour lui dire que vous voulez lui parler. Je doute que votre présence soit d'ailleurs bien agréable ici. Après votre équipée du jour de l'enterrement, meinherr van Geen s'est exprimé sur votre compte de manière à me convaincre que la porte de cette maison vous reste à jamais fermée. Épargnez donc à mademoiselle l'ennui de vous congédier.

Brite Revsboten, sans répondre à Truchden et sans paraître l'entendre, continua silencieusement à s'avancer vers le salon, écarta d'une main robuste la vieille fille qui lui barrait le passage et entra précipitamment.

Aslack poussa un gémissement sourd et se réfugia sous le piano, dans une attitude qui tenait à la fois de la défensive et de l'agression. Les vêtements de Brite étaient en désordre ; les lambeaux de sa chaussure de peau de renne laissaient voir ses pieds ensanglantés.

— Meinherr van Geen est-il de retour? demanda-t-elle avec une anxiété visible.

— Mon père n'est point venu depuis longtemps à Hammerfest, répondit Stierna, qui vit les joues osseuses de Brite pâlir sous le hâle dont le froid et les injures de l'air les empourpraient.

A ces paroles, la vieille Laponne se laissa tomber sur le parquet et se tordit les mains avec les signes les plus énergiques de la désolation.

— Je paye cher la science que je possède, murmura-t-elle, car je prédis les malheurs sans pouvoir y remédier! Trop tard! toujours trop tard! Trop tard encore aujourd'hui! comme autrefois pour mes enfants, comme naguère pour celle qui repose là-bas.

Elle montra du geste le cimetière.

Stierna écoutait avec terreur les lamentations de Brite Revsboten.

—Mon Dieu! Un malheur menace-t-il mon père?

Brite jeta un coup d'œil rapide sur la pendule dont la large aiguille allait indiquer bientôt minuit.

— Un grand malheur le frappe! répondit-elle de sa voix basse et lente; un grand malheur! Sa vie est en danger.

— Brite! Brite! ayez pitié de moi; sauvez mon père! supplia Stierna éperdue.

— J'ai quitté, pour le sauver, ma tente et la solitude! Pour le sauver, jeune fille, j'exposerai ma vie. Votre mère m'a fait jurer à son lit de mort de veiller sur son mari et sur vous, comme elle a jadis veillé sur ma fille mourante recueillie par elle! C'est là mon premier devoir, mon seul devoir! tous mes autres serments doivent disparaître devant celui-là, comme devant le soleil fond la neige qui blanchit le sommet d'un roc.

— Mon père! quel danger le menace?

— Ne perdons point un temps précieux, interrompit Brite avec autorité et en tenant ses regards attachés sur Olaus, qui lui-même considérait avec étonnement l'étrange scène qui se passait sous ses yeux. Pour tenter le salut de votre père, il faut qu'un homme de cœur me seconde, un homme résolu à sacrifier sa vie s'il le faut, et qui m'obéisse comme la main obéit à la tête.

— Me voici! dit Olaus.

— Songez-y! continua Brite, vous aurez à braver le péril en face et sans émotion; vous aurez à unir la prudence à la détermination. Plutôt que de me suivre, il vaudrait mieux se trouver perdu au milieu de la mer du Nord, sans autre chance de salut qu'une planche à laquelle on se tiendrait cramponné.

— Marchons! interrompit-il en jetant un regard rapide à Stierna.

— Il porte sur son front le signe du bonheur et du succès! murmura Brite en se parlant à elle - même. Allons!

Une vive agitation faisait pâlir et rougir tour à tour mademoiselle van Geen.

— Brite, dit-elle enfin, songez que vous allez exposer la vie de meinherr Olaus. Avant qu'il vous suive, rassemblez

vos esprits. Le danger de mon père est-il réel? Vous le savez,
parfois votre imagination...

— Oui, Brite a été folle autrefois, folle de désespoir, et
souvent encore sa raison s'égare, comme vous dites, vous
autres qui ne savez point que lorsque l'âme semble s'absenter du corps, c'est pour monter au ciel.

La pendule sonna minuit.

— L'heure! l'heure! voici l'heure! murmura-t-elle en
prenant la main d'Olaus qu'elle entraîna.

En les voyant sortir, Aslack s'élança sur leurs traces;
Stierna se laissa tomber à genoux, et joignant les mains :

— Ma mère, priez dans les cieux pour mon père et pour
Olaus! dit-elle.

Brite lui avait signalé le péril de meinherr van Geen;
comme le jeune homme, Brite exposait sa vie pour sauver le
consul, et cependant Stierna ne pensait à prier que pour son
père et pour Olaus!

Au moment où Brite Reysboten et son compagnon sortaient du consulat, les deux horloges publiques d'Hammerfest
répétaient mélancoliquement les douze coups de minuit que
venait de tinter la pendule. Une brume épaisse enveloppait la
ville; la mer mugissait sourdement ainsi qu'à l'approche
d'une tempête, et quelques oiseaux marins jetaient d'intervalle en intervalle leur cri de désolation dans les airs. Superstitieux comme tous les enfants du Nord, le jeune Norwégien ne put se défendre d'un vague sentiment de crainte, en
suivant la vieille femme qui l'emmenait à cette heure sinistre
vers des lieux inconnus. Les paroles bizarres que murmurait

la Laponne en marchant devant lui. n'étaient point faites
pour le rassurer, et la pensée des Nikar, filles perfides de
l'eau qui entraînent par ruse dans la mer les jeunes hommes
assez crédules pour les suivre, se présenta involontairement
à l'imagination du superstitieux enfant de Christiania. Une
sueur froide mouilla son front, et il hésita un moment lorsqu'il vit la vieille femme, à travers la brume, descendre le
long d'une de ces échelles grossières qui se trouvent dans le
port. Il la suivit, néanmoins : elle monta sur une petite chaloupe creusée dans un tronc d'arbre, fit signe à Olaus de
s'asseoir près d'elle, saisit une barre de bois mobile qui lui permettait de manœuvrer le gouvernail sans quitter le milieu de

l'embarcation et déploya la voile. Dès qu'Olaus eut pris place
à ses côtés, il entendit un bruit semblable au choc que pro-

duirait un objet pesant jeté à la mer, et il sentit un fardeau
vivant tomber sur ses genoux : c'était Aslack qui, ne pouvant
descendre le long des échelles, se précipitait du haut de l'es-
tacade.

— Sois le bienvenu, toi que Dieu nous envoie, dit Brite
en passant la main sur la tête humide du bel animal. Tu
es brave, fidèle et obéissant, et il faut que ceux qui me se-
condent soient braves, obéissants et fidèles.

En achevant ces mots, elle donna une légère impulsion au
gouvernail et présenta sa voile au vent. La légère chaloupe
partit avec la rapidité d'un goéland qui rase la mer de son
aile blanche.

Brite dirigeait son embarcation avec une habileté nécessaire pour ne point aller, à chaque instant, échouer
parmi les rochers à fleur d'eau et sur les petits îlots qui
encombrent cette partie de l'océan Glacial, brisent les vagues
qui les frappent avec fureur et apparaissent çà et là comme
des fantômes à travers le brouillard.

Avec une vivacité et une justesse de coup d'œil qui tenaient du prodige, grâce sans doute à la connaissance et à
l'habitude qu'elle possédait de cette partie de la côte, elle
évitait chaque écueil, le tournait de manière à rendre jaloux
le pilote le plus consommé et gagnait rapidement au large.
Peu à peu, une confiance absolue succéda à la crainte qu'é-
prouvait d'abord Olaus en se voyant exposé sur une mer en
fureur, sans autre pilote qu'une vieille Laponne, à demi
folle. Le frêle esquif bondissait et semblait se jouer sur les
flots.

Après une demi-heure de cette navigation singulière, Brite replia brusquement sa voile et parut hésiter quelques instants. Elle se recueillit, leva les mains au ciel et jeta dans l'eau des plantes desséchées qu'elle tira d'une vessie de loup attachée à sa ceinture. Elle étudia quelque temps du regard ces herbes, qui suivaient les mouvements de la mer, soit en disparaissant sous les vagues, soit en se montrant à leur sommet. Tout à coup, par une résolution brusque, elle déploya de nouveau sa voile et rendit à la chaloupe toute sa première rapidité.

Cependant le vent s'élevait de plus en plus, les vagues grossissaient et s'entre-choquaient tumultueusement : la voile menaçait à chaque instant de se briser sous les efforts de la tempête, et la brume, se dissipant tout à coup, montra à Olaus l'immensité de l'horizon qui les environnait de toutes parts. Ils devaient se trouver à sept ou huit milles de la côte ; on ne voyait que le ciel et la mer : le ciel éteint et grisâtre, la mer furieuse et tourmentée.

Brite replia sa voile et laissa le canot bondir sur les vagues, à leur gré.

—Si la brume ne reparaît point, dit-elle avec découragement, il faut renoncer à tout espoir de réussir ! Comme toujours, l'esprit qui lutte contre moi ne me permettra d'arriver que trop tard.

Elle jeta de nouvelles plantes dans les flots, prit son tambour et se mit à le faire résonner en le frappant par saccades à l'aide d'os humains. Tout à coup, avec une sorte de terreur et sans réfléchir que, dans les mers du Nord, un pareil phénomène se renouvelle à chaque instant, Olaus vit la brume, semblable à un cercle immense de nuées blanchâtres, se dresser à l'horizon, accourir vers le canot, comme pour obéir à la sorcière, et l'envelopper de ses vapeurs épaisses. Brite fit un geste de triomphe, livra de nouveau sa voile au vent, et l'embarcation se dirigea, droit comme une flèche lancée sûrement, vers le but invisible que lui montrait du doigt la Laponne. L'idée de Dante traversant les limbes se présenta aux souvenirs du jeune homme, et, tout en cherchant à sourire des craintes superstitieuses que lui inspirait sa conductrice, il sentait son cœur serré par une angoisse plus sérieuse qu'il n'eût voulu se l'avouer à lui-même.

Plusieurs fois, Olaus avait voulu interroger sa compagne sur la nature des dangers qui menaçaient meinherr van Geen et sur les moyens qu'elle comptait mettre en œuvre pour l'y soustraire. Brite Revsboten n'avait jamais répondu à ces questions, soit que le bruit impétueux des vagues ne lui permit point d'entendre la voix du jeune homme, soit que les préoccupations dans lesquelles elle se tenait plongée la laissassent étrangère aux paroles du Norwégien. Accroupie dans le milieu du canot, elle manœuvrait d'une main la barre longue et mobile du gouvernail, tandis que de l'autre elle lâchait et réprimait les cordages de la voile avec une adresse merveilleuse mais nécessaire pour lutter contre un vent d'une telle violence, au milieu d'une mer si agitée.

Il arriva néanmoins un moment où elle sortit de cette apathie et témoigna une vive émotion. Olaus lui montra, à peu de distance du canot, une embarcation semblable à la

leur, qui traversait la brume avec une extrême rapidité. Elle
se leva brusquement, plia la voile et attendit, la barre du
gouvernail à la main, l'œil fixe, et avec les signes de la plus
vive inquiétude, que les formes de cette voile noirâtre dis-
parussent. Elle laissa écouler un temps assez long avant de
reprendre sa course, encore ne le fit-elle qu'avec des précautions extrêmes et en regardant sans cesse si rien n'apparaissait.

Cependant cette agitation devint plus violente encore
lorsque Olaus crut reconnaître le bruit particulier que produisent les vagues en se brisant contre un écueil.

Brite, dont les petits yeux bordés de rouge semblaient
darder leur prunelle à travers les vapeurs épaisses de la
brume, prêta l'oreille, replia sa voile, et à l'aide seule du
gouvernail, conduisit le canot vers une petite anse ménagée
entre deux rocs énormes qui se dressaient au-dessus de la
mer et qu'Olaus n'aperçut, en quelque sorte, qu'en les touchant. Il s'y trouvait à peine la place rigoureuse pour que la
nacelle pût s'y trouver contenue, et cependant la Laponne l'y
avait fait pénétrer sans que les aspérités de la pierre même
effleurassent les flancs de l'embarcation.

Brite tira de sa poche une gourde pleine d'eau-de-vie et
la présenta à Olaus, qui, glacé par l'humidité et par l'inaction, porta le cordial à ses lèvres. La vieille femme en usa
moins sobrement, fit une large libation, posa son doigt sur
sa bouche, comme pour recommander encore la prudence à
son compagnon, et ouvrit une sorte de tiroir ménagé sous le
banc du canot, elle en tira un couteau à lame étroite, épaisse

et effilée, qu'elle donna au Norwégien ; elle-même prit une
arme semblable, après avoir noué autour de sa ceinture une
longue corde fine, façonnée avec des nerfs de renne d'une
grande force.

Elle allait descendre sur ce rivage inconnu à Olaus ; déjà
même elle prenait la main du jeune homme pour le guider
à travers le brouillard, lorsqu'elle entendit le soulier de son
compagnon se heurter à la planche de la barque. Aussitôt
elle s'arrêta et plaça par-dessus la chaussure d'Olaus des sandales façonnées avec de la peau garnie de ses poils, de sorte
que les pas du jeune homme devinrent muets et ne grincèrent même point sur le sable lorsqu'ils le foulèrent.

Ils avancèrent pendant quelques secondes à travers un
brouillard plus dense qu'une épaisse fumée. A peine Olaus
voyait-il Brite qui le tenait par la main. De temps à
autre elle s'arrêtait, comme si elle entendait quelque bruit.

Cependant les flots de la mer, mugissant et frappant le rivage, troublaient seuls le silence de ces funestes lieux. Après de longs détours à travers des rochers, des pierres énormes qui encombraient le chemin et des poutres gisant çà et là sur le sable, une voix humaine se fit entendre au loin. Aslack, qui suivait pas à pas la Laponne, dressa les oreilles et poussa un léger grognement; mais sur un geste de la vieille femme, il se tut. Les angoisses qu'éprouvait Olaus, en se croyant trahi par les aboiements du chien, se dissipèrent aussitôt et rendirent un peu moins violentes les pulsations de son cœur.

Brite s'arrêta, posa une main sur le cou d'Aslack pour le maîtriser, et de l'autre attira son compagnon vers une petite ouverture à travers laquelle brillait une clarté faible et rougeâtre.

Tandis que le dévouement d'Olaus pour Stierna l'entraînait si brusquement dans une entreprise périlleuse sous la conduite de Brite Revsboten, mademoiselle van Geen, en proie aux émotions pénibles et bizarres que fait éprouver un rêve, se demandait avec angoisse si les événements qui se succédaient pour elle depuis quelques heures appartenaient à la réalité! L'arrivée d'Olaus, la brusque apparition de la Laponne, les malheurs que lui annonçait cette femme dont les allures mystérieuses exerçaient sur la jeune fille, malgré les objections de la raison, une influence à laquelle elle ne pouvait se soustraire, lui semblaient les résultats d'un cauchemar affreux plutôt que des faits véritables. En quels lieux Brite emmenait-elle Olaus? Quels périls pouvaient menacer son père? Combien devaient durer encore ces cruels

doutes, ces attentes mortelles qui donnaient à chaque minute
la durée d'un siècle? Elle marchait avec précipitation dans

sa chambre, afin de se soustraire par le mouvement du corps
aux tourments de la pensée. Bientôt elle s'arrêta pour prêter
l'oreille aux bruits qui se confondaient avec les plaintes du
vent et les mugissements de la mer. Tout à coup un oiseau
de nuit passa au-dessus du consulat en jetant un cri lugubre ;
ce cri fit tomber Stierna à genoux, et, les mains jointes, elle
pria Dieu de mettre un terme à ce qu'elle souffrait, son cœur
battait avec violence, son cerveau bruissait ; elle succombait
sous le désespoir.

Tout cependant reposait dans la maison. Truchden et Tréa,
après avoir reçu les ordres de leur maîtresse, s'étaient reti-
rées dans la chambre située à l'extrémité la plus reculée du
consulat, dont les bâtiments occupaient une assez vaste étendue. Vingt fois elle songea à les appeler pour diminuer, en
les faisant rester près d'elle, l'épouvante de la solitude.

A la fin, vaincue par les fatigues de l'âme et du corps, elle
se jeta sur son lit sans quitter ses vêtements.

A l'irritation qui la torturait succéda un affaissement
fiévreux encore plus pénible peut-être. Elle se trouva comme
enchaînée par un pouvoir contre lequel elle n'avait point la
force de résister. Ses yeux se fermaient sans sommeil réel.
Elle demeura deux heures environ plongée dans cette pénible
torpeur, lorsque tout à coup un léger bruit se fit entendre
et l'arracha aux hallucinations qui l'obsédaient. C'était comme
le grincement que produit une lime qui mord avec précaution un morceau de fer. Elle prêta l'oreille attentivement,
le bruit arriva plus distinct jusqu'à elle. La frayeur la saisit ;
elle se souleva sur son lit pour s'élancer vers la sonnette. La

fenêtre s'ouvrit brusquement, en même temps que le vent se
précipitait dans la chambre et éteignait la lampe. Stierna
crut que la négligence avec laquelle on avait clos la fenêtre
produisait cet accident, et elle se leva pour la fermer. A la
clarté douteuse du jour qui venait de pénétrer dans la chambre, elle aperçut, à travers le brouillard, deux formes sinistres, et au même instant elle se sentit saisie par des mains robustes. Sans prononcer une parole, on lui plaça sur la bouche
un mouchoir pour étouffer ses cris ; on en mit un autre sur
ses yeux et on l'enveloppa dans une large pièce d'étoffe. Alors
un homme la chargea sur ses épaules, tandis qu'un second
refermait la fenêtre et le volet intérieur, de manière à ne
point laisser de trace apparente de leur expédition.

Stierna, dans l'impossibilité de faire un mouvement et de
jeter un cri, se sentit emporter pendant quelques minutes.
Le mouchoir qui lui couvrait la bouche l'étouffait ; il fallut
qu'elle s'armât de toute sa force pour ne point s'évanouir.
A mesure que son ravisseur avançait, le bruit de la mer devenait plus distinct. Bientôt on s'arrêta, on lui passa une
corde autour du corps, et elle se sentit suspendue dans les
airs, tandis que le lien auquel elle était attachée s'allongeait,
en glissant le long d'un corps contre lequel il frottait avec
une sorte de grincement. Deux fois, pendant qu'on la descendait ainsi, elle se heurta contre des pointes de rochers.
Quand la corde s'arrêta et cessa de descendre, Stierna entendit le clapotement des vagues au-dessous d'elle ; une de ces
vagues frappa même mademoiselle van Geen et mouilla le
linceul qui l'enveloppait. Alors des bras la prirent de nou-

veau et la déposèrent au fond d'une barque que ballottait la
mer et qui partit bientôt en déployant sa voile.

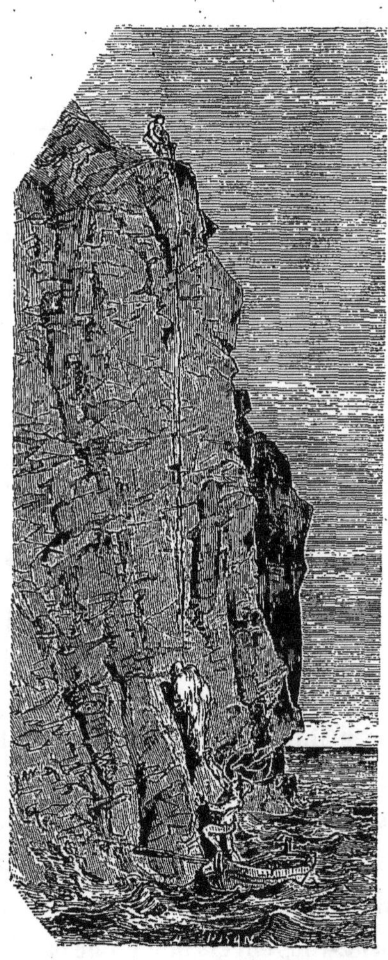

Malgré la violence du vent, l'embarcation bondissait sur
les flots et semblait à chaque instant prête à chavirer. Ceux

qui la montaient, comptant pour rien les périls d'une navigation entreprise sur un frêle esquif, au milieu d'une violente tempête, ne songeaient qu'à gagner le large et à obtenir de la vitesse.

Cependant Stierna parvint à desserrer les plis de la toile dont on l'avait enveloppée, débarrassa une de ses mains et arracha le bâillon qui l'étouffait. On ne s'opposa point à ses efforts, et elle put même se découvrir la tête. Il n'y avait plus autour d'elle que le ciel et la mer; on ne voyait rien qu'un horizon étroit à travers la brume. Un homme seul montait la barque, frêle pirogue taillée dans un tronc d'arbre et surmontée à la poupe d'une grille en fer destinée à recevoir un foyer de charbon pour la pêche du saumon.

D'une haute taille et d'une figure sinistre, le compagnon de Stierna semblait réunir dans ses traits les caractères les plus hideux de la race du Nord et des habitants de l'Afrique. On aurait dit, en voyant son teint olivâtre, ses yeux durs et noirs, ses lèvres plates, son front déprimé et ses pommettes osseuses, qu'il était le fils d'une Laponne et d'un nègre. Il tenait le gouvernail d'une main, et de l'autre dirigeait la voile avec une témérité insouciante.

Tandis que Stierna jetait un regard rapide autour d'elle et sur cet homme, la vivacité de l'air rendait un peu de force à sa poitrine suffoquée !

— Pourquoi usez-vous envers moi d'une pareille violence? demanda-t-elle.

L'inconnu ne parut même pas entendre les paroles qu'on

lui adressait. Il ne tourna point les yeux vers la jeune fille ; il ne fit pas un mouvement, pas un signe.

— Que voulez-vous faire de moi ? Où m'emmenez-vous ? reprit-elle.

L'homme tourna un peu sa voile de manière à accélérer encore la marche du canot. Il en résulta que l'esquif se pencha tout à fait sous les vagues et que les extrémités du petit mât les effleura. Un autre mouvement rendit à la barque son équilibre.

— Est-ce dans l'espoir d'obtenir de mon père une rançon ? Fixez-en le prix. Je vous jure sur cette croix et par le nom du Seigneur qui m'entend qu'il vous sera payé ce que vous exigerez, sans qu'on cherche à vous poursuivre.

Si elle se fût adressée au mât, le mât n'eut point été plus insensible à ses paroles que cette créature sauvage. Elle se tut le désespoir dans l'âme ; mais, rendue forte par la présence du péril, elle rassembla sur sa tête ses longs cheveux épars, croisa les bras et regarda fièrement son compagnon, dans lequel elle crut vaguement reconnaître un des ouvriers finlandais employés à l'exploitation de Kaafiord. Il était vêtu d'une tunique en peau de phoque usée par le travail, et sa chevelure crépue, recouverte par une calotte formée d'une vessie de renne, portait encore quelques traces des paillettes minérales qui saupoudrent ceux qui vivent dans les exploitations souterraines de métaux.

En ces tristes climats, on le sait, les modifications que subit le jour ne sont point sensibles. Le West-Finmark n'a point d'aurore ni de crépuscule, la lumière ne prend point

de vivacité à midi et ne diminue point graduellement vers
le soir. Toujours la même égalité; toujours la même monotonie. Stierna ne put donc calculer combien durèrent les
longues heures de sa navigation. Le Finlandais, comme
s'il eût été seul dans le canot, fumait lentement une pipe
courte et noire qu'il n'écartait de sa bouche que pour la
remplir de tabac; il recommençait ensuite à jeter au vent
la fumée qui sortait de ses lèvres.

La brume devint de plus en plus épaisse, et plusieurs fois,
malgré l'habileté de son guide, la barque se heurta contre
des pointes de rochers. De temps à autre, cet homme se levait
et, debout, regardait avec attention autour de lui. A la fin, il
abaissa sa voile, la noua autour du mât et prit des rames qu'il
abandonna bientôt pour ne plus se servir que du gouvernail.
Peu de temps après il s'arrêta, releva le morceau de toile
qui avait servi à envelopper Stierna, prit le mouchoir avec
lequel il l'avait bâillonnée, et tira par un geste silencieux
un des deux couteaux qu'il portait d'habitude à sa ceinture, et que, pour ramer plus commodément, il avait attachés
à l'une des chevilles de la barque. Saisissant ensuite la jeune
fille, qui comprit que toute résistance devenait inutile,
il lui banda de nouveau les yeux, lui ferma la bouche et la
serra dans le linceul en prenant la précaution de fixer les
nœuds d'une corde autour d'elle, de façon à lui rendre tout
mouvement impossible. Stierna obéit et se laissa faire;
mais, tandis que le Finlandais déployait la toile, elle s'empara, sans qu'il le vît, du second couteau qu'à tâtons elle
tira adroitement de sa gaîne de cuir.

Après cela, l'homme se mit à arranger les gréements de sa
pirogue avec le soin minutieux et lent d'un matelot amoureux de son embarcation, et qui n'aurait porté à son bord

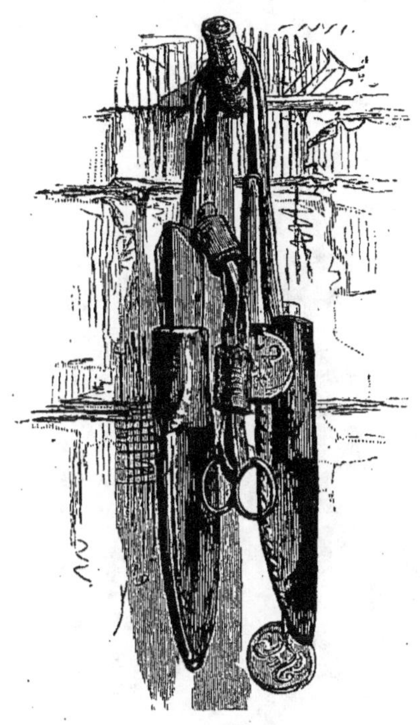

qu'un chargement de marchandises vulgaires. La barque
bien amarrée, les rames attachées de manière à ne pouvoir
se détacher par le tangage, il parut se souvenir du ballot
humain qui gisait à ses pieds, le prit dans ses bras, le chargea sur ses épaules et marcha quelque temps à travers une
route mal frayée et qui l'obligeait tantôt à gravir, tantôt à
descendre avec précaution. A la fin il s'arrêta, déposa son

fardeau à terre, sur un amas de mousse, et prononça quelques
mots en langue finnoise. On lui répondit brièvement dans

le même idiome, et le silence recommença. Stierna entendit
néanmoins qu'on soufflait et qu'on attisait un brasier dont la
chaleur arriva jusqu'à ses membres engourdis et les ranima

un peu, malgré le voile humide qui l'enveloppait. Quelques
instants après, une personne se pencha vers la captive, et lui
dit à voix basse en mauvais norwégien :

— Si tu fais un mouvement, si tu dis un mot, tu es morte.

Après quoi cette personne ôta les cordes qui garrottaient
Stierna, et l'ayant débarrassée du mouchoir qui la bâil-
lonnait, rabattit et rajusta les plis du morceau de toile
qui enveloppait la captive de manière à la recouvrir entièrement. Tout retomba ensuite dans un silence morne et
absolu.

Revenons maintenant à Olaus.

Lorsqu'il se pencha pour regarder à travers l'étroite et
lumineuse ouverture que lui montrait Brite Revsboten,
il ne vit que l'intérieur d'une de ces misérables huttes
qu'habitent les Lapons et les Finnois. Moitié tente et moitié
caverne, cette hutte se trouvait adossée contre un rocher
demi-circulaire. Avec des peaux de renne et de vieilles branches de sapin, débris de quelque navire naufragé, on était
parvenu à construire une grossière habitation sans toit. Au
milieu, entre quatre pierres assemblées en guise de foyer,
des racines noueuses et d'humides morceaux de bois produisaient une flamme rampante et couronnée d'un immense
nuage de fumée qui sortait en tournoyant sur elle-même à
travers les larges ouvertures de la tente. Une marmite de fer
bouillait au-dessus de ce feu, et une vieille femme accroupie près de là surveillait la cuisson de quelques morceaux de
renne enfumés. Elle s'acquittait de ce soin par un regard
lent et rare qu'elle n'accompagnait d'aucun mouvement.

Près d'elle gisait un grand morceau de voile rapiéceté et sous lequel on apercevait une forme vague et immobile.

Un homme entra, s'assit, repoussa la vieille femme et s'empara de sa place. Sans un murmure et avec une obéissance servile, celle-ci alla s'accroupir plus loin et reprit son attitude immobile. Un nouveau personnage ne tarda pas à survenir qui chassa encore la malheureuse vieille. L'un était d'une taille gigantesque; l'autre, au contraire, s'élevait à peine jusqu'à la poitrine du premier. Ils se regardèrent, et un rire féroce ouvrit leurs lèvres épaisses. En ce moment, Brite serra la main d'Olaus pour lui recommander encore la prudence, caressa Aslack et entra dans la hutte. A sa vue les deux hommes pâlirent et reculèrent machinalement pour la laisser approcher du feu. Brite s'assit devant le foyer sans proférer un mot.

— Le sang sert mal une cause ! dit-elle enfin.

— Le sang donne la vengeance ! repartit avec un sourire amer le géant.

Le nain déploya ses deux bras nerveux et ses larges mains :

— Le sang donne la vengeance ! répéta-t-il.

Un long silence suivit ce court entretien en langue finnoise.

— Qui t'a conduite en ces lieux, Brite Revsboten ? Quelque habile que tu sois à diriger une barque, la mer n'est pas tenable par un pareil temps.

— A celle que les esprits amènent, peu importent les vents et les vagues, répondit silencieusement Brite. Je viens empêcher un crime.

— Ce crime est justice et s'accomplira ; je le jure par les os de mon père ! s'écria le Finlandais. Tu vas voir si je mens, ajouta-t-il en se levant le visage enflammé de colère.

Il revint quelques instants après, traînant un homme les pieds et les mains garrottés. Par un raffinement de barbarie, on avait déchiré une partie des vêtements du prisonnier et on lui avait laissé la tête et la poitrine nues, de manière à l'exposer cruellement aux rigueurs du froid. Olaus, après un moment d'hésitation, reconnut dans ce malheureux souillé de boue et de sang meinherr van Geen.

— Es-tu résolu à m'obéir ? demanda avec rage le Finlandais gigantesque.

Meinherr van Geen sourit dédaigneusement et détourna la tête.

— Ah ! tu ne veux pas me répondre ? La présence de la veuve du diable te rend peut-être quelque espérance ? Ne te fie pas à ce leurre. Fût-elle cent fois plus sorcière qu'elle prétend l'être, sa magie et sa puissance ne sauraient retarder ton supplice d'un moment. Tu ne connais pas encore quelle sera l'étendue de ce supplice. Voyons, es-tu prêt à me jurer sur l'Évangile que tu feras mettre en liberté mon frère et mon père, emmenés prisonniers à Drontheim pour m'avoir aidé, à Kaafiord, dans une révolte contre toi ?

Meinherr van Geen garda le silence.

— Le veux-tu ? mugit le mineur en saisissant dans le foyer un brandon embrasé dont il frappa la poitrine de son prisonnier. Un mouvement convulsif, produit par la douleur de cette blessure, secoua tous les membres du Hollandais, mais sa constance ne s'ébranla point. Brite Revsboten, à la vue de cet acte de cruauté, se leva et se plaça entre le négociant et son bourreau.

— Prends garde, Anders Axel, qui menace est menacé! Prends garde, qui frappe est frappé! dit-elle.

— Et qui parle est bien prêt de dire des folies, vieille femme! Crois-tu m'effrayer par tes paroles sentencieuses et ton arrivée subite dans mon île? Cet homme tient entre ses mains la vie de mon frère et de mon père, car pour eux la captivité, c'est la mort. Qu'il les délivre, et il s'en retournera libre. Mais qu'il se hâte de consentir; s'il hésite encore un moment, mes conditions deviendront plus rigoureuses. Il faudra qu'il me jure encore de quitter le West-Finmark et de renoncer pour jamais aux mines de Kaafiord. Hâte-toi, van Geen; j'ai les moyens de te dompter. Ton audace va se changer en effroi; je n'ai qu'un signe à faire pour cela.

— Prends garde, Anders Axel, interrompit de nouveau la voix basse et lente de la Laponne; prends garde, qui menace est menacé! qui frappe est frappé!

— Oh! la vieille folle qui vient se jeter dans les ongles de l'ours! fit-il en haussant les épaules. Ton attachement pour cet homme m'importune et me fait pitié; conseille-lui, puisque tu veux le servir, conseille-lui de m'obéir.

— Brite Revsboten le protége, et tu ne peux rien contre lui.

— Brite Revsboten! la belle protection! Voyons, puisque tu es sorcière, puisque tu possèdes un pouvoir surnaturel, donne m'en une preuve! Dis-moi ce qui se trouve caché sous ce morceau de vieille toile, et je t'accorde la liberté de ton protégé, sans rançon, sans condition, sans qu'il fasse mettre en liberté ni mon père ni mon frère. Mais si tu ne devines pas la vérité, vieille créature qui te donnes un pouvoir que tu n'as pas et qui ne sert à rien, il est bon de mettre un terme à tes mensonges : la mer n'est pas loin d'ici, et je t'y jetterai de façon que tes lèvres ne mentent plus qu'en présence du diable, ton mari. Voyons, devine !

En achevant ces mots, il prit son couteau, s'assit à terre, près de la voile, et posa sa main sur l'objet qu'elle cachait.

Brite Revsboten pâlit ; elle avait reconnu une forme humaine sous les plis de l'étoffe grossière, au moment où Anders Axel l'avait touchée.

— C'est une nouvelle et innocente victime de ta rage ! dit-elle, sans pouvoir maîtriser son émotion.

— C'est sa fille ! s'écria le Finlandais en enlevant le voile.

Et il montra Stierna pâle, mourante et pouvant à peine respirer.

Brite courut à elle, la releva et la soutint dans ses bras ; puis elle jeta un regard sur l'étroite ouverture où elle voyait flamboyer l'œil d'Olaus..

— Eh bien ! consens-tu maintenant à m'obéir, van Geen ? demanda le mineur révolté. A chacun de tes refus, je déchirerai devant toi, morceau par morceau, ta fille, ta chair, ton enfant unique, tout ce qu'il te reste de ta famille. Je prolongerai ce supplice pendant un mois s'il le faut. Obéis.

Il écumait de rage et il cracha à la face de meinherr van Geen.

Brite Revsboten prit par la main le furibond, et l'emmenant à l'extrémité de la hutte, à la portée du bras d'Olaüs :

— Écoute, à ton tour, dit-elle, ton heure est sonnée ! Si tu ne t'amendes pas, si tu ne renonces pas à tes projets cruels, chaque minute d'hésitation t'ôte une année d'existence.

Il repoussa brutalement Brite, et au même instant il tomba sanglant et dans d'horribles convulsions aux pieds de la Laponne. Olaüs l'avait frappé d'un coup mortel ; la lame étroite et longue de son poignard avait pénétré par le dos dans la poitrine et en ressortait sanglante. Le brigand n'avait point encore touché la terre, qu'Aslack le tenait à la gorge et qu'Olaüs, deux pistolets à la main, s'élançait dans la hutte. Anders Axel se débattit quelques instants contre les dents furieuses du chien. Puis tout à coup cette courte lutte cessa, le géant resta immobile, et le courageux animal vint lécher les pieds de sa maîtresse, qui aidait Brite et Olaüs à détacher les liens de son père.

La vieille Laponne et son compagnon, plongés dans une profonde stupéfaction, regardaient d'un œil hébété le cadavre sanglant d'Anders Axel. Sa mort leur semblaient le résultat de quelque maléfice opéré par l'art magique de Brite Revsboten, et ils ne quittèrent pas les pierres sur lesquelles ils se tenaient assis, attendant que la sorcière décidât de leur sort.

Meinherr van Geen s'était senti une larme dans les yeux au moment où Axel lui montrait sa fille d'une façon si peu prévue et dans un danger pareil, mais quelques secondes suffirent pour lui rendre son énergie et son sang-froid. Son premier soin, lorsqu'il sentit ses liens brisés, fut d'al-

ler jeter sur le corps du Finlandais la voile qui naguère re-
couvrait Stierna. Quand il eut caché ainsi ce hideux objet, il
s'approcha du feu, fit asseoir près de lui sa fille et repoussa
les deux Lapons, toujours immobiles, pour qu'ils cédassent
à Olaus la place qu'ils occupaient.

Brite Reysboten, debout près de la dépouille sanglante
d'Anders Axel, un bras levé vers le ciel, frappait lourdement

son tambour magique, rendait au cadavre des devoirs funèbres, comme elle en avait naguère accomplis sur la fosse
de madame van Geen, et murmurait une sorte de prière
en langue finnoise pour faciliter à l'âme du défunt le passage
de ce monde dans l'autre, la préserver des embûches des

esprits noirs et détourner d'elle les funestes amours de Jabbe-Akka, la plus terrible des djinns laponnes.

Meinherr van Geen, après avoir ranimé au brasier de la hutte ses mains bleuies par le froid et par les étreintes des cordes qui le garrottaient, s'avança vers Brite et attendit patiemment, avant de parler, qu'elle terminât ses évocations. Lorsqu'elle prononça les dernières paroles fatidiques, il donna l'ordre au Lapon d'aller lui chercher de l'eau-de-vie.

— J'en ai aperçu une barrique dans la grotte où cette bête brute me tenait prisonnier, dit-il. Cela vaudra encore mieux pour nous réchauffer que du bois fumeux.

Le Lapon obéit, comme il l'eût fait à Axel lui-même, et ne tarda point à rapporter un gobelet d'argent plein d'eau-de-vie. Le négociant en vida la moitié d'un seul trait et présenta le reste à Olaus, qui allégua son peu de goût pour les liqueurs fortes.

— Voilà une bien mauvaise excuse pour un garçon qui assène un coup de couteau si à propos et avec tant de vigueur! ma vieille amie Brite ne fera point tant de façons, j'en suis sûr.

En effet, Brite vida le gobelet jusqu'à la dernière goutte.

— Maintenant, reprit meinherr van Geen en ôtant de dessus les épaules du Lapon la redingote dont l'avait dépouillé Axel pour en gratifier son compagnon ; maintenant, tandis que j'allumerai ma pipe, contez-moi donc, Olaus, comment vous vous trouvez dans le West-Finmark, et de quelle façon vous venez nous apporter si à propos un secours dont l'ur-

gence commençait à se faire sentir. Quant à ma pauvre
Stierna, je comprends sans peine que ce scélérat d'Anders
Axel l'avait enlevée : ce qui prouve combien la police de nuit
se fait avec activité dans Hammerfest !

Olaus répondit aux questions de meinherr van Geen par
quelques brèves explications que Brite interrompit.

— La brume se lève un peu, dit-elle : la mer me semble
moins houleuse ; il faudrait profiter de ces heureuses circonstances pour nous embarquer et regagner Hammerfest.
Une traversée de quinze milles nous en sépare, et peut-être
notre présence ici n'est-elle point sans danger. Ceux par qui
je connais le complot formé pour arrêter meinherr van Geen,
tandis qu'il se rendait de Kaafiord à Hammerfest et l'emmener ensuite dans une petite île habitée par ces deux Lapons,
pensaient que tous les chefs des révoltés viendraient se réunir à Axel et prendraient leur part de la vengeance commune. Dans le doute, il vaut mieux ne point courir la chance
d'un pareil danger.

Tout en reconnaissant la nécessité d'un prompt départ, on
ne tarda point à en reconnaître la difficulté. La pirogue de
Brite ne pouvait contenir que deux personnes, et meinherr
van Geen était, comme Olaus, complétement étranger à la
direction d'une embarcation : la moindre fausse manœuvre
imprimée à la voile les exposait à chavirer. Après une courte
délibération, on décida que Stierna prendrait place dans le
canot de Brite, et qu'on recourrait au Lapon de l'îlot pour
servir de pilote à la barque un peu plus grande du Finlandais.

— Tenez toujours vos pistolets armés et votre couteau ouvert à la main, dit Brite. Cet homme sait bien que rien
n'échappe à ma colère, et cependant pour venger Anders
Axel il commettra quelque trahison.

— Qu'il soit sans crainte, du reste, sur mes intentions à
son égard, ajouta Olaüs. Je m'engage, quand il nous aura
débarqués, à le laisser regagner paisiblement cette île ou
tout autre asile dans lequel il ne redoutera rien.

Le Lapon, comme s'il ne prenait aucun intérêt aux paroles
qui se disaient autour de lui, obéit machinalement, sortit
le canot du petit port dans lequel il se trouvait abrité, mit à
la voile et suivit la pirogue de Brite. Stierna, brisée par
la fatigue et par les émotions qui l'accablaient, s'assit
aux pieds de la Laponne et finit par s'assoupir la tête
appuyée sur ses genoux. Aslack imita un si bon exemple, se
blottit au fond de la barque, et couvrit de son museau soyeux
les pieds de sa maîtresse ; il ne dormait point si profondément, néanmoins, qu'il n'ouvrît de temps à autre les yeux
pour s'assurer qu'aucun péril ne menaçait cette dernière.

Stierna reposa quelques heures, et quand elle s'éveilla, ce
ne fut point complètement, et elle resta longtemps plongée
dans cet état qui n'est plus le sommeil, mais qui n'est pas un
réveil complet, tandis qu'une chaleur douce pénétrait peu à
peu ses membres en les vivifiant. Elle s'abandonna à ce bien-
être délicieux, sans faire un mouvement, sans lever la tête,
tant elle se sentait bien ainsi. Elle regarda et vit au-dessus
d'elle un ciel bleu, sans une seule nuée. La mer était calme
et l'air tiède ; le vent enflait à peine la voile ; la paix et la clé-

mence de la nature semblaient annoncer à ceux que la fortune venait si cruellemeut d'éprouver une réconciliation désormais inaltérable avec le sort. La jeune fille se souleva, enfin, s'assit à côté de Brite Revsboten, et salua de la main son père et Olaus, qui suivaient dans le second canot. Le Lapon qui leur servait de pilote se conformait strictement aux instructions de la vieille femme ; il suivait à quelque distance la pirogue, et continuait pour ainsi dire le sillon qu'elle traçait. Plongé dans l'apathie particulière aux hommes de sa race, et qui ressemble à l'engourdissement des animaux à sang-froid par un temps humide, il fumait en silence, et copiait chaque manœuvre de Brite. Il déployait sa voile quand celle qui lui servait de guide pressait le vent, la resserrait et la virait lorsqu'elle en diminuait l'ampleur ou lorsqu'elle la changeait de direction. Peu à peu, il rassura complétement sur la nature de ses intentions meïnherr van Geen et Olaus. Ce dernier, vaincu par la fatigue, se laissa même aller insensiblement au sommeil, après avoir déposé au fond de la barque, comme des objets inutiles, les pistolets et le poignard remis par Brite. Meinherr van Geen, de son côté, réfléchissait profondément aux conséquences que pouvaient avoir pour son exploitation de Kaafiord la révolte qui venait d'y éclater et l'audacieuse entreprise qui avait failli lui coûter l'existence. L'idée et l'exécution d'un pareil complot ne pouvait provenir du seul Anders Axel. Quand une bande de forcenés, après l'avoir traîtreusement frappé à la tête, s'était emparée de lui sur la route de Kaafiord à Hammerfest, cette bande se composait au moins de dix ou douze personnes. Les misérables, une fois la mort d'Anders Axel connue, chercheraient à la venger, car la race des hommes du Nord ne pardonne jamais. Dès que la haine pénètre dans ces âmes apathiques, c'est pour toujours.

Tandis qu'il réfléchissait sur de si graves questions et qu'il cherchait les moyens de les résoudre et de pacifier la petite colonie, les côtes du West-Finmark apparaissaient au loin comme une vapeur grisâtre. A cette vue, Brite joyeuse déploya tout à fait sa voile et donna une nouvelle impulsion à la pirogue. Cette fois, le Lapon n'imita point la manœuvre de Brite et sembla même ralentir la marche de son bateau, feignant ensuite de souffrir de la chaleur, il se débarrassa de sa tunique de peau de renne et ne garda que sa robe de vadmel.

— Vous vous laissez dépasser par Brite; dit meinherr van Geen, elle arrivera avant vous.

En ce moment Stierna, qui venait de porter ses regards vers la chaloupe, jeta un cri de désespoir. Elle avait vu l'embarcation chavirer, et son père, Olaus et le Lapon disparaître sous les vagues.

Le Lapon se montra le premier au-dessus de l'eau et regagna sa barque qui flottait renversée, la quille hors de l'eau. Il lui suffit d'une légère impulsion pour la replacer en équilibre. Alors il y reprit sa place, déploya la voile, et au lieu de porter secours à ses compagnons qui nageaient vers lui, il tira un couteau de sa koffe et en frappa les mains de meinherr van Geen et d'Olaus chaque fois que ceux-ci parvenaient à saisir le bord du canot. Se jouant des efforts des deux malheureux, le scélérat s'approchait d'eux comme s'il eût voulu les secourir, leur présentait le flanc de la barque, et faisait couler leur sang en leur criant à travers le bruit des vagues :

— Anders Axel ! Anders Axel !

Il y eut un moment où il put blesser Olaus à la poitrine ; la joie lui fit alors pousser un hurlement semblable à ceux que jettent les loups.

Brite Revsboten, aux cris de Stierna, avait brusquement fait changer de direction à sa pirogue pour venir au secours des naufragés. Le Lapon abandonna ses victimes dès qu'il vit la manœuvre de la vieille femme, et s'éloigna à toutes voiles.

Ces rapides événements avaient à peine duré quelques secondes, et cependant, quand Brite arriva, les forces du négociant étaient en partie épuisées, et Olaus, blessé à la poitrine, et qui perdait beaucoup de sang, se sentait près de succomber. Tous les deux saisirent à la fois de leurs mains blessées la pirogue et se disposèrent à y monter. Cette double tentative faillit faire chavirer à son tour le frêle esquif, que l'eau envahit par-dessus les bords.

— Trop tard! trop tard! je suis arrivée trop tard pour les sauver! murmura Brite d'un air égaré. Eh bien! je donnerai un démenti à l'esprit noir et je lui arracherai au moins une de ses victimes; que l'un de vous monte dans ma barque et y prenne ma place, c'est à la vieille femme à mourir!

Le Hollandais et le Norwégien quittèrent la chaloupe par un mouvement mutuel et spontané.

Ils allaient cesser de lutter contre les flots et contre la mort, quand Brite détacha de sa ceinture son tambour magique.

—Périsse avec moi, dit-elle, ce talisman menteur!.

Au moment où elle étendait les bras pour le lancer dans les flots, l'instrument magique rendit un petit bruit sourd, et Stierna s'écria :

— Sauvés! sauvés!

Le bras étendu, elle désignait à son père et à Olaus un rocher que la mer commençait à découvrir et dont la cime se montrait noire et couverte d'écume au-dessus des flots.

En un instant, Brite avec son adresse merveilleuse déposa la jeune fille sur le rocher, et quelques instants suffirent pour qu'elle ramenât près d'elle meinherr van Geen. Il n'en fut pas toutefois de même d'Olaus.

Sa pénible lutte contre les flots, quoique de courte durée, roidissait ses membres et anéantissait ses forces. Flottant au gré de la mer, il ne cherchait point à prendre la corde que lui jetait Brite Reysboten. Celle-ci faisait de vains efforts pour s'approcher davantage de lui ; la vague se ruait entre le jeune homme et la pirogue et les éloignait sans cesse l'un de l'autre. Sans Aslack, qui prit le jeune homme par un bras et qui le soutint à la surface de l'eau en nageant de toute sa vigueur, l'infortuné eût coulé bas et disparu tout à fait. Stierna, à genoux sur le roc, demandait à Dieu qu'il les tînt en pitié et qu'il sauvât ce jeune homme, auquel son père et elle devaient la vie ; meinherr van Geen se dépouilla à la hâte de ses vêtements, s'élança à la mer, saisit Olaus et le ramena sur le rocher, où la jeune fille s'efforça de le rappeler à la vie, car il avait perdu tout sentiment.

—Brite, dit meinherr van Geen en s'essuyant avec autant de calme que s'il eût été dans sa chambre à la sortie d'un bain, ce rocher se trouve tout au plus à un mille de la côte et du port ; pensez-vous que votre pirogue puisse sans danger transporter à Hammerfest ma fille et le jeune homme?

—Oui, dit Brite, prenez ma place et partez ; vous m'enverrez chercher sur ce rocher par un bateau.

—Vous seule savez diriger votre barque ; me charger de ce soin serait nous exposer à des périls et à des retards. Partez avec ma fille et Olaus.

Brite obéit sur-le-champ, plaça Olaus au fond de la pirogue et fit signe à Stierna de la suivre.

—Mais la mer peut s'élever et vous engloutir, mon père ! dit Stierna : je veux partager vos périls.

—Vous nous faites perdre un temps précieux, mon enfant,

et une seconde peut décider de notre vie. Partez Brite !
Stierna, suivez Brite, je vous l'ordonne !

La Laponne entraîna la jeune fille et ne tarda point à la
débarquer ainsi qu'Olaus à l'entrée du port d'Hammerfest.
Remettant aussitôt à la voile, elle se dirigea vers le rocher
où le Hollandais restait calme et indifférent pour le péril.
Meinherr van Geen, quoique plusieurs fois la mer, faisant
irruption sur le roc, fût venue, menaçante, mouiller ses pieds,
vit sans apparente émotion revenir l'esquif de la vieille
femme. Il y prit sa place, et un quart d'heure après il se
trouva sur le port, où l'attendait avec une anxiété que l'on
comprend sans peine Stierna debout et les regards fixés sur
la barque, dont la voile s'agrandissait et s'avançait comme
un oiseau qui fend l'air, ses deux ailes déployées.

L'impassible négociant répondit aux transports de sa fille
en s'étonnant qu'elle n'eût point encore fait transporter au
consulat Olaus Grahn. Il fallut qu'ils se chargeassent tous
les trois de ce soin ; minuit sonnait, et pas une personne ne
se trouvait éveillée dans la ville.

En entendant frapper violemment à la porte du logis et en
reconnaissant la voix de son maître, Tréa accourut suivie de
Truchden.

On déposa Olaus sur un lit, et on lui prodigua les soins
qu'exigeait sa position.

Quand meinherr van Geen eut vu renaître à la vie le jeune
homme, il alla changer de vêtements, donna à son domestique l'ordre de seller un cheval, de préparer ses armes et de
se disposer à l'accompagner.

—Où voulez-vous donc vous rendre à pareille heure? lui demanda Brite Revsboten.

— À Kaafiord, répondit le négociant.

— Vous vous faites donc un jeu de braver les périls, mon père! Vous échappez à peine et comme par miracle à des assassins, et vous voulez vous exposer de nouveau à leurs coups!

— J'ai l'habitude d'agir sans conseils et n'ai pas besoin de tutrice, répondit-il froidement. Occupez-vous de panser les blessures d'Olaüs, et n'oubliez pas envers votre père le respect, dont une mère digne et simple vous a, toute sa vie, donné l'exemple.

Il monta à cheval et partit pour Kaafiord.

Il fallut toute la fermeté opiniâtre et toute l'inexorable énergie de meinherr van Geen pour faire face aux agitations et aux périls qu'amassèrent autour de lui, à Kaafiord, son retour et les rigueurs qu'il déploya contre les mineurs révoltés. Cet homme inflexible ne voulut point faire et ne fit point une concession. Il exerça ses droits dans leur étendue la plus complète; il heurta de front, avec une audace provocatrice cet amas d'hommes de toutes les nations qu'il exaspérait inutilement peut-être. Mais telle était la nature de ce Hollandais habitué, dès son enfance, à exercer exclusivement sur ceux qui l'entouraient un despotisme absolu. Les désastres de sa carrière commerciale, loin de diminuer cette humeur dominatrice, n'avaient fait que l'accroître. En se roidissant contre les événements, il apprenait à se roidir contre les hommes; d'ailleurs, comme les intelligences supérieures qui poursuivent ardemment un but, il ne s'inquiétait de ce qui s'opposait à sa marche que pour l'écarter et le briser. Donc, une haine mortelle, une lutte corps à corps s'engagea entre le négociant et les mineurs. Chaque jour on complotait des guets-apens et l'on cherchait à mettre à exécution des tentatives coupables contre meinherr van Geen, et chaque jour le bateau à vapeur emmenait, dans les cachots de Drontheim, de nouveaux prisonniers, les mains garrottées. Un poste de soldats finit même par tenir garnison à Kaafiord pour protéger les ouvriers nouvellement venus contre ceux qu'on renvoyait et dont ils occupaient la place.

Les mineurs congédiés, rendus plus dangereux encore par l'oisiveté et par la misère, erraient dans les montagnes voisines, commettaient partout des déprédations et ne cessaient de harceler la colonie, contre laquelle ils tentèrent même, deux fois, des attaques à main armée. Une galerie souterraine faillit sauter et engloutir un grand nombre de victimes. Déjà une main inconnue avait allumé une mèche qui conduisait à des amas de poudre, quand meinherr van Geen, avec un courageux sang-froid, arracha et étouffa cette mèche.

Un pareil état de guerre, qui devenait plus inquiétant par l'approche de la nuit de six mois, obligeait le négociant à ne point quitter d'un seul jour l'établissement de Kaafiord et lui interdisait de faire venir Stierna près de lui. La nuit de six mois arriva donc sans que le père et la fille pussent s'entretenir autrement que par lettres. Brite Revsboten, également respectée des deux partis, se chargeait ordinairement de porter leur correspondance. Elle était devenue un personnage important de cette petite guerre : personne ne s'en-

tendait mieux qu'elle à faire avorter les complots des mineurs ; mais, en revanche, plus d'un prisonnier fut enlevé
secrètement par elle de la prison où on le retenait, en attendant l'occasion de le faire partir de Kaafiord pour Drontheim. Avec une activité incompréhensible chez une créature
en apparence chétive et apathique, elle parcourait des distances considérables, malgré le froid et au mépris de tous
les dangers. Chacun la consultait avec déférence, et deux ou
trois fois meinherr van Geen lui-même ne dédaigna pas de
lui demander des avis. Elle seule exerçait quelque influence
sur ce maître exaspéré qui traitait en vaincus tous ceux qui
se trouvaient sous sa domination.

Tandis que, par la nécessité de sa position commerciale,
son père vivait au loin, Stierna donnait des soins à Olaus,
que la blessure reçue et les fatigues pleines d'émotion, éprouvées pendant son expédition périlleuse, laissaient gravement
malade. Il lui fallut garder le lit un mois entier. Le médecin
qu'on fit venir de Drontheim parut peu rassuré sur l'état de
ce jeune homme, étiolé par une longue misère et presque
brisé par des secousses au-dessus de ses forces physiques.

Cette consultation médicale fut la seule que put donner le
docteur ; bientôt les glaces arrivèrent et rendirent impossibles les communications entre Drontheim et Hammerfest.
Hammerfest n'avait point de médecin à cette époque, et je
ne sais pas si, même aujourd'hui qu'elle a pris des développe-
ments plus considérables, elle en compte un parmi ses habitants. Stierna, que seconda Brite, s'institua donc le médecin et le garde-malade de l'ami auquel son père devait la

vie. Sans s'écarter des prescriptions du médecin, elle les
modifia avec le tact que les femmes savent si bien trouver
au chevet d'un être souffrant. Brite apportait de son côté des
plantes cueillies avec des rites magiques et qui n'en possédaient pas moins des vertus efficaces pour adoucir les souffrances d'Olaus et raviver ses forces épuisées. La blessure du
jeune homme se cicatrisa peu à peu ; à ses souffrances succéda
insensiblement la douce faiblesse de la convalescence, et il
put enfin, soutenu par Stierna, quitter sa chambre et descendre au salon, mais, hélas! à la clarté d'une lampe, car le ciel
bleu et l'air pur de la campagne restent des jouissances inconnues en la saison d'hiver au pôle nord. Une obscurité profonde pesait sur le West-Finmark ; un froid de trente-huit
degrés étreignait le sol et rendait périlleuse, même pour les
gens bien portants, une excursion hors du logis. Cette journée n'en eut pas moins des joies profondes pour Olaus ; il se
sentait au cœur un bonheur indicible en appuyant ses pieds
chancelants sur les tapis, le cerveau légèrement troublé par
les vertiges que causent, après une maladie, la faiblesse et
une longue inaction. Stierna triomphait du succès de sa cure
et remerciait Dieu du miracle qu'il opérait par ses mains.

Cependant la guérison d'Olaus était bien loin de se trouver
complète ; la jeune fille dut continuer longtemps encore à
exercer sur lui sa charmante autorité de garde-malade et de
médecin. Elle prescrivait les heures des repas, indiquait les
aliments qu'on devait lui servir, ne dédaignait souvent pas
de les préparer de ses mains, et exerçait ainsi un pouvoir
absolu sur les moindres détails de l'existence du convales-

cent. Il fallait qu'il reçût d'elle le breuvage qui devait rafraîchir ses lèvres ; elle veillait sur lui avec une sollicitude maternelle, s'opposait à ce qu'il ne respectât point son régime ou
s'exposât à ramener la fièvre si longtemps combattue, s'inquiétait aux moindres symptômes de malaise, cherchait à les
combattre et ne reprenait de calme qu'après les avoir vaincus. Olaus ne vivait que par Stierna ; il se sentait plein
d'inquiétude lorsqu'elle s'éloignait de lui pendant quelques
moments, et ressentait à son retour une satisfaction ineffable.
Quand elle se trouvait absente, il écoutait pour épier le bruit
léger de ses pas qui annoncerait son retour en effleurant le
parquet. Aslack partageait leur amitié et ne semblait heureux
qu'en voyant les deux jeunes gens réunis ; il se couchait alors
à leurs pieds et se complaisait à porter tour à tour, sur Stierna
et sur Olaus, ses yeux qui brillaient d'un éclat verdâtre sous
la lueur fauve des lampes sans cesse allumées. Un d'eux ve-
nait-il à sortir? Aslack se levait, furetait partout, gémissait
pour qu'on lui ouvrît la porte, et recommençait ses plaintes
près de l'absent pour le ramener au salon. Parvenait-il à se
faire écouter, alors c'étaient des joies, des bonds, des caresses sans fin ! Il allait et venait d'Olaus à Stierna, et de Stierna
à Olaus, leur léchait les mains, agitait les panaches de sa longue queue, et reprenait enfin, avec une satisfaction inexpri-
mable, sa place habituelle entre sa maîtresse et le jeune
Norwégien.

Olaus descendait ordinairement au salon lorsque dix heures sonnaient à une énorme pendule de Boule, placée près
d'un foyer sans cesse allumé, pour que l'huile des rouages

de cette horloge ne gelât point. Stierna, plus matinale et occupée des soins domestiques qui, chez les femmes du Nord,
tiennent une grande place dans l'éducation des jeunes filles ;
Stierna, dis-je, ne tardait point à venir le rejoindre. Elle

serrait la main de son malade, l'interrogeait sur le repos
plus ou moins complet qu'il avait goûté, grondait gaiement
si les règles d'hygiène prescrites par elle n'avaient point
été fidèlement observées, et servait ensuite un déjeuner préparé de ses mains. Venait après cela l'heure des études.
Olaus, qui parlait assez facilement le français, faisait dans

cette langue des lectures de nos écrivains célèbres et en
expliquait les beautés à la jeune fille. Celle-ci, élevée à
Christiania par une gouvernante anglaise et avec la fille de
lord Griffith chargé d'une mission longue et importante en
Norwége, s'érigeait à son tour en professeur, et traduisait à
haute voix, parfois une tragédie de Shakspeare, et plus souvent quelques pages de Walter Scott.

Les émeutes des mines de Kaafiord réprimées, meinherr
van Geen revint à Kammerfest. Il trouva Brite assise sur le
seuil de sa maison, et qui y brûlait des herbes odorantes.

— Que fais-tu là? lui demanda-t-il.

— Je t'attends, répondit-elle.

— Pour quels motifs?

— Pour te dire de ne point sacrifier une dernière fois à
l'orgueil.

— Comment cela?

— Regarde! dit-elle, en marchant devant le consul et en
ouvrant la porte du salon où Olaus et Stierna, assis au piano,
chantaient un duo de Cimarosa.

— Meinherr van Geen ne répondit point, entra dans le
salon et embrassa sa fille.

— Embrasse-moi, Olaus, embrasse comme le fait ma fille,
dit-il en plaçant la main du jeune homme dans la main de
Stierna, car, toi aussi, tu es mon fils!

Aslack, qui sembla comprendre ces paroles, poussa un
aboiement joyeux, et Brite Revsboten détacha de son doigt
la bague magique constellée de petits anneaux qu'elle donna
à Olaus.

— Ce talisman vous sauvegardera de tous malheurs, dit-elle. Maintenant que le bonheur de Stierna et le vôtre sont accomplis, adieu pour toujours !

En disant ces paroles, elle sortit rapidement du consulat, et depuis lors elle ne revit plus jamais son amie Stierna, et ne reparut à Hammerfest — si elle y reparut — qu'après son départ. »

Comme elle terminait ce récit, la jeune fille arrivait sur le seuil de sa maison, et bientôt les soins du ménage, qu'elle remplissait avec la simplicité, la grâce et la noblesse des héroïnes d'Homère, lui firent oublier Brite et son histoire.

Le lendemain, Margareta et son hôte se disposaient à entreprendre une excursion au sommet du Tyvesied, pointe la plus élevée des montagnes de l'île Hvaloë, lorsqu'elle vit arriver le pêcheur qui, le jour précédent, les avait conduits dans sa chaloupe à Kirkegaardo.

« Monsieur, dit-il au Français dont il avait fort goûté la veille les pièces d'argent, il y a une belle cérémonie aujourd'hui à Kirkegaardo : un enterrement lapon ; ne voulez-vous pas y venir assister ?

— Un enterrement ? demanda Margareta ; et qui donc est mort chez les Lapons ?

— La vieille Brite Revsboten. Elle a tant bu d'eau-de-vie, qu'elle a passé d'ivresse à trépas, sans s'en apercevoir. »

Margareta devint pâle comme un fantôme sous son suaire.

« Ah ! dit-elle, j'ai tué cette femme par mon imprudence !

— Mais c'est moi qui suis le seul coupable, se hâta d'interrompre le voyageur.

—Non! répliqua-t-elle, non! Si je ne vous eusse enseigné le moyen de séduire cette malheureuse par sa passion pour l'eau-de-vie, vous n'eussiez point abusé d'une arme dont vous ignoriez le danger. Puisse Dieu me pardonner ma faute!

————

A quelque temps de là, l'hôte de madame Anders repartait pour Hambourg, par le bateau à vapeur qui devait faire, pour la dernière fois jusqu'à l'été suivant, la traversée d'Hammerfest à la ville anséatique. Déjà commençait le crépuscule de la nuit de six mois qui allait couvrir Hvaloë, et des glaces se montraient dans le port.

Margareta et sa mère, debout sur la partie la plus élevée de la jetée, le visage couvert de larmes, agitaient leurs mouchoirs pour adresser de loin encore un dernier adieu à celui que ces humbles et nobles cœurs chérissaient comme un frère.

De retour en France, celui qui avait trouvé chez les excellentes femmes un accueil si bon s'empressa d'envoyer à Margareta une caisse remplie de livres et de beaucoup de ces petits objets communs à Paris, dont on use sans en apprécier les avantages, et qui devaient donner quelque nouveau bien-être aux pauvres exilées.

Margareta, en accusant réception de cet envoi, au printemps suivant, car, l'hiver, les lettres sont lentes à venir de l'île de la Baleine, annonça à son ami la mort de sa mère.

« Hélas! ajoutait-elle, voici la prédiction de la Laponne qui a commencé de s'accomplir, et qui le sera bientôt tout à fait. Brite est partie la première comme elle l'avait dit;

ma mère l'a suivie, et je reste seule au monde, malade, et
attendant ou plutôt espérant que mon tour viendra bientôt.
Adieu, soyez heureux, et gardez précieusement le talisman
de la sorcière laponne ! »

Celui à qui s'adressait cette lettre se hâta d'écrire à Margareta pour la supplier de ne point s'abandonner à une fatale
tristesse, et l'engager vivement à venir en France, où elle
retrouverait un frère dans son hôte d'autrefois, une sœur
dans la fille de cet hôte.

Jamais Margareta ne répondit à cette lettre. Ce fut le pasteur d'Hammerfest qui s'acquitta de ce soin.

« Priez pour mademoiselle Margareta Anders, écrivit-il ;
ou plutôt priez-la d'intercéder pour vous près de Dieu, car
cet ange-là ne peut être qu'au ciel ! »

CHAPITRE VI

LE NŒUD DU COTHURNE

uand M. Forbes eut terminé son récit :

— Vous ne connaissez encore qu'une de mes galeries, me dit le savant japonais.

En achevant ces mots, il ouvrit une porte cachée par un trophée d'armes et de costumes africains, que surmontait une sinistre idole tenant dans ses mains une tête coupée, et nous introduisit dans une immense galerie garnie de panoplies grecques et romaines.

Tandis que je regardais la panoplie de l'idole, Tsoui-
tsine continua en s'arrêtant devant une grande armoire :.

Idole du Gabon.

— Voici le *monde* d'une dame romaine, c'est-à-dire ses instruments de toilette ; ils ont appartenu à Galéria, femme de
Domitien.

Écoutez quels souvenirs se rattachent à ces précieux
ustensiles exhumés d'une des fouilles faites à Rome, il y a
soixante ans, et qui faisaient autrefois partie de la galerie
Fontana, dont le gouvernement français a fait l'acquisition
pour le musée du Louvre.

I.

L'an de Rome 822, le quatorzième jour des ides de juillet,
sous le consulat de Titius Arrius Antonius et de Publius Ma-

rius Celsus, une grande agitation régnait dans le palais de
Galeria Fundana, femme de Vitellius. Depuis deux heures
déjà, un grand nombre d'épouses de sénateurs attendaient
le réveil de l'impératrice afin de se voir admises les premières près de leur souveraine, et charmaient leurs loisirs
en jouant entre elles à la mourre, aux dés et aux osselets.
Un détachement de gardes prétoriennes faisait faction
dans le vestibule; enfin, chacune des esclaves préposées à la
toilette de la belle Romaine s'occupait, depuis le lever du
soleil, avec d'autant plus de zèle à préparer les objets confiés
à ses soins que, sur l'ordre de l'impératrice, le bourreau
public se promenait déjà sous l'atrium, prêt, au moindre
signe de leur maîtresse, à frapper, des larges courroies de
bœuf qu'il portait sous son bras, les maladroites ou les né-
gligentes[1].

Tandis que les *vestiplicæ*[2] sortaient, des caisses de hêtre
parfumées, les tuniques et les cothurnes, les *psecæ*[3] disposaient les bandelettes de pourpre, les aiguilles d'or, les ré-
seaux et les diadèmes; les *cinerariæ*[4] faisaient chauffer sous
la cendre les baguettes de fer pour disposer les cheveux en
boucles, et les *cosmetes*[5] essayaient sur des têtes de bronze,
revêtues de fausses chevelures apportées des Gaules, les différentes formes de coiffures parmi lesquelles aurait à choisir l'impératrice.

[1] Salluste, *Catil.*
[2] Plaute, *Trinum.*, II, 1, 22. — Nonn. Marcellus, v. *Vestiplicæ.*
[3] Juv., VI, 491.
[4] Varron, t. IV, pag. 32.
[5] Juv., VI, 477.

Venaient ensuite les *ornatrices*[1] courbées sous le poids des coffrets d'or et d'argent ciselés par les artistes les plus célèbres, et dans lesquels étaient rangés avec art les colliers, les bracelets, les boucles d'oreilles et les bagues.

Tout à coup une jeune esclave noire, âgée de quatorze ans, qui veillait immobile et muette comme une statue de bronze près du lit de Galeria, accourut annoncer tout bas que sa maîtresse venait de s'éveiller. Un silence profond succéda au léger murmure de toutes ces femmes. Huit Africaines entrèrent dans la chambre où l'impératrice reposait sur un lit recouvert de tapis brochés d'or et drapé par des voiles de pourpre tyrienne. Ce lit s'élevait sur une estrade d'ivoire, et l'on voyait, aux pieds des quatre statues d'argent massif qui les soutenaient, des vases d'albâtre où brûlaient encore des parfums délicieux, venus à grands frais de l'Orient[2].

Galeria leva les yeux sur le groupe d'esclaves agenouillées au chevet de son lit ; ce coup d'œil suffit pour qu'aussitôt ces femmes enlevassent délicatement, dans leurs bras, l'impératrice, qu'elles transportèrent ainsi dans la salle des bains.

Après l'avoir déposée durant quelques minutes sur le lit d'ivoire de l'*apodyterium*[3], elles la conduisirent dans le *frigidarium*[4], petite pièce prenant son jour d'en haut, pavée de marbre blanc, et dans laquelle coulait une eau vive et limpide, épanchée par les bouches béantes de dix sphinx de bronze. Au

---

[1] Ovide, *Amor.*, I, xiv, 15.

[2] Lucain, II, 358. — Catulle, lvii, 256. — Juvénal, s, 334. — Serv., *in Æneid.*, I, 701.

[3] Vitruve, v. 10.

[4] *Ibid.*

bain froid succéda le bain tiède dans le *tepidarium*[1]. Là, une cuve d'argent, suspendue à des chaînes de même métal, comme une balançoire, et remplie d'une eau parfumée, reçut l'impératrice, qui ne tarda point à s'endormir d'un léger sommeil, grâce au mouvement doux et régulier imprimé à sa riche baignoire[2]. Quand elle sortit de son assoupissement, on la transporta dans le *sudatorium*[3]. Un réservoir d'eau bouillante occupait le milieu de cette salle et fournissait des tourbillons de vapeurs qui montaient en nuages vers la voûte, de forme hémisphérique et recouverte en stuc. Un bouclier de bronze, qui s'élevait et s'abaissait comme une soupape, servait à tempérer la chaleur quand elle devenait trop suffocante. Au sortir du *sudatorium*, Galeria passa dans le *unctuarium*[4], c'est-à-dire dans la chambre aux onctions et aux parfums[5] ; après quoi, enveloppée dans un vaste manteau de laine, ses esclaves la ramenèrent, toujours en la portant sur leurs bras, dans une salle voisine de l'*atrium*.

Là, dépouillées[6] jusqu'à la ceinture, afin de recevoir avec plus de promptitude les châtiments que pourrait attirer sur elles leur maladresse, les *vestiplicæ*, les *ornatrices*, les *cinerariæ*, les *psecæ* et les *calamistræ*, à genoux et en silence, attendaient leur maîtresse, chacune tenant dans ses mains les parures et les vêtements parmi lesquels l'impératrice

[1] Vitruve, V, 10.
[2] Pline, II, ép. 17; V, ép. 5.
[3] Cels., *De re medic.*, 1.
[4] Vitruv., 11.
[5] Juvén., v, 490.
[6] Pétrone.

14

allait choisir sa toilette de la journée. Cette toilette était de grande importance, car il ne s'agissait pour elle de rien moins que de se rendre aux jeux que donnait au peuple, dans le cirque, l'empereur Vitellius, pour célébrer sa nomination au souverain pontificat[1].

Tandis que les *vestiplicæ* disposaient autour de la taille de Galeria, par-dessus le *kypasis*, des bandelettes nommées *strophiæ*[2] ou *pectorales*, et qu'elles ceignaient autour de ses hanches les plis de la *castaula*, espèce de jupon, les *ornatrices* et les *cosmetes* peignaient avec des aiguilles d'or et des peignes de buis la longue chevelure noire de leur maîtresse ; car celle-ci ne sacrifiait point à la mode qui voulait alors que la tête des femmes fût d'un blond ardent[3]. Afin d'obtenir cette couleur, les Romaines qui n'étaient point assez heureuses pour la devoir à la nature se teignaient les cheveux à l'aide d'un savon gaulois[4] composé de suif de chèvre et de cendre de hêtre. Quelquefois elles préféraient une infusion de brou de noix[5], ou bien un mélange de lie de vinaigre et d'huile de lentisque[6]. Quand les *cosmetes* eurent terminé, les *cinerariæ*, à l'aide de grosses aiguilles chauffées dans la cendre, commencèrent à disposer les boucles de la coiffure, aidées des *psecæ* qui les dirigeaient dans la manière de délier et de nouer les nattes et les tresses.

---

[1] Pétrone.
[2] Plaute, *Aul.*, III, 4, v. 24.
[3] Festus, v. *Rutiliana.*
[4] Pline, XXVIII, 12.
[5] Tibulle, IX, v. 44.
[6] Pline, XXIII, 2.

Galeria suivait du regard, dans un miroir d'argent que tenait devant elle une esclave, les travaux de ses femmes ; tout à coup une *pseca* effleura légèrement de son fer chaud le front de l'impératrice, qui jeta des cris de douleur. A

l'instant, la maladroite, battue d'abord cruellement par sa maîtresse, fut livrée au bourreau public, qui la suspendit par les cheveux à un anneau du plafond et se mit à la fustiger à grands coups de lanières, non sans l'avoir bâillonnée au préalable afin que ses gémissements ne fatiguassent point l'impératrice[1]. Celle-ci, sans s'émouvoir, sans paraître même songer aux tourments qu'endurait l'esclave, continua paisiblement sa toilette, qui se trouva terminée après deux heures d'essais et de travaux.

La parure de Galeria consistait dans une longue tunique

[1] Properce, IV, 40.

de pourpre, couverte de broderies d'or et de perles. On nommait cette tunique *regille*, à cause de sa splendeur, et on en
devait l'invention à Poppée, femme de Néron[1]. Une large ccin-
ture rassemblait les plis de cette robe autour de la taille svelte
de l'impératrice et représentait un monstrueux serpent, dont
un diamant, une émeraude et un rubis formaient tour à tour
chaque écaille. D'autres serpents de même façon, mais plus
petits, servaient de collier et de bracelets. Ce qui méritait le
plus d'admiration, c'était sans contredit la coiffure. Noués
sur le derrière de la tête avec une chaîne de perles indien-
nes, les cheveux revenaient sur le front en petites boucles
entremêlées de pierreries, et l'on ne pouvait assez s'étonner
du charme et de l'art d'une semblable merveille[2].

Il ne restait plus qu'à chausser l'impératrice ; celle-ci désigna d'un geste un cothurne de pourpre à la *vestiplica* chargée de le fixer autour de son pied.

« Attachez ce cothurne par un nœud tyrrhénien[3], » dit-elle.

Or, le nœud *tyrrhénien* était une nouvelle manière de disposer les bandelettes des cothurnes. On en devait l'invention à la première femme de Vitellius, récemment répudiée
par lui. Petronia n'avait voulu, pour rien au monde, apprendre le secret de ce nœud à sa rivale, et deux esclaves
avaient préféré mourir dans les tortures plutôt que de trahir
le secret de leur maîtresse. Galeria avait donc chargé sa *vestiplica* de trouver les combinaisons du nœud tyrrhénien, et

[1] Pétrone, 67.
[2] *Statues et médailles antiques.*
[3] Ovide, *Art. amat.*, III, 171.

celle-ci n'était arrivée qu'à des résultats incomplets. Aussi, deux fois l'esclave désignée par l'impératrice essaya, tremblante, de former le nœud, et deux fois la bandelette retomba traînante. Galeria, furieuse, enfonça dans les bras et dans la poitrine de la *vestiplica* une des longues épingles d'or dont les *cosmetes* se servaient pour la peigner ; l'esclave s'évanouit.

« Livrez-la au bourreau, dit froidement sa maîtresse ; les coups de lanières lui feront reprendre connaissance. »

Ensuite elle donna l'ordre à d'autres femmes de nouer ses cothurnes ; mais aucune d'elles n'y put réussir, et il fallut que l'impératrice, éperdue de colère et après avoir fait livrer tour à tour aux verges chacune de ses esclaves, essayât d'attacher de ses propres mains les liens du fatal cothurne.

Cela fait, d'une voix encore émue par la fureur, Galeria donna l'ordre qu'on fît avancer sa litière jusque dans le vestibule même.

Douze esclaves vêtues de tuniques éclatantes d'or portaient cette litière, vaste lit d'ivoire couvert de pourpre et garni de différents petits coussins de soie remplis de duvet[1]. Sitôt que Galeria s'y fut couchée, quatre jeunes filles, nommées à cause de leurs fonctions *pedisequæ*[2], se placèrent de chaque côté, une palme à la main. Cette palme, composée de plumes de paon et de petites lames de bois, devait servir à préserver du soleil l'impératrice durant le trajet. Alors le cortége se mit en chemin. Tandis qu'une escorte de cavaliers

[1] Sénèq., *Consol. ad Marc.*, 16.
[2] Dig., XL., leg. 59. — Juvén., vi, 554.

montés sur des chevaux numides, marchant en tête, faisait
ranger le peuple, vingt coureurs noirs, les bras et les jambes
garnis d'ornements d'argent et ne portant d'autre costume
qu'une ceinture blanche [1], partirent au galop en criant :

« Place à l'impératrice ! »

Les trompettes sonnèrent, les pieds des chevaux frappèrent
le pavé, et la foule qui remplissait les rues conduisant au cirque se rangea respectueusement pour laisser le passage libre
à l'épouse de l'empereur. Celle-ci, nonchalamment étendue
dans la litière, tenait dans la main gauche une boule d'ambre
qui la rafraîchissait en la parfumant [2], et de la droite se jouait
avec de petites couleuvres qui se glissaient autour de son cou
et sur son sein de manière à lui produire une voluptueuse
sensation de froid, par le contact caressant de leurs corps à
sang glacial [3].

L'impératrice partie, le bourreau public quitta le palais,
laissant sanglantes et demi-mortes les nombreuses victimes
que lui avaient livrées l'impatience et la coquetterie de Galeria.

II

Quelques instants avant l'heure désignée pour l'ouverture
des jeux, deux jeunes hommes, qui paraissaient étrangers,
sortirent de la voie Suburrane [4], quartier de Rome habité par

[1] Mart. X, 6 ; XII, 24.
[2] Pline. — Properce, II, xviii, 60.
[3] Mart., XI, v. 55.
[4] Varron, IV, p. 16.

la dernière classe du peuple, et suivirent la foule immense
dont les flots se poussaient vers le cirque. Les vêtements de
ces inconnus, quoique pauvres, auraient présenté au regard
d'un observateur attentif un contraste tout à la fois frappant
et bizarre. Le manteau grossier du plus jeune, quoique
d'étoffe commune, s'associait merveilleusement à des traits
sévères et majestueux, tandis que le second, sous sa tunique
de laine follement nouée par une ceinture de cuir, rappelait
plutôt les manières exagérées d'un *beau* que l'allure commune d'un artisan.

Ces deux hommes se regardèrent avec attention, comme s'ils
se fussent vus autrefois et que le lieu où ils se rencontraient
et le costume dont ils étaient couverts les empêchassent
de se reconnaître. Ils continuèrent néanmoins à marcher
sans s'adresser la parole, mais non sans retourner souvent la
tête l'un vers l'autre, préoccupés de leurs mutuels souvenirs.
Sur ces entrefaites, un vieil esclave aveugle, contrefait,
courbé par l'âge et presque paralytique, vint à passer ; la
foule se prit à rire de sa mine piteuse, et l'un des deux jeunes
hommes, celui dont la tunique de laine était si bizarrement
ajustée, plaça son bâton devant les jambes de l'aveugle qui
tomba dans la boue. Aussitôt l'autre jeune homme accourut,
repoussa doucement les groupes qui se formaient autour
de l'aveugle pour rire de sa détresse, le releva, le conduisit
vers une fontaine voisine, lava les contusions que le pauvre
vieillard s'était faites dans sa chute, et ne le quitta qu'a-
près lui avoir donné son propre manteau.

« Est-ce une raillerie de ma conduite que vous prétendez

faire en agissant ainsi ? demanda d'un air plein d'insolence
le jeune homme qui avait causé la chute du vieillard et qui
s'était arrêté pour considérer les charitables soins donnés à
la victime de sa brutalité.

— Je ne raille jamais, répondit avec douceur celui qu'on
apostrophait de la sorte.

— A la bonne heure, et vous faites bien de répondre de
cette humble manière, car sans cela mon bâton vous châ-
tierait comme un vil esclave que vous êtes, sans doute. »

A ces paroles grossières, une vive rougeur, expression de
la colère et de la honte, couvrit le visage du jeune homme,
dont une main agita d'une façon convulsive le bâton qu'il
tenait, tandis que l'autre semblait chercher machinalement
à sa ceinture la poignée d'une épée. Ce mouvement d'indignation eut néanmoins la rapidité de l'éclair, et celui qui l'éprouvait leva les yeux vers le ciel comme pour lui demander à la
fois le pardon de sa faiblesse et la force de se maîtriser. Puis,
baissant les yeux, il continua sa route sans répondre.

Mais l'autre ne le tenait point quitte ainsi ; loin de se sentir touché de la modération de son adversaire, il ne semblait en éprouver que plus d'insolence, et courant pour rejoindre celui qui venait de s'éloigner de lui :

« Vous ne répondez point, lui cria-t-il en le touchant du
bout de son bâton, vous baissez la tête ; craignez-vous que je
voie sur votre front le stigmate des esclaves fugitifs ? »

Le jeune homme s'arrêta, et regardant son persécuteur
avec un calme que démentaient peut-être les inflexions de sa
voix :

« Ne vous êtes-vous jamais bien trouvé de rencontrer quelqu'un pour vous relever quand vous gisiez à terre? lui demanda-t-il.

— Samuel! c'est donc vous? interrompit le jeune homme; mes yeux ne se trompaient donc point quand ils cherchaient à vous reconnaître sous ce déguisement?

— Ces habits ne sont point un déguisement, ce sont les miens, ceux que je porte d'ordinaire.

— Vous, Samuel Ananias[1]! Vous chef de la plus grande famille de Jérusalem; vous qui commandiez une puissante faction de cette ville; vous qui en étiez presque le roi; je vous retrouve à Rome, vêtu d'une tunique qui vaut à peine douze as, faisant métier de relever dans la rue les esclaves aveugles, et recevant avec patience des injures et presque des voies de fait?

— Cela doit-il paraître plus surprenant que de voir Lucius...?

— Silence, ne prononcez pas mon nom, Samuel; car si quelqu'un l'entendait (et les espions ne manquent pas à Rome), ce nom me vaudrait une mort cruelle et plus certaine que celle dont je commençais à subir les atteintes quand vous m'avez arraché à vos soldats juifs dont j'étais le prisonnier et qui se disposaient à me brûler à petit feu. Qu'il vous suffise d'apprendre que de vastes projets m'amènent ici; que vous seul savez le secret de ma présence; enfin qu'un mot de vous me perdrait... Et vous, qui vous fait quit-

[1] Flavius Josèphe, ch. LIII.

ter Jérusalem, à la défense de laquelle votre bras était si nécessaire?

— La cause de Jérusalem n'est plus la mienne ; j'ai quitté
cette ville, sur l'ordre de celui dont un signe dispose de ma
volonté : pour lui obéir je suis venu à Rome.

— Vous êtes donc le prisonnier de Vespasianus, de mon...?
dit le jeune homme sans achever le nom qu'il allait dire,
car il voyait rôder un espion autour d'eux.

Puis, baissant de plus en plus la voix :

— Avant mon départ, il m'avait pourtant juré par Jupiter
d'user à votre égard de la générosité que j'avais rencontrée
en vous, et de vous rendre à la liberté sans condition, si
le sort de la guerre vous faisait jamais tomber entre ses
mains.

— Je ne suis point le prisonnier de Vespasianus. Si j'ai
quitté Jérusalem, si je me trouve à Rome, je vous le répète,
c'est de mon propre mouvement, ou plutôt, comme je vous
l'ai dit, pour obéir à l'ordre du maître que j'ai choisi.

— Et quel est-il donc? Quelque belle Juive dont les
yeux noirs ont allumé dans votre cœur une ardente passion?

— Il se nomme Joannes ; c'est le fils d'un pêcheur de
Bethsaïde. »

Lucius regarda Samuel Ananias pour voir s'il ne remar-
querait pas sur son visage des signes de folie ; mais les traits
du jeune homme restaient calmes, et un léger sourire n'effleurait même pas ses lèvres.

« Je ne comprends rien à vos paroles.

— Des dangers vous entourent, Lucius; si l'on pronon-

çait votre nom, la hache du licteur ferait, dites-vous , tomber aussitôt votre tête. Eh bien! si j'ajoutais un mot de plus,
je serais menacé d'un péril semblable et peut-être plus certain encore. Sans la volonté de celui dont je vous parle,
je courrais avec joie au-devant de la mort ; mais le Maître
m'a dit de ne point exposer ma vie, et je lui obéirai jusqu'au moment où, pour me récompenser de ma docilité, il
me permettra de me livrer aux bourreaux. »

Lucius regardait Samuel sans le comprendre.

« Pourquoi vouloir mourir? demanda-t-il.

— Parce que la mort est la vie, Lucius.

— Vos paroles sont autant de mystères pour moi... Mais
hâtons-nous si nous voulons arriver à temps au cirque, car
c'est là sans doute que vous vous rendez ?

— Oui, Lucius.

— Par Hercule! j'entends les trompettes de la garde pré-
torienne, et voici le cortége de l'impératrice. Hâtons-nous,
Samuel ! »

Et il entraîna son compagnon.

Tous les deux arrivèrent à l'entrée du cirque. Là ils se
trouvèrent arrêtés par les soldats qui leur barrèrent le
passage afin de laisser la voie libre à la litière de l'impératrice. Les esclaves qui portaient ce trône fastueux s'arrêtèrent devant une entrée particulière du cirque réservée pour l'empereur et pour sa famille. A l'instant même
deux esclaves liburniens, d'une taille gigantesque, placèrent de chaque côté de la litière un escabeau revêtu
de pourpre, afin que l'impératrice n'eût même pas à dési-

gner par quelle portière elle voudrait descendre[1]. Pendant
ce temps-là, les jeunes filles jetaient des fleurs sur les dalles
de marbre, et des esclaves s'avançaient pour soutenir Galeria.

Comme celle-ci posait le pied sur l'un des escabeaux, les
bandelettes de son cothurne, mal attachées, quoiqu'elles

l'eussent été par ses propres mains impériales, se dénouèrent
et vinrent traîner à terre comme de longs serpents de pourpre. C'était à la fois une irrégularité grave dans la toilette
de l'impératrice et un présage de mauvais augure ; aussi, pâle
d'indignation et de colère, elle se disposait à remonter en

---

[1] Juv., iii, 240.

litière et à retourner à son palais, quand, plus prompt que
l'éclair, un homme, Lucius, fendit la foule, s'agenouilla, et
dans un clin d'œil forma de la manière la plus élégante et
la plus solide le nœud du cothurne.

Après quoi, toujours agenouillé, et dans l'attitude d'un
suppliant, il demeura là, comme pour implorer le pardon
d'une si grande audace. Cependant chacun murmurait autour
de lui, et les gardes portaient la main à leur glaive, n'attendant qu'un signe de l'impératrice pour punir le profane audacieux, quand celle-ci, le sourire sur les lèvres, fit signe à
Lucius de se relever. Elle le regarda fixement, Lucius soutint sans frayeur ce regard qui du reste n'annonçait rien de
bien redoutable.

« Pour m'avoir rendu service, dit-elle enfin, tu arriveras
trop tard dans le cirque et tu n'y trouveras plus de place.
Suis-moi dans la loge impériale.

— Dans la loge impériale? répéta le vieux sénateur Aulus
Flavius. Un inconnu !

— La loge est-elle trop petite pour contenir un spectateur
de plus? Sénateur, vous lui céderez votre place. Comment te
nommes-tu?

— Lucius.

— Es-tu libre ou esclave?

— Libre.

— Romain?

— Non, Grec.

— Noble?

— Non.

— Je te nomme citoyen romain et te fais de plus chevalier ;
— mieux que cela, je te crée sénateur. Aulus Flavius,
donnez votre laticlave à ce jeune homme. Je vous charge en
outre du soin de faire régulariser l'admission de mon protégé au sénat. Enfin, le sénat va être bon à quelque chose ;
on y trouvera désormais un homme capable de nouer un
brodequin à la tyrrhénienne. Lucius, donnez-moi la main[1].

Lucius, revêtu de la pourpre sénatoriale, obéit à l'impératrice, et tous les deux montèrent l'escalier de la loge impériale au milieu des cris de la foule qui saluait de ses applaudissements le nouveau sénateur et poursuivait de ses huées
Aulus Flavius demi-nu, stupéfait, et portant autour de lui des
regards effarés.

Samuel Ananias, séparé de son compagnon, se dirigea
vers la partie des gradins du cirque occupée par les plus pauvres spectateurs. Dès qu'il parut, un grand nombre de personnes se levèrent respectueusement pour lui livrer passage,
et ce fut ainsi qu'il parvint contre la barrière même la plus
rapprochée de l'arène.

III

Le cirque était un immense parallélogramme de deux
mille cent quatre-vingt-sept pieds de long sur neuf cent
soixante de large ; aux deux extrémités, il se terminait en
hémicycle. Les deux grands côtés et l'hémicycle du levant

[1] Pétrone.

offraient à l'extérieur une double rangée de portiques, élevés les uns sur les autres, soutenus par des colonnes et terminés par une terrasse. Les larges portiques du rez-de-chaussée servaient d'entrée aux spectateurs, et l'on y trouvait des tavernes où se vendaient les aliments et les boissons nécessaires à cette foule immense.

La forme intérieure du cirque présentait l'aspect d'une lice. Autour de cette lice s'élevaient, sur les deux grands côtés et sur l'un des petits seulement, de nombreux gradins en pierre; derrière les derniers rangs de ces gradins régnait un portique en colonnade ne formant qu'une même galerie avec le portique du second étage de l'extérieur. C'est là qu'on se promenait pendant les entr'actes et que l'on venait se réfugier en cas de pluie.

Le deuxième petit côté se terminait à la partie diamétrale de l'hémicycle; il présentait une rangée de treize arcades dirigées à angle droit de l'une à l'autre partie latérale du cirque. Des Thermes formaient leurs pieds-droits. L'arcade du milieu, ouverte sous les *mæniennes* ou tours carrées, était une porte d'entrée; les douze autres, fermées de grilles mobiles en fer et enluminées, formaient des *carceres* ou remises pour les chevaux et les jouteurs des jeux.

Les trois côtés garnis de gradins restaient séparés de l'arène par une grille derrière laquelle se trouvait un *euripe*, canal large et profond de six pieds, alimenté par des eaux vives.

L'espace qu'enceignait l'*euripe*, c'est-à-dire l'*arène*, se divisait en deux, dans sa direction longitudinale, par une

espèce de muraille ou soubassement nommé *spina*, haut de
six pieds romains et large de douze, qui laissait, à chacune
de ses extrémités, un passage égal à celui des autres côtés.
Sur chaque muraille, où l'on montait par des degrés ménagés
à ses deux bouts, s'élevaient différents monuments parmi
lesquels on remarquait, au centre, un obélisque de granit
oriental de cent vingt pieds neuf pouces romains de hauteur,
apporté d'Héliopolis en Égypte, par ordre de l'empereur Auguste ; des hiéroglyphes creusés dans la pierre même en couvraient les quatre faces, et un soleil d'or en couronnait le
sommet aigu.

Un autre monument de la *spina* consistait dans un autel
de *Consus* que l'on ne plaçait que pendant les jeux ; cet autel
était entouré des statues de Cybèle, de Cérès, d'Hercule et de
Phœbus.

Depuis quelques instants à peine, Samuel occupait la place
que lui avaient gardée ses amis, lorsqu'une procession,
conduite par l'édile président des jeux, entra dans le cirque.
L'édile, monté sur un char, portait le costume de triompha-
teur. Une troupe de jeunes gens, de quatorze à quinze ans,
les uns à cheval, les autres à pied, rangés par compagnies,
ouvraient la marche ; ils précédaient les athlètes et les condamnés aux bêtes ; ces derniers, demi-nus et les mains attachées derrière le dos, venaient entre une double haie de soldats, la lance au poing. Les athlètes et les condamnés étaient
suivis de trois chœurs de danseurs, d'hommes faits, d'ado-
lescents et d'enfants. On voyait ensuite des joueurs de flûtes
courtes, de harpes d'ivoire et de luths ; tous, ainsi que les

danseurs, vêtus de tuniques écarlates, et la tête couverte d'un casque d'or à long panache de pourpre. Puis s'avançaient d'autres musiciens et une foule de prêtres : les uns marchaient chargés de coffrets et de cassolettes de métal précieux où fumaient des aromates et de l'encens ; les autres pliaient sous le poids des statues des dieux qu'ils portaient sur des brancards et des litières fermées.

Le cortége fit le tour du cirque ; on coucha les statues sur des lits appelés *pulvinaria ;* ensuite les consuls, les prêtres et les sacrificateurs immolèrent des victimes, et l'édile président des jeux termina les cérémonies religieuses par des libations. Alors des ressorts secrets agitèrent l'immense voile de pourpre qui s'étendait sur tout le cirque, et ce mouvement répandit dans l'air une agréable fraîcheur à laquelle vinrent se mêler des parfums d'eau de baume et de safran qui tombait comme une pluie légère et fine sur les spectateurs[1].

Cependant, des hérauts s'avançaient dans le cirque, montés sur des chevaux, vêtus de robes de pourpre et tenant un caducée à la main.

« Magnanime empereur, s'écrièrent-ils, les jeux vont commencer.

« Peuple romain, les jeux vont commencer. »

A l'instant même des grilles s'ouvrirent de toutes parts et lâchèrent dans l'arène une foule d'animaux légers à la course et de carnassiers ; c'étaient des cerfs, des biches, des che-

____

[1] Ovide, *Ars amat.*, I, v. 104. — Properce, IV, v. 16. — Pline. — Martial, IX, v. 59.

vreuils, des élans, des zèbres et des girafes, au-devant desquels se ruaient en hurlant des chiens, des loups, des tigres,
des lions et des léopards. Affamées par quelques jours de
jeûne complet, ces bêtes féroces attaquèrent avec fureur les
proies sans défenses qui leur étaient offertes, et il s'ensui-
vit une scène de carnage et de désordre qui se prolongea
pendant un quart d'heure au plus. Alors les cris cessèrent,
le tumulte s'apaisa, et l'on ne vit plus dans l'arène que des
débris sanglants et des animaux repus, couchés au milieu
du sang qui ruisselait de toutes parts et se regardant les
uns les autres d'un air farouche [1].

Alors des *rétiaires* ou gladiateurs armés de filets et de
lacets vinrent saisir toutes ces bêtes engourdies par la
nourriture dont elles s'étaient gorgées et les emmenèrent presque sans résistance dans les cages grillées ; pendant ce temps, de jeunes esclaves enlevaient les ossements,
nettoyaient l'arène et en nivelaient le sable à l'aide de
râteaux dorés.

Aux *chasses*, c'est ainsi que l'on nommait le spectacle
qui venait d'avoir lieu, succédèrent des combats entre
animaux féroces. Tour à tour on vit un éléphant et un
rhinocéros, un lion et un taureau, un hippopotame et un
crocodile s'assaillir et se déchirer. Cependant le peuple ne
semblait s'intéresser que d'une manière incomplète à ce
qui se passait dans l'arène. Il attendait avec impatience
un spectacle plus attachant et plus curieux ; aussi vit-il
avec joie revenir les rétiaires et les esclaves chargés d'em-

[1] Ovid., *Metam.*, XI, 25.

mener les bêtes féroces et de niveler encore une fois le terrain du cirque [1].

Quand tout cela fut fait, cent condamnés parurent, les mains attachées derrière le dos; les hommes et les enfants

étaient complétement nus; on avait laissé aux femmes un long manteau blanc dont elles se tenaient enveloppées. Tous ces infortunés, chez lesquels on ne remarquait rien de la stupide indifférence des gladiateurs, s'avancèrent paisi-

[1] Mart., *De Spect.*, 21.

blement et s'agenouillèrent devant la partie des gradins
où se trouvait Samuel; après quoi, ils se relevèrent, et
toujours calmes, courageux, sans ostentation, on les vit,
sur l'ordre d'un bestiaire, aller prendre place au milieu du
cirque.

L'impératrice, qui n'avait cessé de s'entretenir pendant
tout le spectacle avec Lucius, et qui semblait beaucoup
s'amuser des reparties spirituelles et fines de ce jeune
homme, se tourna vers lui :

« Vous qui savez tant de choses, sénateur Lucius, pour-
riez-vous me dire de quels crimes se sont rendus coupables
les condamnés qu'on va livrer aux bêtes? Ma curiosité est
d'autant plus vive à cet égard que pour la première fois
je vois des femmes et des enfants subir ce genre de
supplice.

— Arrivé de la Grèce depuis peu de jours, je l'ignore;
mais voici derrière nous le sénateur Aulus, paré d'un
laticlave tout neuf, et qui pourra sans doute instruire Votre
Éternité de ce qu'elle désire savoir. »

Aulus Flavius s'avança sur un signe du nouveau favori
de l'impératrice, et répondit à ses questions sur les condamnés :

« Ces misérables sont des chrétiens [1].

— Des chrétiens! s'écria Lucius avec surprise. Quoi donc!
cette secte créée au fond de la Palestine par le fils d'un
charpentier et de pauvres pêcheurs a-t-elle donc fait des

---

[1] Drouet de Maupertuy, *Vérit. act. des martyrs*, t. I, p. 62.

progrès si rapides qu'on la connaisse déjà à Rome, et qu'il faille en punir les fauteurs par la mort?

— La secte des chrétiens, répliqua le sénateur Flavius, envahirait bientôt tout l'empire si l'on n'y mettait promptement obstacle. En effet, n'enseigne-t-elle pas les doctrines les plus fatales à l'existence du peuple romain? l'égalité de tous les hommes, la liberté des esclaves, l'amour de la pauvreté, et une sévère rigueur de mœurs? A les entendre, il faudrait détruire nos palais, renoncer à notre luxe et briser les autels des dieux protecteurs, pour adorer le fils de ce charpentier, mort sur la croix du supplice des esclaves.

—Excusez mon ignorance; étranger à Rome, où je n'étais jamais venu, et depuis mon enfance élevé dans un camp au milieu des combats, le nom des chrétiens et le récit de leurs crimes ne m'est jamais parvenu que d'une manière vague. Ils ont donc pris les armes? Ils cherchent donc à établir leur religion par la révolte et par l'assassinat?

— Non; ils affectent une fausse obéissance aux ordres de l'empereur, payent exactement les impôts, ne résistent pas quand on vient les arrêter, et semblent mourir avec joie lorsqu'on les livre aux bourreaux ou qu'on les jette dans les arènes.

— Pour des scélérats aussi coupables, reprit Lucius avec ironie, il n'est certes point, sénateur Aulus Flavius, de supplices assez terribles... »

Et il reporta nonchalamment les yeux dans l'arène.

Un bestiaire faisait avancer, au-devant des autres chrétiens, un vieillard tout courbé par l'âge, et puis s'élan-
çant avec rapidité sur la *spina*, il donna le signal d'ouvrir
une des grilles. Soudain un lion parut dans l'arène, furieux et rugissant. Les chrétiens commencèrent à chanter
un hymne religieux, et les cris de l'animal qui dévorait le
vieillard n'interrompirent point un seul instant l'air mélancolique qu'ils disaient en chœur.

Quand le lion en eut fini avec le vieillard, il se leva
de dessus sa proie sanglante et marcha lentement, les lèvres rouges de sang, vers les autres condamnés. Pas un d'eux

ne fit un mouvement pour reculer; seule, une mère se
plaça devant sa fille, pauvre enfant qui comptait à peine
treize années; mais celle-ci reprit courageusement sa place,
et regarda même sans pâlir le terrible animal.

Le peuple applaudit à la jeune fille.

Le lion fit un bond, se jeta sur la faible créature, et la mit en pièces.

Le peuple applaudit au lion.

Partout alors les grilles s'ouvrirent à la fois, et des taureaux, des lions, des tigres, des loups inondèrent l'arène et se ruèrent sur les chrétiens. L'hymne de ces martyrs continuait toujours à s'élever pur et courageux vers le ciel ; seulement il devenait d'instant en instant plus faible. Bientôt une seule voix chanta, celle d'un jeune garçon. Enfin cette voix se tut comme les autres, et le peuple se leva pour quitter les gradins et sortir du cirque, car les jeux se trouvaient terminés [1].

« Sénateur Aulus Flavius, dit l'impératrice avant de quitter sa loge, et en se tournant vers le vieux courtisan, vous n'oublierez pas les ordres que je vous ai donnés au sujet du nouveau sénateur Lucius. En outre, conduisez-le dans votre char jusqu'au palais du préteur Tullius Verecundus, condamné à mort hier pour attentat contre l'empereur. Là, vous le mettrez en possession du palais et de tout ce qu'il renferme de précieux. Adieu, sénateur Lucius ; je vous attends demain au palais impérial pour enseigner à mes *vestiplicæ* la manière de former le nœud tyrrhénien. »

Elle remonta alors dans sa litière, laissant chacun stupéfait de la fortune inouïe du jeune aventurier. Ce dernier seul ne semblait point étonné de tous les mer-

____
[1] *Vérit. act. des martyrs*, t. I, p. 62.

veilleux événements qui tourbillonnaient autour de lui.

« Cher collègue Flavius, dit-il avec aisance, allons prendre possession de ma maison. Je vous invite à souper ce soir, ainsi que ce jeune homme qui passe là sans manteau et que je tiens pour un de mes amis. Holà ! cher Samuel, venez donc. Le sénateur Lucius vous convie à venir ce soir partager son repas ; nous aurons des danseuses, des gladiateurs et les deux meilleurs joueurs de flûte qui soient à Rome, Priscus et Selenius. »

Samuel s'avança, et s'inclinant devant Lucius :

« Vous avez donc fait connaître votre nom et votre rang? Vous avez donc renoncé à votre déguisement? murmura-t-il à voix basse.

— Au contraire, reprit Lucius de la même manière ; c'est un nouveau déguisement que j'ai pris... A ce soir donc !

— Ce soir, je ne le puis ; un saint devoir me réclame ; mais avant de nous séparer, peut-être pour ne plus nous revoir, au nom des services que je vous ai rendus, au nom de la vie que je vous ai sauvée, accordez-moi une grâce ; votre nouveau titre de sénateur vous rend facile ce que j'ai à vous demander.

— Viens ce soir souper avec moi, et je promets de t'accorder tout ce que tu voudras... Mais ce lieu est peu propre aux audiences d'un sénateur. Adieu donc, à ce soir, au palais de feu le préteur Tullius Verecundus, ou plutôt au palais du sénateur Lucius... Partons, Aulus Flavius. »

Il monta dans le char du vieux sénateur, et bientôt la splendide voiture fendit les flots de la foule, que des coureurs nubiens faisaient ranger de droite et de gauche à l'aide de longues cannes d'ébène et d'ivoire.

IV

Lorsque Lucius et le sénateur qui le conduisait arrivèrent au palais du préteur Tullius Verecundus, la plus grande consternation régnait parmi les esclaves et les affranchis de ce dernier ; car le matin même on était encore venu saisir l'un d'eux pour le conduire au supplice. Voici pourquoi : la veille, son vieux maître, au moment où Vitellius le livrait au bourreau, s'était écrié : « Empereur, vous êtes mon héritier ; laissez-moi vivre le peu de jours que l'âge me laisse. » Le tyran, au lieu de faire grâce, n'en avait pressé que plus vite l'exécution, afin, disait-il, de lire de suite le testament du préteur et de savoir si le legs annoncé n'était point un mensonge. Ouverture faite du testament, la chose se trouva vraie ; seulement le testament octroyait à un affranchi un legs considérable. En apprenant cela, Vitellius vomit les plus odieuses malédictions contre celui dont la tête venait de tomber et ordonna que l'on mit l'affranchi à mort.

« De cette manière, dit-il, j'hériterai seul. »

Il ne borna pas là ses cruautés ; comme le testament faisait mention de plusieurs vases précieux disparus du palais du préteur; on mit, d'après les ordres de l'empereur, un grand nombre d'esclaves à la torture, pour qu'ils révélassent ce qu'étaient devenus ces objets. En voyant arriver Lucius et le sénateur avec sa suite, ceux de ses esclaves qui n'avaient point encore subi les horribles supplices du feu et des verges [1] crurent qu'on venait les saisir pour les livrer aux licteurs, et, comme on l'a dit, s'abandonnèrent au désespoir. Mais dès qu'ils ap-

[1] On châtiait les esclaves par la *fourche*, le *fouet*, la *marque*, la *torture* et la *mort*. Lorsqu'un citoyen était condamné à mort, sous les derniers des Césars, on mettait à la torture tous ses esclaves, afin qu'ils révélassent les trésors cachés pour être dérobés à l'avidité des empereurs.

La fourche était une pièce de bois fixée sur la poitrine et aux épaules, et s'étendant jusqu'aux extrémités des deux bras qu'on attachait dessus. On promenait ainsi le condamné par le milieu des places et des rues les plus fréquentées de la ville, en le battant de verges.

Le fouet se composait d'une grosse botte de lanières de cuir garnies de nœuds et de balles de plomb, et avec lesquelles on frappait le condamné, nu, garrotté et suspendu soit par les pieds, soit sous les aisselles, avec un gros poids attaché aux jambes afin de l'empêcher de remuer.

Pour mettre à la torture, on étendait le patient sur un chevalet; on le déchirait à coups de verges et on le brûlait avec les lames de bronze ardent. On répétait quelquefois cette cruelle opération jusqu'à six et huit reprises de suite, et les maîtres s'y prêtaient sans difficulté, pourvu qu'on s'engageât, lorsque ces tortures étaient appliquées par suite d'une affaire judiciaire, à leur payer les esclaves qui périraient pendant le supplice.

La marque avait quelque chose de plus affreux peut-être, en ce que ce châtiment était, pour ainsi dire, perpétuel; on rasait la tête et les sourcils du coupable, et ensuite, à l'aide d'un fer chaud, on lui imprimait un stigmate sur le front.

Les chaînes et la prison n'étaient qu'une même chose; tous ceux qu'on jetait en prison y étaient enchaînés.

La mort avait lieu par le crucifiement; on attachait sur la poitrine du condamné un écriteau indicateur de son crime et on le conduisait à travers le Forum, en le battant de verges, jusqu'en dehors de la porte Esquiline, sur un plateau destiné au supplice des esclaves. Là il était exécuté par un bourreau à qui le séjour et même l'entrée de Rome étaient interdits.

prirent de la bouche du sénateur que Lucius devenait
leur nouveau maître et n'arrivait point en émissaire du
bourreau impérial, ils se prosternèrent aux genoux du
jeune homme et s'empressèrent d'obéir à ses ordres.

« Je veux un magnifique souper, leur dit-il ; car je traite
aujourd'hui le sénateur Aulus Flavius et un autre de mes
amis. Que rien ne manque à la splendeur du festin : mets
délicats, vins exquis, divertissements, musiciens, danseurs
et danseuses. Allez, et que dans deux heures tout soit
prêt, ou sinon les verges vous apprendront comment je
sais me faire obéir. »

Resté seul avec le vieux sénateur, il passa dans le *triclinium d'été* [1], vaste pièce meublée avec une voluptueuse recherche et dont l'aire se composait d'abord d'une couche
de tuileau brisé, épaisse de deux pieds, puis d'une seconde
couche formée de charbon pilé, de sable de chaux et de
cendres, consolidées avec force et imitant tout à fait un
carrelage noir. Cette aire avait le double avantage d'absorber sur-le-champ toutes les eaux parfumées que l'on
répandait dessus et à l'aide desquelles on combattait la
chaleur ; en outre, elle ne conservait aucun froid qui pût
incommoder les esclaves, qui marchaient toujours pieds
nus [2].

Là Lucius et le sénateur conversèrent longuement des affaires de la république, de façon à jeter le dernier dans
l'étonnement le plus profond ; car cet homme qu'il croyait

[1] Sénéq., *Epist.*, 90. — *De Provident.*, VII, 4.
[2] Vitruve, VII, 9.

de la lie du peuple, ce Grec ramassé dans la boue par l'impératrice, s'exprimait avec une merveilleuse facilité, développait des vues intelligentes et fines, et prenait un malin plaisir à démontrer la fausseté des raisonnements de son dogmatique interlocuteur; puis au moment ou l'autre, battu, déconcerté, allait s'humilier devant la supériorité de son adversaire, celui-ci reprenait le langage grossier d'un homme sans éducation, et se mettait à débiter les folies les plus absurdes avec le même aplomb qu'il venait de montrer en développant les théories politiques les plus élevées. La sueur ruisselait sur le visage d'Aulus et il se perdait en conjectures sur Lucius, le reconnaissant tour à tour pour un misérable ou pour un homme de vaste intelligence, pour un manant ou pour un sénateur.

Vers le soir, un esclave introduisit le nouveau convive annoncé par leur maître; c'était le Juif Samuel. A peine achevait-il d'échanger avec Lucius et le sénateur les paroles de salut, que le chant des flûtes douces se fit entendre et donna le signal de passer dans le *triclinium*, ou salle à manger.

Dès que Lucius, Samuel et le sénateur eurent pris place sur les lits [1] qui occupaient les trois côtés d'un carré (le quatrième restait libre pour le service), de jeunes esclaves dénouèrent les chaussures des convives et leur versèrent de l'eau à la neige sur les pieds et sur les mains, tandis que d'autres leur nettoyaient avec une

[1] Plut., *Symp.*

merveilleuse promptitude les ongles des orteils. Ces soins
terminés, et ils durèrent à peine une minute, de jeunes
filles parurent tenant dans leurs mains des couronnes
d'aché et de lierre [1], qu'elles placèrent sur la tête de
Lucius et de ses invités. Alors le premier prit une coupe
et fit des libations aux dieux; puis les flûtes qui s'é-
tait interrompues pendant cette cérémonie recommencè-
rent à jouer, mais d'une manière si douce qu'elles ne
couvraient point la voix et laissaient toute liberté aux
entretiens. Le vieux sénateur se jeta sur les mets qu'on
lui servit avec une avidité commune à presque tous les
Romains de cette époque, dont l'habitude était de se faire
vomir deux ou trois fois pendant leurs repas afin de pouvoir manger davantage; il n'épargna pas plus les vins délicieux dont un esclave ne cessait d'emplir sa coupe. Lucius mangeait avec modération, tout en engageant à boire
le vieux Aulus, et vidait sa propre coupe sous la table,
de façon à tromper le sénateur et à l'enivrer plus vite.
Quant à Samuel, lorsque Lucius avait adressé la prière
d'usage aux dieux domestiques, il s'était détourné, et dès
qu'il l'avait pu, sans se faire trop remarquer, il avait dépouillé son front de la couronne de fleurs qui le recou-
vrait; néanmoins il goûta de quelques mets, mais il sembla choisir les moins délicats.

Le souper se composa de trois services [1] : l'un, composé
d'œufs de tortues, d'olives et de fruits propres à aiguiser

<hr>

[1] Horace, *Carm.*, IV, ii, 5.

l'appétit, c'était la *gustatio* [1]; à l'autre, la *secunda mensa* [2] (seconde table), parurent des rôts et des ragoûts ; vinrent ensuite les *bellaria* [3], c'est-à-dire les confitures, les pâtisseries, les fruits cuits et les parfums. Pendant toute la durée du repas, des esclaves vêtus d'une tunique courte et portant à leur ceinture un linge d'une blancheur éblouissante, obéissaient au moindre signe des convives ; d'autres découpaient les viandes, nettoyaient la table avec des éponges humides, entretenaient les lampes où brûlait une huile parfumée, et faisaient des aspersions en projetant en l'air une liqueur composée de verveine et de roses infusées, destinée à exciter la gaieté des convives [4].

Sur un signal que Lucius donna en faisant claquer ses doigts les uns contre les autres, on desservit la table, dont on enleva les plats, les cuillers et les couteaux, pour ne plus y laisser que des coupes et des parfums ; puis on donna à laver aux convives en leur versant sur les mains, avec un vase à col étroit, de l'eau qu'ils recevaient dans un bassin.

Alors les portes qui donnaient sur une grande pièce voisine s'ouvrirent comme par magie, et les spectacles commencèrent.

D'abord de jeunes filles et de jeunes garçons exécutèrent des danses gracieuses, tandis que d'autres chantaient

[1] Pétrone, 31, 34.
[2] Horace, *Sat.*, II, iii, 10 et 70.
[3] A. Gelle, XIII, 11.
[4] Sénèq., *Symp. de brevit. vitæ*, 12.

des odes d'Horace en s'accompagnant de théorbes, de flûtes
d'ivoire et de lyres. Après cela des *gaditanes*[1], vêtues de
tuniques courtes de soie brodées d'or, parurent en bondissant ; elles tenaient dans leurs mains des castagnettes,
des sambuca, des tympanum, et s'en servaient pour mar-
quer la mesure de leurs pas vifs et de leurs bonds d'une
légèreté fougueuse.

Aux danses succédèrent les baladins et les danseurs de
corde ; les grotesques exécutaient mille tours bouffons sur
une échelle qu'ils maintenaient debout en équilibre[2] ;
d'autres se jetaient à travers des cerceaux enflammés sans
griller leurs robes de lin garnies de plumes. Les funam-
bules, pendant ce temps-là, exécutaient sur la corde roide
les poses les plus difficiles : le dos orné d'une queue,
comme on en attribuait aux faunes, ils jouaient de la
lyre, se versaient à boire, mangeaient, tournoyaient sur
eux-mêmes, dansaient, bondissaient et voltigeaient autour
de la corde, sans jamais toucher la terre. Enfin, des
Égyptiennes marchaient sur les mains au milieu de lames
aiguës dressées sur le sol, et d'autres vidaient avec leurs
pieds des amphores pleines de parfums, dont elles as-
pergeaient les spectateurs.

Cependant ce spectacle, payé à prix d'or, n'obtenait l'attention d'aucun des trois convives ; le sénateur Aulus,
gorgé de vin, ronflait étendu sur son lit ; Samuel se tenait

[1] Mart., V. 79. — Pline, 4.
[2] Pétrone, 59.

le visage caché dans ses deux mains, et Lucius semblait
absorbé dans une profonde rêverie. Tout à coup il sortit
de cette préoccupation et fit un signe; aussitôt le spectacle cessa, les portes se refermèrent, les esclaves sortirent; et il ne resta plus dans le *triclinium* que le sénateur
ivre-mort, Samuel et Lucius

« Écoute, dit ce dernier en se rapprochant du Juif pour
lui parler si bas que ses paroles pouvaient à peine être
entendues; écoute, Samuel, je sais ton secret : tu es chrétien.

— Je suis chrétien! répondit Samuel d'une voix
ferme.

— Plus bas! plus bas! As-tu donc plusieurs vies pour
jouer ainsi ta tête? Parlons sans détour, pendant que nous
sommes seuls et libres, et que cette brute dort. Ma pré-

sence à Rome, mon déguisement, mon empressement à gagner la faveur de l'impératrice, tout ne te révèle-t-il pas que
de grands projets m'amènent à Rome? Il faut qu'avant peu
de mois Vitellius aille rejoindre Galba; il faut que mon père,
que Vespasianus devienne empereur à Rome comme il est
empereur en Judée. Déjà l'Achaïe et la Mœsie se sont ran-
gées à son obéissance; déjà Antonius Primus, après avoir
entraîné dans le parti du nouvel empereur les légions qui
occupent la Pannonie et l'Illyrie, entre en Italie. Maître
de Padoue et d'Aquilée, il marche sur Ferrare; enfin Bas-
sus, qui commande la flotte de Ravenne, vient de la livrer à Cæcina, lieutenant de Vespasianus. D'autres ne tar-
deront point à l'imiter. Mais tout cela ne nous donne point
Rome, Rome, la tête de l'empire romain. Le peuple tient
pour Vitellius, qui le comble de spectacles, qui lui prodigue les trésors des riches et lui jette des nobles à mettre à mort. Pour abattre Vitellius, il faut le dépopulariser;
il faut lui ôter l'amour, si peu durable d'ailleurs, si facile à changer, de la populace et des gardes prétoriennes.
Tu peux m'aider, toi, chrétien! toi, chef de ces sectaires
dont la plus grande partie appartient aux dernières classes
de la nation. Ne cherche point à me le cacher, tu es leur
chef. Samuel Ananias n'aurait point quitté la couronne de
Jérusalem, qu'il tenait déjà d'une main, s'il n'eût point
vû dans le christianisme des moyens plus sûrs d'arriver à
un pouvoir plus grand. Unissons-nous donc; anime-les tous
contre l'empereur; fais qu'ils soient prêts, sous tes ordres,
à marcher contre lui dès que je t'en donnerai le signal,

et tu deviendras le plus puissant dans Rome après Vespasianus, après moi.

— Lucius, répliqua Samuel, tu m'as connu quand j'avais encore les yeux fermés à la vérité ; quand je ne connaissais d'autres lois que mon orgueil, mes vices et mon ambition. Mais les temps sont changés ; je ne suis plus qu'un pauvre prêtre du vrai Dieu, je ne suis que le disciple du pêcheur Joannes. Mon devoir est de supporter le joug que le Très-Haut nous impose, quelque rude qu'il soit. Comme mon divin Maître l'a dit : *Il faut rendre à César ce qui appartient à César.* En conspirant contre Vitellius, je commettrais un crime.

— Mais il persécute les chrétiens ! mais il les jette dans les arènes aux bêtes féroces !

— Il leur donne la couronne du martyre ; il leur ouvre les portes du ciel !

— Quoi ! c'est toi, Samuel Ananias, qui me tiens ce langage fanatique et servile ? toi que j'ai connu si plein d'ardeur pour la gloire, si noblement ambitieux !

— Les choses de ce monde ne me sont plus rien, Lucius ; toutes mes pensées appartiennent au ciel. »

Lucius le regarda quelque temps, puis il ajouta :

« Je ne te demande point le secret sur ce que je viens de te dire ; moi qui regarde la vertu comme un vain mot, je sens là néanmoins que tu ne me trahiras point ; je crois en toi... Voyons, avant de nous quitter, dis-moi quelle grâce tu voulais solliciter de moi, dis-le-moi pour que je te l'accorde ?

— Je venais te demander un ordre pour les *bestiarii*, afin qu'ils me laissent pénétrer cette nuit dans le cirque.

— Qu'y veux-tu donc faire?

— Recueillir les restes de mes frères, morts ce matin pour la foi de Jésus-Christ.

— C'est là l'objet de ta demande?

— Oui, je veux déposer ces saintes reliques dans les catacombes où nous nous réunissons en secret pour prier Dieu.

— Voici cet ordre, » dit Lucius en déchirant une page de ses tablettes sur laquelle il écrivit quelques lignes; il scella ensuite ces lignes avec l'empreinte de la pierre gravée qu'il portait en bague au petit doigt de la main gauche [1].

Samuel prit congé de Lucius et s'éloigna.

« Imbécile! dit ce dernier en le suivant des yeux; imbécile! va recueillir tes ossements... Il tient dans ses mains les moyens de détruire la puissance de Vitellius et refuse de s'en servir... N'importe, je saurai bien l'y contraindre malgré lui.

— Un message de l'empereur!... un message de l'empereur! s'écria tout à coup un esclave en entrant.

— Non, un message de l'impératrice, tu veux dire?

— Maître, répondit l'esclave en ouvrant les volets du *triclinium* et en laissant pénétrer le jour, c'est un message de l'empereur. »

[1] Les Romains ne signaient pas leurs lettres, ils les scellaient avec l'empreinte de leurs bagues.

L'esclave parlait encore, que des licteurs, conduits par un officier du palais, entrèrent dans le *triclinium*, saisirent Lucius, le garrottèrent étroitement sans daigner lui donner aucune explication, le firent monter dans un char et l'emmenèrent au palais de Vitellius.

V

Durant le trajet du palais Tullius au palais impérial, les craintes les plus terribles et les plus poignantes incertitudes assaillirent Lucius, chargé de fers et traîné plutôt que conduit par les licteurs vers le stupide et cruel despote qui allait décider de son sort. Était-ce seulement à cause des faveurs dont le comblait l'impératrice, ou bien les motifs de son arrivée à Rome se trouvaient-ils révélés ? Samuel Ananias l'aurait-il trahi ? Oh ! s'il en était ainsi ! vengeance !... Vengeance ! De quelle vengeance peut-il menacer l'empereur tout-puissant, lui qui va sans doute, dans quelques instants, périr sous la hache des licteurs !... Périr à vingt ans ! à la veille de toucher au trône ! Périr d'une manière obscure et sans gloire ! Périr comme un taureau dans la boutique d'un boucher, en tendant la tête, sans pouvoir se défendre !

Arrivé au palais impérial, les licteurs jetèrent Lucius dans une sorte de cachot obscur qui servait de lieu provisoire de détention aux victimes que ne cessait de se faire amener l'empereur, et le prisonnier y resta une heure en-

tière à attendre les ordres de Vitellius.; car Vitellius avait
bien en ce moment autre chose à faire que de décider de
la vie ou de la liberté d'un homme. Vitellius déjeunait[1].

Aulus Vitellius, petit-fils d'un affranchi qui exerçait la
profession de savetier, et qui s'était estimé heureux d'épouser la fille d'un boulanger, avait eu pour père un chevalier connu par ses déprédations du trésor public et par la

---

[1] Le premier repas de la journée, le déjeuner, se nommait *jentaculum, pran-
diculum,* ou *silatum,* du nom d'une plante nommée *silum* que l'on mêlait toujours au vin.

splendeur de ses soupers. Digne fils de son père, toujours
ivre et gorgé de nourriture [1], il sut néanmoins se gagner
l'amitié des soldats, à l'armée de la basse Germanie, par
les moyens les plus abjects [2].

Déjà, grâce à ces honteux manéges, il s'était jadis concilié
la faveur de Caligula et de Néron, et avait su sauver sa tête
des proscriptions dont ces tyrans frappaient tout ce qui
les environnait. Élevé à Caprée, sous les yeux de Tibère,
Vitellius mérita la bienveillance de Caligula par son habileté à conduire des chars, celle de Claude par son goût
pour les jeux de hasard, celle de Néron par tous les vices. Claude le fit consul et l'envoya ensuite en Afrique,
où il exerça pendant deux ans, beaucoup mieux qu'on ne
devait s'y attendre, les fonctions de proconsul et de lieutenant. Il ne manquait ni d'instruction ni d'esprit : on
vantait sa franchise et sa libéralité; mais devenu édile,
il vola les offrandes et les ornements des temples, et y
laissa de l'étain et du cuivre, au lieu d'argent et d'or.
Malgré son odieuse conduite, on lui conféra de nouvelles
dignités, et même des sacerdoces. Que pouvait lui refuser
Néron, dont il se montrait le plus complaisant serviteur?
Un jour que ce prince brûlait de se donner en spectacle
aux Romains, de leur faire admirer sa voix mélodieuse,
et qu'il n'osait pourtant pas céder à leurs instances,
Vitellius, qui présidait à ces jeux solennels, se déclara

---

[1] *Medio die temulentus et sagina gravis.* — Tacite, *Hist.*, I, 62.

[2] *Ut mane singulos jam ne jentassent sciscitatur, seque fecisse, ructu quoque ostenderet.* — Suét., *Vitell.*, 7.

l'interprète du vœu public, et s'y prit si bien que l'empereur chanta comme par force ou par condescendance, et s'enivra des louanges et des applaudissements de la multitude.

En 62, Vitellius poursuivit devant le sénat Antistius Sosianus, en l'accusant d'avoir composé des vers injurieux à Néron ; il demandait la mort du libelliste, il n'obtint que son bannissement et la confiscation de ses biens. La même année il répudia Petronia, sa première femme ; il avait eu d'elle un fils nommé Petronianus, qui était borgne et qu'il fit mourir pour s'emparer des biens dont cet enfant avait hérité de sa mère : du moins on le disait ainsi. Mais Vitellius prétendait que Petronianus s'était puni lui-même d'une tentative de parricide, et avait avalé le poison préparé par lui pour son père. Suétone place ce meurtre et le mariage de Vitellius avec une seconde femme, Galeria Fundana, fille d'un préteur, avant l'époque où il parvint à l'empire ; mais il paraît certain qu'il n'eut lieu qu'après l'avénement de Vitellius au trône des Césars.

Vitellius ne semblait guère destiné à exercer la souveraine puissance ; car toujours prêt à flatter les grands et à injurier les hommes de bien, mais réduit au silence dès qu'on osait lui répondre, tout annonçait en lui un caractère aussi pusillanime que méchant.

Galba néanmoins lui confia, vers la fin de l'année 68, le gouvernement militaire de la basse Germanie ; mais en appelant Vitellius à ce poste important, le vieil empereur déclara qu'il ne craignait point l'ambition d'un gourmand

et d'un endetté qu'on content ait en mettant à sa dis-
position les richesses d'une province.

D'après Suétone, Vitellius criblé de dettes faillit ne pouvoir accepter le haut commandement que lui confiait Galba,
car pour se procurer l'argent indispensable à son départ, il
lui fallut laisser sa femme et ses enfants dans une maison
de louage, donner à loyer la sienne pour le reste de l'année,
mettre en gage des boucles d'oreilles de sa mère, et se
dégager enfin des mains de ses créanciers qui l'attendaient,
le poursuivaient et l'arrêtaient dans les lieux publics; il
intenta un procès au plus opiniâtre, et lui extorqua cinquante grands sesterces en réparation d'un prétendu ou-
trage.

Grâce à cette somme, Vitellius put partir et emmener avec
lui son frère Lucius.

L'armée de la Germanie inférieure n'aimait point l'avare
et sévère Galba: elle reçut comme un présent du ciel
un nouveau commandant qui se montrait facile et prodigue. Vitellius embrassait les soldats qu'il rencontrait sur
son passage; faisait amitié, dans les auberges, aux voyageurs et aux muletiers, leur demandait s'ils avaient bien
déjeuné, et leur prouvait, par des signes non équivoques,
qu'il n'avait pas négligé ce soin. Au sein de son camp,
il ne refusait rien à personne; les accusés et les condamnés n'avaient qu'à lui demander grâce pour s'assurer de
leur délivrance.

Dès l'abord, Vitellius se trouva merveilleusement secondé
par son frère Lucius, homme plus intelligent que le nouveau

gouverneur, mais en revanche plus vil, plus avide, et d'une insatiable cruauté. Néron et Claude ne comptaient point de plus habiles pourvoyeurs de sang que cet homme. Il livra au dernier un de ses amis qui était venu lui demander asile ; la seule grâce qu'il sollicita de l'empereur pour son hôte, fut, non point la vie, mais la permission de se donner la mort de la façon qui lui conviendrait. Tacite représente ce misérable comme un exemple de l'opprobre dont se couvraient les adulateurs et de l'ignoble servitude où ils se plongeaient. « Lucius Vitellius, ajoute-t-il, se montrait si « fier d'avoir déchaussé Messaline, qu'il portait sous sa « robe un soulier de cette impératrice, d'où il le tirait de « temps en temps pour le baiser avec transport. »

Tel était le frère et le conseiller de Vitellius.

Sous l'influence de ce misérable, criblé de dettes, vivant fraternellement avec les soldats et partageant leur table et leurs jeux, Vitellius, un matin, s'éveilla dans sa tente aux cris qui le proclamaient empereur... Galba venait de mourir, et Othon s'était emparé du pouvoir ; mais, au lieu de l'avare et sévère maître qui venait d'expirer, l'armée voulait, non pas un autre despote, mais un camarade sorti de ses rangs et qui se montrât prodigue pour elle. Donc, sans donner au nouveau César le temps de changer de costume, sans même lui permettre de quitter la robe de chambre qui l'enveloppe, on lui place dans les mains l'épée de Jules-César, on le promène autour du camp, on le salue Auguste et maître du monde... Voilà Vitellius empereur ! Bientôt Rome s'empresse de ratifier ce choix étrange, en

obligeant Othon, vaincu dans les plaines de Bedriacum, à
se donner la mort. « Car après tout, dit Tacite, elle crai-
« gnait encore moins les lâches et voluptueux penchants
« de Vitellius que les fougueuses passions d'Othon [1]. »

Une fois à Rome, Vitellius, paisible possesseur de l'empire, prodigua l'or aux gardes prétoriennes, frappa de
proscription tout ce qui était riche et puissant, et ne cessa
point de manger et de s'enivrer du matin au soir, merveilleusement secondé, comme on l'a vu, dans son incurie
et dans son mépris du peuple romain, par sa femme
Galeria Fundana.

Assis près d'elle dans le *triclinium*, Vitellius, après son
déjeuner, se ressouvint des ordres qu'il avait donnés aux
licteurs et se fit amener son prisonnier. A la vue de celui-
ci, Galeria laissa échapper une exclamation de surprise, et
Lucius ne se sentit guère rassuré lorsque l'empereur demanda d'un ton sévère à l'impératrice :

« Vous connaissez donc ce traître? Où et comment
l'avez-vous vu? »

Galeria partit d'un long éclat de rire?

« Où et comment je l'ai vu? Hier, au cirque, où je l'ai
nommé sénateur pour le savoir-faire et l'adresse avec laquelle il noue les bandelettes de brodequins à la manière
tyrrhénienne.

— C'est encore là une de vos folies habituelles, Galeria ;
celle-ci est charmante, et je l'approuverais plus encore, j'en

[1] Tac., *Hist.*, I, 62.

rirais de meilleur cœur, si cet homme n'était un conspirateur déguisé. Un de mes espions, Asiaticus, a entendu hier
le scélérat avouer à un complice son déguisement et parler
de projets secrets contre la sûreté de l'empire.

— Si quelqu'un conspire contre la sûreté de l'empire, assurément ce n'est point moi, répliqua effrontément Lucius
en s'approchant de la table où se trouvait la desserte du
déjeuner impérial.

— Et qui donc? Parle, puisque tu le sais, parle, ou les
tortures sauront t'ouvrir la bouche.

— Il ne faudra point de bourreaux pour cela. Aulus
Vitellius, César, Auguste, empereur de Rome, je vous
dénonce une conspiration, une infâme conspiration contre
vous.

— Quel en est le chef? quels en sont les complices! demanda l'empereur épouvanté et retombant sur son lit.

— Le chef de cette conspiration est le cuisinier qui a préparé ce détestable ragoût et qui n'a point éprouvé de remords
en le servant sur la table impériale. Ses complices, ce sont
les marmitons qui ne vous ont point dénoncé l'ineptie d'un
pareil coupable.

— Comment! tu aurais le front de trouver mal préparé
un plat qui coûte deux mille sesterces! Tu ne vois donc pas,
misérable, qu'il consiste en un mélange précieux de foies
d'oiseaux, de laites de poissons et de cervelles de petits
animaux? Il a fallu, pour procurer tous ces trésors à mon
cuisinier, que des vaisseaux sillonnassent les flots depuis
les Colonnes d'Hercule jusqu'à la mer Carpathienne. Tu ne

sais donc pas que ce mets est le fameux pâté que j'ai nommé l'*Égide de Minerve*[1]?

— Le nom, le prix et les matériaux ne font rien à l'affaire, répliqua Lucius d'un air capable; ce mélange est détestable.

— Mais goûte-le donc, blasphémateur ! s'écria Vitellius exaspéré, goûte-le, et rougis de tes calomnies.

— D'abord, pour vous obéir, il faudrait qu'on me dénouât les mains. »

Galeria fit un signe, et à l'instant un esclave coupa les cordes qui tenaient captives les mains de Lucius. Alors celui-ci s'avança gravement vers la table, prit sur le bout d'une cuiller un peu de l'*Égide de Minerve*, le porta à ses lèvres et le rejeta presque aussitôt avec des signes de dégoût. Puis, se tournant vers l'esclave :

« Renoue-moi les mains ! dit-il ; j'allais offrir à l'empereur de devenir son cuisinier ! Mais le profane qui trouve mangeables de pareils ragoûts ne mérite pas que je travaille pour lui. Qu'on me mène à la mort. »

Vitellius et Galeria rirent aux larmes de cette boutade.

« Je suis curieux de te mettre à l'épreuve, savant critique, s'écria l'empereur. On va te conduire dans les cuisines, et tu m'y prépareras mon souper.

— Je ne le ferai point.

— Tu le feras ou tu mourras sous les verges.

— J'ai déjà demandé la mort plutôt que de commettre mon

---

1 Suéton., *Vitell.*, 9.

art avec un si mince connaisseur que vous, répliqua Lucius qui fit un geste à la fois emphatique et bouffon.

— Voyons, grand artiste ! Il faut entrer en composition avec toi. Quelle récompense veux-tu pour daigner consentir à me faire, ce soir, à souper ?

— L'impératrice m'a nommé sénateur et m'a donné un riche palais ; je n'avais fait, pour cela, que nouer son brodequin ; c'est à l'empereur à voir s'il se montrera moins généreux.

— Eh bien ! si tu réussis, je confirme tous les dons que t'a faits l'impératrice, oui, je te maintiens sénateur ; mais si tu échoues, tu périras dans les plus affreux supplices.

— J'accepte. Cependant vous ne prétendez point qu'un sénateur, qu'un artiste comme moi surtout, aille se livrer aux mystères de son art au fond d'une misérable cuisine avec des esclaves. Faites donner l'ordre à chacun dans le palais de m'obéir et de me préparer, dans des salles que je désignerai, tous les objets que je jugerai nécessaires à la confection de mon œuvre.

— Soit ! Va-t'en et mets-toi à l'œuvre ; il me tarde de jouir de ta honte et de ta déconvenue, dit l'empereur en se frottant les mains, et qui avait oublié tout à fait les rapports de son espion. Mais qui ose pénétrer ainsi dans le *triclinium ?* Ah ! c'est Asiaticus. Eh bien ! que viens-tu m'apprendre ?

— Je viens d'arrêter le complice de ce traître ; on l'a trouvé dans le cirque, ramassant les os des chrétiens livrés hier aux bêtes. Un ordre de ce Lucius lui a ouvert les portes de l'arène.

— Amenez-moi cet homme, » ordonna l'empereur.

Samuel Ananias se présenta devant l'empereur, hardiment et sans ostentation. Lucius s'efforçait de cacher son trouble et sa terreur sous un air dégagé que démentait la pâleur de son visage.

« Qui est-tu?

— Un juif.

— Comment te nommes-tu?

— Samuel Ananias.

— Que faisais-tu dans le cirque!

— J'y ramassais les os des martyrs mes frères.

— Tu es donc chrétien?

— Je suis chrétien.

— Connais-tu cet homme?

— Je sais qu'il se nomme Lucius.

— L'as-tu vu souvent?

— Deux fois seulement depuis que j'habite Rome : hier par hasard en me rendant au cirque, cette nuit dans son palais pour en obtenir la permission d'entrer dans les arènes.

— Tu le connaissais auparavant?

— Oui.

— Comment?

— J'ai été son esclave de guerre en Judée, se hâta de dire Lucius.

— Est-ce la vérité? M'en fais-tu le serment, Samuel?

— J'en fais le serment. Cet homme à Jérusalem a été mon esclave de guerre pendant six mois.

— As-tu pour complice cet homme dans la conspiration que tu ourdis contre moi? Comme chrétien, ta mort est certaine; tâche donc d'obtenir, par la sincérité de tes aveux, un adoucissement aux supplices. Ta sincérité peut même te valoir ta grâce.

— Je ne conspire point.

— Tu mens.

— Si j'avais voulu mentir, j'aurais sauvé ma tête en niant que je fusse chrétien.

— Cependant tu appartiens à une famille puissante de la Judée; tu étais à la tête d'une faction dans Jérusalem. Qu'es-tu venu faire à Rome?

— Consoler les chrétiens mes frères.

— Et les pousser à la révolte?

— Leur enseigner à prier pour l'empereur et pour ceux qui les persécutent.

—Emmenez cet homme, Asiaticus ; que les tortures le fassent parler. Quant à celui-ci, quant à ce Lucius, peut-être aura-t-il le même sort ce soir ; mais je veux auparavant confondre son impudence. Qu'on le garde prisonnier, mais qu'on lui procure tout ce qu'il demandera pour préparer mon souper. »

L'empereur, en donnant cet ordre, se leva et sortit appuyé sur le bras d'Asiaticus.

« Tu t'es trompé, mon adroit espion, dit-il à ce dernier ; pour cette fois ta sagacité se trouve mise en défaut, tu as mal compris ce que ces hommes se disaient. Le Juif est un de ces fous de chrétiens qui conspirent contre les statues de nos dieux, mais qui respectent les empereurs. Dans leur enthousiasme insensé, ils préféreraient la mort à un mensonge ; il nous a dit la vérité. Quant à l'autre, c'est un cuisinier grec, rien de plus, un esclave infatué de son mérite, mérite qui, du reste, peut être réel. Or, s'il est un grand cuisinier, il n'est pas un conspirateur ; car le possesseur d'un talent pareil, au lieu d'attenter aux jours de Vitellius, doit former des vœux au ciel pour leur prolongation. Vespasianus, celui qui revêtirait la pourpre des Césars si je succombais, ne dépense pas trente as pour son souper ; comment veux-tu qu'un cuisinier soit son partisan ? »

Tandis que l'empereur, après avoir quitté Lucius, traversait avec Asiaticus le vestibule, un soldat à cheval venait de s'arrêter devant le palais. Sa monture se trouvait tellement fatiguée, qu'elle s'abattit en cessant de courir et qu'il fallut aider et débarrasser cet homme presque écrasé

de dessous l'animal expirant. A peine debout et encore tout
étourdi de sa chute, le soldat n'en demanda pas moins avec
instance à paraître devant l'empereur. Vitellius s'avança, et
le courrier, s'agenouillant, lui remit des tablettes qu'il portait dans son sein. Ces tablettes contenaient des dépêches de
l'armée qui campait sous Vérone. Elles annonçaient une
nouvelle victoire remportée sur les troupes impériales par
Primus, victoire aussi brillante pour les soldats de Vespasianus que pleine de honte pour leurs adversaires; car les premiers ne comptaient que quatre mille cinq cents morts,
tandis que les autres avaient vu périr leur général Valens et
trente mille soldats.

« Que l'on mette ce menteur en croix, dit l'empereur en
désignant le courrier. Il m'apporte des dépêches fausses
et inventées par quelques-uns de mes ennemis pour troubler mon repos ; mais, grâce à Jupiter, ma crédulité ne va
point jusqu'à croire de si grosses absurdités[1]. »

Et il rentra dans l'intérieur du palais, sans vouloir écouter
davantage le courrier, dont s'emparèrent les licteurs pour
le conduire au supplice.

Cependant Lucius travaillait à préparer le souper de l'empereur et semblait ne s'être jamais occupé d'autre chose,
tant il déployait d'habileté, d'adresse et de promptitude
dans ses différentes combinaisons culinaires. Seul dans
une vaste pièce du palais, choisie par lui-même, et au
milieu de laquelle il avait fait disposer plusieurs fourneaux,

---

[1] Dion. l. LXV, c. VIII.

il ne souffrait point que d'autres que lui pénétrassent dans ce laboratoire improvisé et pussent assister à ses mixtions gastronomiques. Seulement, de temps à autre, il venait sur le seuil donner des ordres aux esclaves de la bouche impériale, et ceux-ci lui apportaient les objets qu'il demandait ou préparaient les mets qui ne demandaient pas, pour leur confection, les soins spéciaux de l'artiste.

Malgré sa défense expresse de ne laisser entrer personne jusqu'à lui, la porte de la chambre où Lucius se tenait s'ouvrit néanmoins mystérieusement pour laisser entrer une femme voilée.

Arrivée près de Lucius, cette femme releva son voile; c'était l'impératrice Galeria Fundana.

« Jeune homme, dit-elle, ton adresse, ton courage et ta présence d'esprit me font éprouver pour toi le plus vif intérêt. Tu t'es jeté dans une entreprise hasardeuse, et dans laquelle tu ne peux réussir. Je viens de t'assurer les moyens de fuir de ce palais et de sortir de Rome. L'empereur va se rendre au sénat; j'ai gagné le chef des esclaves. Il a fait éloigner, sous divers prétextes, tous ceux qui entouraient cette chambre. Alors je suis accourue, j'ai pénétré jusqu'à toi sans que personne pût me voir. Profite donc de leur éloignement, fuis, prends ce déguisement et que les dieux te conduisent.

— Vous quitter, m'éloigner de vous, quand vous daignez prendre intérêt à ma vie ! Non, je serais indigne de votre noble protection si je fuyais... Mon souper sera exquis, continua-t-il avec gaieté et en agitant un des vases dans lesquels cuisaient ses ragoûts. L'empereur, lorsqu'il aura goûté de mes chefs-d'œuvre, loin de songer à me faire périr, me nommera consul pour le moins... Mais qui frappe à ma porte?

— Ouvre, Lucius ; c'est moi, » répondit la voix de l'empereur.

Galeria pâlit.

« Nous sommes perdus ! nous sommes perdus !

— Rassurez-vous ! faites silence, et ne désespérez de rien, » murmura Lucius d'une voix basse et rapide.

Puis il reprit en élevant le ton :

« Hors d'ici ! vil esclave… Gare à toi si je sors ! Les verges me feront justice de toi.

— Parler ainsi à l'empereur ! s'écrièrent avec indignation ceux qui suivaient Vitellius.

— L'empereur n'est point là, continua Lucius ; mais fût-ce lui-même qui vînt frapper à cette porte, je lui répondrais : Empereur, si je me dérange pour t'ouvrir, ton souper sera gâté ; reste donc à la porte.

— Il a raison, dit Vitellius qui humait avec délices, de toute la force de ses larges narines, les parfums culinaires dont les émanations arrivaient jusqu'à lui. Il a raison ; respectons le cuisinier à l'œuvre ; il est empereur dans sa cuisine comme je le suis dans Rome. Oh ! les délicieuses odeurs et quel souper elles me promettent ! A quelle heure seras-tu prêt à servir, Lucius ?

— Quand mon souper sera fini !… Croyez-vous que je veuille compromettre quelque cuisson pour vous empêcher d'attendre ? Mais hors d'ici ! car toutes ces conversations me troublent, et par Comus ! voici des cervelles de gelinottes que j'ai salées deux fois. Si vous voulez faire un souper digne de la plus mauvaise taverne de Rome, vous n'avez qu'à demeurer là. »

Vitellius, effrayé de cette menace, s'éloigna non-seulement, mais fit éloigner tout le monde, à l'exception des esclaves chargés de servir Lucius. Celui-ci trouva moyen, par divers ordres, de se débarrasser d'eux. Puis, revenant à l'impératrice :

« Maintenant, partez, tout péril a cessé. Les dieux veillent

sur vous pour la divine protection que vous êtes venue
m'offrir. »

L'impératrice sortit sans que personne pût la voir, et Lucius se remit à ses fourneaux.

Malgré sa menace de faire attendre son souper à l'empereur, Lucius, dès la dixième heure, debout dans le triclinium, donnait les derniers ordres aux esclaves qui servaient
ce repas, et allait lui-même prévenir l'empereur qu'il pouvait prendre place sur le lit. Sitôt cette bonne nouvelle reçue, Vitellius se hâta d'accourir accompagné de Galeria et de
son favori Asiaticus. Mais Lucius refusa l'entrée du triclinium à ce dernier.

« Empereur, dit-il, si cet affranchi met le pied dans la
salle comme convive, je te jure par Bacchus, par Comus et
par Cérès, de renverser à l'instant la table ! Crois-tu qu'un
disciple du célèbre Aristélès, cuisinier de Lucullus, con-
sente à livrer à des dents mercenaires les sublimes mets
préparés pour une bouche impériale? non. Hors d'ici!
va, misérable, flairer l'odeur de graisse qu'exhale la boutique d'un rôtisseur en plein vent ; cela est encore trop bon
pour toi !

— Asiaticus, dit l'empereur en riant de cette scène, il
faut céder aux caprices de celui qu'un dieu inspire ; le talent
fait tout pardonner, et ces parfums m'apprennent que Lucius est le plus grand cuisinier de la terre. Va-t'en souper
chez toi. »

Puis, sans tenir compte de la rougeur et de la honte de
son espion, Vitellius courut au lit, s'y jeta et saisit de ses

mains tremblantes d'émotion un des ragoûts préparés par Lucius. A voir l'empereur humer ce plat, le dévorer des yeux et y plonger les doigts, personne n'aurait pu se soustraire à un sentiment de dégoût et de mépris.

« Sublime ! s'écriait-il. Admirable ! Digne des dieux ! c'est à rendre Jupiter jaloux. Le nectar et l'ambroisie ne doivent point valoir ce mélange de cervelles, de truffes et de foie ! Sénateur Lucius, le palais que t'a donné l'impératrice t'appartient, ainsi que trois autres, ainsi que six autres ! Tu n'as qu'à me les demander.

— Et pourtant, fit en soupirant Lucius, et pourtant, il existe un mets plus exquis encore !

— Et pourquoi ne me l'as-tu point servi ? Lucius ! Prépare-le à l'instant même ; dans une heure je pourrai recommencer à souper.

— Cela est impossible, répondit gravement Lucius.

— Impossible !

— Oui, ce mets est le secret du Juif que tu as fait jeter en prison ce matin ; malgré mes instances, il n'a jamais voulu m'en confier la recette.

— Qu'on le mette à la torture jusqu'à ce qu'il l'ait dite.

— Je le connais, les tortures ne le feront point parler.

— Il le faudra pourtant bien.

— Je ne sais qu'un moyen d'obtenir de lui son secret.

— Lequel ? dis-le. N'importe ce qu'il demandera, je le lui accorde d'avance.

— Promettez-lui sa liberté.

— Oui, et une fois son secret connu, on le retiendra en prison.

— Non, c'est un favori de Comus, et il ne faut point irriter ce dieu contre nous. Signez l'ordre que je vais écrire de le mettre en liberté, et demain, à votre déjeuner, si je ne vous sers pas un mets divin, livrez-moi aux bourreaux.

— Je leur livrerais plutôt le sénat entier, repartit l'empereur, qui achevait de dévorer un autre plat servi par Lucius. Un homme comme toi aux bourreaux ! Tu mériterais que je te fisse décerner les honneurs du triomphe. Va donc mettre ton Juif en liberté, et songe au déjeuner que tu me promets pour demain... »

Lucius se rendit sur-le-champ dans les cachots où, chargé de fers, Samuel n'attendait plus que les supplices.

« Lève-toi, lui dit Lucius, viens ; je t'apporte ta liberté. Nous voilà quittes maintenant.

— Si ma vie n'était point utile à mes frères, je t'en voudrais de m'ôter la palme du martyre ; mais j'ai des faibles à soutenir et des souffrants à consoler. Merci donc, Lucius. Quelle preuve veux-tu de ma reconnaissance ?

— Recommande aux prières des chrétiens Vespasianus et moi.

— Est-il possible ? s'écria Samuel en levant les mains au ciel. Quoi ! mes sens ne m'abusent-ils point ? Lucius demande les prières des chrétiens pour lui et pour son...?

— Silence ! n'achève pas ! Feras-tu ce que je te demande ?

— Je te le promets au nom de Jésus, mort sur la croix. »
Et ils se séparèrent.

« Mon Dieu ! pensait Samuel, mon Dieu ! serait-il donc
vrai ? Les temps de persécutions vont-ils finir ? Votre loi doit-
elle briller désormais libre et sans contrainte ? Celui qui va
revêtir la pourpre impériale quand Vitellius succombera
renversera-t-il l'aigle romaine pour mettre à la place la
croix, symbole du salut du monde ? Vespasianus chrétien !
Mon Dieu, que vos voies sont infinies et miséricordieuses ! »
    « Va, disait pendant ce temps-là Lucius, va, Samuel Ana-

nias ; sans t'en douter, tu serviras désormais mes projets
d'une manière victorieuse. Les chrétiens vont bénir le nom
de ton libérateur et prier pour Vespasianus. Quand je les ap-
pellerai aux armes, ils accourront tous à ma voix. Dans l'élan
de ta reconnaissance, proclame mes bienfaits, ordonne des
prières!... Chacune de tes paroles conquerra de nombreux
partisans à Vespasianus et à moi... Une fois au pouvoir, nous
nous verrons alors face à face ; car je hais tes doctrines sévères qui tendent à faire des Romains des hommes et non
des esclaves. Or ce sont des esclaves que je veux, moi ! »

VI

Le lendemain, Lucius tint parole à Vitellius, et lui servit
un déjeuner tellement exquis, que, dès ce moment, aucun
des familiers de l'empereur, Asiaticus lui-même, ne put ba-
lancer le crédit du nouveau cuisinier. Dès lors, ce dernier
profita de la faveur dont l'accablait le gourmand couronné
pour écarter du palais tous ceux qui le gênaient dans ses
desseins. Bientôt aucun des serviteurs fidèles de l'empereur
ne put approcher de sa personne et l'éclairer sur les dangers qui le menaçaient ; parfois si quelqu'un, au péril de
sa tête, persévérait à tromper la vigilance de Lucius et
parvenait jusqu'à l'empereur, celui-ci, que son cuisinier
tenait constamment plongé dans un état presque complet d'ivresse, riait des terreurs qu'on lui témoignait, et ne
voulait pas croire un mot des dangers trop réels qui s'amas-

saient sur sa tête. Il distribuait, pour dix années, les charges de cet empire qui lui échappait, donnait des spectacles au peuple, livrait les chrétiens aux supplices et passait sa vie à table. Lorsque parfois, dans ses rares moments de joie et de timidité d'esprit, il voulait faire quelques efforts pour s'opposer aux progrès toujours rapides de Vespasianus, Lucius venait à lui, tenant d'une main une amphore et de l'autre quelque nouveau ragoût. Alors Vespasianus, ses victoires, l'empire, tout était oublié.

Cependant la Campanie se révoltait, la flotte de Misène passait à Vespasianus, et Primus, après avoir franchi les Apennins, voyait se ranger sous ses aigles presque toute l'armée d'Italie. Il fallut bien enfin que Vitellius, en face de si grands revers, ouvrît les yeux et connût la vérité. Mais cet homme, qui, dans sa jeunesse, avait été un soldat courageux, ne sut que répandre des larmes et demander conseil à son cuisinier.

Lucius lui répondit gaiement :

« Qu'importe l'empire et les soucis qu'il cause ! Une vie douce, sans inquiétude, et même dans la mollesse, à table et parmi les plaisirs de toute espèce, ne sont-ils pas préférables ? Vespasianus veut la pourpre impériale ? Donnez-la-lui en échange d'un revenu de cent millions de sesterces, que vous dépenserez en délicieux festins. Nous nous retirerons en Campanie, et là, sous un ciel délicieux, nous ne vivrons plus que pour les plaisirs et la gourmandise.

— Tu as raison, s'écria l'empereur. Va porter ces propositions au préfet de Rome Sabinius, beau-frère de Vespasianus; dis-lui qu'il les transmette au centurion Primus, et qu'il se hâte de me rendre une réponse favorable[1]. »

Lucius se chargea lui-même de porter ces propositions au préfet de Rome. Dès que ce dernier l'aperçut :

« Vous ici ! s'écria-t-il, vous sous ces habits de sénateur ! Vous estimez donc bien peu votre vie pour la jouer ainsi ? »

Lucius lui recommanda le secret par un geste rapide et mystérieux.

« Aucun danger ne me menace ; je viens de la part de l'empereur Vitellius ; il vous charge de transmettre aujourd'hui même au centurion Primus, qui se trouve à quatre lieues de Rome, les propositions que voici. »

Sabinus ne pouvait en croire ni ses oreilles ni ses yeux.

« Il renonce à l'empire? il offre de se dépouiller de la pourpre en faveur de Vespasianus... Et c'est vous, vous qui venez m'apporter un pareil message! Ma raison se perd au milieu de tant de choses merveilleuses et inexplicables.

— Ne vous en hâtez pas moins d'accomplir les ordres que je viens de vous transmettre. Adieu; l'empereur et moi nous attendons avec impatience la réponse de Primus. »

Cette réponse ne se fit point attendre et fut favorable, comme on se le figure aisément. Vitellius en témoigna la plus grande joie, et l'on vit alors le spectacle le plus étrange dont le Forum eût jamais jusque-là été le témoin. Le quatrième jour des ides de décembre, arriva sur la place publique l'empereur Vitellius vêtu de deuil, et appuyé sur son

---

[1] Tacite, *Hist.*, 1, 74.

cuisinier, dont il ne voulut point se séparer dans ce moment
critique. Le peuple accourut de toutes parts et prêta son attention à l'empereur qui venait de monter à la tribune.

« Romains, dit-il, les infirmités m'accablent; j'ai besoin
de repos, et les rênes de l'empire demandent pour être te-
nues dignement des mains plus fermes que les miennes. »

En disant cela, il étendit et montra à tous les regards ses
mains énervées par l'intempérance.

« Je viens donc me démettre devant vous de la couronne

impériale. Vespasianus, plus robuste et plus actif, vaudra
de plus heureuses destinées à l'empire. Salut à l'empereur
Vespasianus ! »

En poussant cette exclamation, il portait les bras en l'air
et les agitait avec enthousiasme. Mais aucune voix ne s'éleva
parmi le peuple pour répéter ces paroles, et un silence de
mort, puis un murmure sourd, comme le bruit des vagues,
suivirent la harangue de l'empereur.

Tout à coup ce murmure éclata en mille cris confus. C'é-
tait Asiaticus et de nombreux agents gagnés par lui, qui
parcouraient la foule et distribuaient l'or à pleines mains.
« Si Vespasianus règne, disaient-ils, adieu les spectacles du
cirque, adieu les distributions de vivres et de vêtements,
adieu les plaisirs et les fêtes. Vespasianus mettra des impôts sur tout, comme il l'a fait en Judée. Il est avare, despote, cruel, ami des nobles et ennemi du peuple. Tout sera
pour les sénateurs et pour les chevaliers, rien pour vous.
Mort à Vespasianus. Salut et gloire à l'empereur Vitellius ! »

Ces discours se propageaient parmi les citoyens réunis
dans le Forum, et bientôt ceux-ci les répétèrent hautement
et s'exprimèrent en faveur de Vitellius et contre celui qu'il
proclamait lui-même empereur. En ce moment, Sabinus, qui
venait de prendre possession du Capitole au nom de son
beau-frère, parut à cheval dans le Forum. Aussitôt Asiaticus
et les siens dispersèrent la petite escorte du préfet, qui marchait sans défiance, se jetèrent sur lui, le percèrent de vingt
coups de poignard et s'écrièrent à haute voix :

« Les dieux protègent l'empereur Vitellius ! »

Ce fut comme un signal ; cent mille voix répétèrent l'exclamation d'Asiaticus ; on enleva l'empereur de la tribune,
on le dépouilla de ses habits de deuil, et revêtu de la pourpre impériale on le porta en triomphe dans toute la ville. On
alla visiter avec lui les temples ; on immola des victimes aux
dieux ; on renversa les statues élevées à Vespasianus pour
les traîner honteusement dans la boue ; enfin l'on finit par
prendre d'assaut le Capitole, auquel on mit le feu, et par
massacrer tous ceux que l'on accusait de se montrer les
partisans de Vespasianus. Ces transports de joie et d'enthousiasme pour l'empereur durèrent jusqu'à la nuit close,
moment où le peuple, las de crier, de se promener, de
massacrer et d'incendier, ramena Vitellius dans son palais.

Le premier soin de celui-ci, pâle de terreur et mourant de
faim, fut, non d'aller rassurer l'impératrice, mais de demander son cuisinier, dont il se trouvait séparé depuis son triomphe. On ne put trouver nulle part le soi-disant artiste grec,
et force fut à l'empereur de se contenter d'un souper in-
signifiant qu'on lui prépara à la hâte.

Ce malheur n'était point le seul que les dieux réservaient
à Vitellius. Non-seulement il lui fallut se résigner désormais
aux ragoûts que lui préparait un cuisinier ordinaire, mais
encore s'occuper des affaires publiques qui devenaient de
jour en jour plus alarmantes. Malgré une victoire remportée dans la Campanie sur Primus par le frère de l'empereur, l'armée du premier de ces généraux n'en revint pas
moins bientôt camper sous les murs de Rome. Quand l'empereur sut que la ville était investie, il envoya des légats et

des vestales demander la reprise des négociations. Mais Primus et Cerealis, son collègue, réunis à un jeune homme vêtu
de pourpré, et dont chacun semblait reconnaître l'autorité,
répondirent que le meurtre de Sabinus avait rompu les négociations pour toujours[1].

VII

Le lendemain, dit l'historien Josèphe, l'armée de Vitellius
vint à la rencontre de celle de Primus ; la bataille se donna
et la mêlée s'engagea en trois endroits, au milieu même de
Rome[2]. Le peuple, ajoute Tacite, assistait à ces combats,
comme il l'eût fait à un spectacle, et du haut des fenêtres et
des toits où il se tenait placé, il applaudissait aux vainqueurs
et huait les vaincus. Cinquante mille hommes périrent, et la
bataille dura trois jours.

Alors, quand il ne resta plus d'espérances, un homme qui
s'était, pendant la bataille, tenu caché dans un des coins du
palais impérial, sortit de ce palais, complétement ivre, et dans
l'état où pouvait être un homme qui, même dans cette extrémité (c'est encore l'historien Josèphe qui parle), « ayant,
« selon sa coutume, demeuré longtemps à table, dans le
« plus grand excès de bonne chère que le luxe puisse inven-
« ter, n'avait point mis de bornes à sa gourmandise[3]. »

<hr>

[1] Tacite, *Hist.*, I, 74.
[2] Josèphe, *Guerre contre les Romains*, IV, xi.i.
[3] *Ibid.*

Cet homme, c'était Vitellius !

Ne sachant de quel côté diriger ses pas pour éviter la mort, il les porta vers la voie Suburane. Comme il errait dans ce quartier, cherchant un asile qu'il n'osait demander, un homme passa, le reconnut et l'appela par son nom :

« Aulus Vitellius ! »

Vitellius tomba sur ses genoux et tendit les mains à cet homme pour lui demander grâce. Mais, en le regardant, sa terreur s'accrut encore ; car il reconnut le Juif qu'il avait fait mettre naguère à la torture comme chrétien ; c'était Samuel Ananias.

« Relève-toi, lui dit le jeune homme, et calme ton épouvante. Je veux te sauver et t'offrir un asile. Entre dans cette maison que j'habite. Tu as fait tant de mal à mes frères et à moi, que personne ne pourra soupçonner que mon toit te sert de refuge. Viens. »

Vitellius le suivit en lui prodiguant les témoignages les

plus vils d'une reconnaissance abjecte, et demeura dans la maison de son sauveur jusque vers la sixième heure. Alors, comme il venait de faire un repas assez mauvais et qu'il se préparait à dormir, car rien ne pouvait interrompre les besoins matériels de cette ignoble créature, il entendit dans la rue un grand bruit de trompettes, d'armes, de chevaux, et, avant d'avoir le temps de se cacher, il vit passer soudain, sous ses fenêtres, un corps de soldats commandé par un jeune homme vêtu de pourpre. O surprise ! il reconnut, non sans joie, dans ce jeune homme, son ancien cuisinier Lucius. Aussitôt, oubliant les périls qu'il courait, il ouvrit la fenêtre et il appella de toutes ses forces Lucius, son cher Lucius !... Ce fut en vain, sa voix n'arriva pas jusqu'aux cavaliers.

« Les dieux ont enfin pitié de moi ! s'écria-t-il ; mes partisans ont repris le dessus, puisque Lucius se trouve à la tête d'un corps de troupes et revêtu de la pourpre de général. Il faut que je retourne à mon palais, car c'est là sans doute que va me chercher ce fidèle serviteur. »

Et le voilà qui, sans même prévenir son hôte du projet insensé qu'il médite, abandonne, demi-nu, l'asile sûr où l'avait recueilli Samuel, pour courir, à travers les rues de Rome, jusqu'à son palais.

Il trouva ce palais désert, sans un gardien, sans un esclave. Alors sa folle confiance et son espoir ridicule l'abandonnèrent pour faire place à la plus lâche épouvante. Peut-être encore il eût pu regagner la maison de Samuel ; mais les forces lui manquèrent ; il tomba défaillant, et à peine sut-il se traîner jusqu'à la loge du portier. Cette loge était une espèce de niche pratiquée sous le vestibule, et dans laquelle on avait coutume d'enchaîner un esclave[1]; l'esclave avait brisé sa chaîne. Là Vitellius passa deux heures au milieu des plus grandes angoisses et finit par voir arriver une foule immense de soldats ; ils accouraient prendre possession du palais impérial au nom de Vespasianus.

Vitellius resta caché dans sa niche, que personne ne songea à visiter, et peut-être aurait-il pu échapper à la mort, quand le jeune homme qu'il avait vu naguère à la tête d'une troupe de cavaliers, et qu'il avait reconnu pour son cuisinier, Lucius, entra suivi d'un brillant cortège.

« Lucius, Lucius, s'écria le malheureux empereur, Lucius, sauve-moi ! sauve-moi ! »

A ces cris les soldats se précipitèrent vers la loge du portier, en arrachèrent Vitellius et l'amenèrent aux pieds de leur chef.

« Lucius, répétait toujours l'infortuné, Lucius, sauve-moi ! »

Mais Lucius se prit à rire avec une ironie amère.

« Vitellius, lui dit-il, sais-tu le véritable nom de ton ancien cuisinier ? Si tu l'ignores, apprends-le : je suis Titus Flavius Sabinus Domitianus, fils de Vespasianus. »

A ce nom, Vitellius, qui s'était soulevé sur ses genoux, retomba comme frappé d'un coup mortel.

« Gardes prétoriennes, ajouta Lucius Domitianus en pous-

[1] Pétrone.

sant Vitellius du pied, emparez-vous de ce misérable, liez-
lui les mains derrière le dos, dépouillez-le de ses vêtements
et qu'on le mène aux Gémonies. Si durant le trajet il
ne levait pas la tête, piquez-lui le menton de la pointe
de vos épées; il faut que le peuple le reconnaisse bien
pour Vitellius. Arrivés aux Gémonies, en présence du cadavre de mon oncle Sabinus, si lâchement tué par ses
ordres, vous le mettrez à mort, lentement et au milieu
de toutes les tortures que vous pourrez inventer. Allez. »

Les soldats entraînèrent la victime qu'on leur livrait,
et Lucius Domitianus se trouvait presque seul, sous le
portique du palais, quand un homme s'avança vers lui;
c'était le Juif Samuel Ananias.

« Que me veux-tu? lui demanda brusquement le fils de
Vespasianus. Ne sommes-nous point quittes? N'ai-je point
sauvé tes jours comme tu avais sauvé les miens?

— Je viens solliciter de vous un nouveau bienfait, une nouvelle grâce, Domitianus, en échange du secret que je vous ai gardé.

— Que me veux-tu?

— La permission de rendre les devoirs de la sépulture aux restes de Vitellius. »

Domitianus regarda Samuel avec surprise.

« Tu es donc bien fidèle au malheur!... Écoute, je ne crois pas à la vertu; cependant ta vertu m'étonne et me subjugue. Attache-toi à ma fortune, et les destins les plus brillants t'attendent, quand j'aurai réalisé les glorieux projets que je nourris dans mon cœur.

— Que peut encore désirer Domitianus, le second dans Rome après son père?

— Tu le dis toi-même!... Je ne suis que le second, répondit d'une voix sombre et avec un regard terrible Domitianus. Je ne suis que le second !... Et encore y a-t-il, entre mon père et moi, Titus, ce frère que je déteste! — Voyons, ajouta-t-il, après un court moment de silence, acceptes-tu mes offres, Samuel?

— Je ne puis servir qu'un seul maître : Dieu ! répliqua le chrétien.

— Va donc ensevelir ton cadavre, pauvre homme à petite intelligence; va prier avec tes esclaves qu'on livre aux bêtes, et tes vieillards et tes femmes, qui ne savent que soigner des malades. »

Et quand Samuel se fut éloigné, il reprit :

« Je ne suis que le second dans Rome; oui... Mais dans

quelques années je serai le premier... Mon père est vieux et usé par la fatigue... Quant à Titus, quant à mon frère, je sais comment Néron hérita de Britannicus. »

En effet, Domitianus devint empereur de Rome l'an 84 de l'ère chrétienne, douze années après les événements dont on vient de lire le récit. On sait par quel fratricide il acheta la couronne.

La même année, Samuel Ananias souffrit le martyre pour la foi chrétienne et fut livré aux bêtes du cirque.

———

Il reste à faire connaître la destinée de Galeria Fundana, femme de Vitellius.

Cachée dans la maison d'une de ses affranchies qui lui donna fidèlement un asile jusqu'à l'arrivée de Vespasianus à Rome, elle accourut au-devant de cet empereur, se jeta à ses genoux et lui demanda grâce pour elle.

« Que grâce vous soit faite, répondit l'austère vieillard, je ne fais point la guerre aux femmes. Vous avez naguère, ajouta-t-il avec un sourire plein d'ironie, servi de protectrice à Domitianus mon fils ; que Domitianus devienne à son tour votre protecteur. »

Galeria Fundana quitta les genoux de l'empereur pour aller embrasser ceux de Domitianus.

« Je n'ai plus d'inquiétude pour mon sort ! s'écria-t-elle, puisque c'est vous qui devez en décider. »

Domitianus releva cette femme et laissa s'éloigner l'em-

pereur et son cortége. Quand ils eurent disparu et que personne ne put les entendre :

« Galeria Fundana ! lui dit-il, écoute bien mes paroles :
tes palais, tes esclaves, tes trésors te seront rendus !.... je
fiancerai ta fille Glyceria au fils du consul Drusus. »

Galeria saisit la main de Domitianus qu'elle baisa avec
des transports de joie et de reconnaissance. Pendant ce
temps, le jeune homme la regardait comme un tigre regarde la proie qu'il va dévorer.

« Retourne donc en paix dans ton palais qui t'est rendu !
reprit-il ; tu y verras jusqu'où Domitianus a pris soin de te
débarrasser des ennuis et des inquiétudes maternelles.
Adieu ! »

Il y avait tant de cruauté moqueuse dans ces dernières
paroles, que l'infortunée tressaillit.

« Arrêtez ! s'écria-t-elle, arrêtez ! car vous ne m'avez
point parlé de mon fils, de cet enfant infirme et presque
muet. Il ne peut vous inspirer d'ombrage : protégez-le
comme vous protégez sa mère et sa sœur ! Domitianus,
au nom de Jupiter ! protégez-le.

— Votre fils n'a pas besoin de ma protection, » répondit froidement le jeune homme qui s'éloigna sans vouloir
parler davantage.

Poursuivie par d'affreux soupçons, Galeria Fundana se
hâta de courir au palais impérial... Une grande foule se
pressait devant le portique, où des esclaves venaient de
déposer sur le seuil une litière recouverte d'un voile sanglant. Galéria souleva précipitamment ce voile... c'était

le cadavre de son fils, pauvre enfant idiot, percé de dix
coups de poignard.

En ce moment des cris retentirent et saluèrent de toutes
parts le fils du nouvel empereur, car Domitianus passait
devant le palais... Il jeta un regard sous le portique, non
pour plaindre la mère dont il venait de faire égorger l'enfant, mais pour s'assurer si sa victime était bien morte,
et il continua sa route.

« Salut à Domitianus ! s'écria la populace toujours
cruelle. Répète nos acclamations, Galeria Fundana ! crie
avec nous : Salut à Domitianus ! ».

Et ces misérables l'entouraient, et ils la menaçaient, et
ils levaient sur elle leurs poignards.

Galeria Fundana, glacée de terreur, se souleva... Appuyée d'une main sur la litière sanglante, elle répéta, les
yeux égarés et d'une voix brisée :

« Salut à Domitianus ! »

La foule applaudit, et Domitianus passa.

CHAPITRE VII

L'ANGE DES WILLIAMS

'où provient ce beau casque du douzième siècle ? demandai-je en parcourant une autre division de la galerie.

— Il a appartenu au roi Richard Cœur-de-Lion, me répondit Tsoui-tsine, et ce bouclier qui le supporte provient de Williams Longue-Barbe.

— Williams Longue-Barbe est une des plus grandes figures de l'histoire d'Angleterre, dit M. Forbes, et son histoire se trouve encore populaire jusque dans les moindres bourgades des Trois-Royaumes.

Retenu deux ans prisonnier par l'empereur d'Allemagne, le roi Richard Cœur-de-Lion, dès qu'il arriva en Angleterre et qu'il reprit possession de son trône, ne s'occupa plus que du seul projet de se venger, et il résolut de punir le premier, Philippe, roi de France, dont les calomnies, les intrigues et les menées frauduleuses avaient non-seulement prolongé cette captivité, mais encore troublé, par tous les moyens possibles, la paix de l'Angleterre.

Il partit donc pour la Normandie, ôta le commandement de cette province à son frère Jean, et ne tarda point à se trouver, avec des forces considérables, en présence du roi son ennemi, qui s'avançait à la tête de ses troupes. La rencontre eut lieu dans la Saintonge, près de Niort.

Pendant la nuit, les deux armées campèrent l'une devant l'autre, séparées seulement par une petite rivière, et le lendemain au point du jour chacun prépara ses armes pour combattre.

Déjà les cavaliers montaient à cheval et les fantassins cherchaient les endroits guéables de la rivière, lorsque soudain, à la grande surprise des gens d'armes, on entendit un chant religieux s'élever entre les deux camps, et l'on vit arriver une procession nombreuse d'évêques, d'abbés, de prêtres et de religieux de différents ordres. Il s'arrêtèrent sur le bord de la rivière, et, après avoir élevé un autel de gazon sur lequel ils placèrent le Saint-Sacrement, tous se mirent à genoux et commencèrent à chanter des psaumes. Après ces prières publiques, les évêques de Troyes et de Niort donnèrent leur bénédiction aux soldats et se rendirent, le premier dans la tente du roi de France, le second près du roi d'Angleterre, pour les supplier de différer un combat qui devait désoler le pays et causer la mort de tant de braves gens. Ils aidèrent à leurs supplications en proposant plusieurs arrangements qui pouvaient terminer la guerre.

Richard accueillit ces prières avec faveur et consentit à faire quelque concession; mais Philippe se montra dur et inflexible.

— Je ne quitterai l'épée, s'écria-t-il, qu'après avoir reçu le serment de vasselage du roi Richard pour les provinces de Normandie, de Guyenne et du Poitou, qui relèvent de moi.

Il parlait ainsi parce qu'il croyait avoir attiré dans son parti, à force de promesses et d'or, les Danois, qui lui avaient juré de ne point charger à l'encontre des siens. Mais lorsqu'au moment d'en venir aux mains, il vit cette espérance déçue et les Champenois se couvrir la tête de leur casque pour marcher au combat, sa rudesse et son inflexibilité se changèrent en frayeur; il fit rappeler l'évêque de Niort et l'envoya près de Richard lui dire qu'il déclarait ce prince quitte de tout vasselage s'il voulait signer la paix.

Quand le prélat et les siens rencontrèrent le monarque anglais, celui-ci, le casque en tête et l'épée à la main, venait de passer la petite rivière qui séparait les deux camps, et, sans prendre garde à l'évêque qui s'avançait pour lui parler, il se tourna vers les archers afin de leur donner l'ordre de

lancer les premières flèches ; le prélat courut à l'autel, saisit
le Saint-Sacrement et revint se placer en face du roi, auquel
il barra le passage :

—Au nom du sang que le Christ a répandu pour nous sur
la croix, s'écria-t-il, au nom du salut de votre âme, sire,
n'allez pas plus loin et prenez pitié de nos larmes et de nos
angoisses. Le roi de France déclare qu'il renonce à toute
prétention relativement au vasselage de vos provinces, et
il se retirera aujourd'hui même sur le territoire de son
royaume.

Richard jeta un regard belliqueux sur son armée, et plein
de confiance et d'orgueil il donna de l'éperon à son cheval
pour le faire avancer, oubliant, dans son ardeur guerrière,
que l'évêque était là devant lui. Le vieux prélat, heurté par

le destrier, tomba rudement à terre, et le saint ciboire
qu'il tenait s'échappa de ses mains et se brisa contre le
tronc d'un arbre. A la vue de l'hostie sainte gisant sur le

limon de la rive et en présence du vieillard·évanoui, un murmure de mécontentement s'éleva dans toute l'armée : Richard n'en voulut pas moins avancer de nouveau, mais l'évêque se releva, le visage ensanglanté, les vêtements souillés de boue, et s'écria :

— La paix! sire, la paix! au nom du Christ.

— La paix! la paix! répétèrent tous les prêtres et tous les religieux.

Un éclair de rage brilla dans l'œil de faucon du roi.

— En avant, cria-t-il, en avant, gens d'armes!

— En avant! répondit l'armée.

— Pour avancer, vous foulerez donc sous les pieds de vos chevaux un vieillard et le corps du Dieu vivant! fit l'évêque en montrant l'hostie.

— En avant!

Mais à ce cri du roi aucune clameur ne répondit plus cette fois, car tous reculaient devant une si grande profanation. L'évêque, les prêtres et les moines profitèrent de cette hésitation pour répéter :

— La paix! sire, la paix! sire.

Le roi jeta sur ses soldats un regard d'indignation et de mépris.

— Puisque les gens d'armes pensent comme les prêtres; puisqu'ils ont peur de bosseler leurs cuirasses et de gâter leurs heaumes... soit! la paix! Que le roi Philippe vienne me trouver et que les conditions du traité se règlent sur l'heure.

Quelques instants après, le roi de France arriva, suivi de

quelques hommes d'armes seulement. Encore leur fit-il signe de s'arrêter à l'entrée du camp. Puis, mettant pied à terre, il marcha droit à la tente de Richard, et avant que celui-ci eût eu le temps d'avancer pour le recevoir :

— Richard, dit Philippe avec une grâce et une courtoisie pleine de charmes, je viens seul à vous, non pas en roi, mais en frère, comme il convient à un prince chrétien qui renonce à toute intention de guerre et qui n'a plus qu'un seul désir, celui de mériter votre amitié.

La colère et le ressentiment du roi d'Angleterre ne surent point résister à ces paroles dorées ; elles suffirent pour lui faire oublier la trahison de Philippe : trop loyal pour douter de la loyauté d'un autre, il passa son bras sous le bras du roi de France, et ce fut ainsi qu'ils sortirent de la tente et qu'ils se montrèrent aux deux armées.

A cette vue, des cris de joie s'élevèrent de toutes parts, et l'évêque de Niort entonna le *Te Deum*, que les prêtres répétèrent en chœur. Les deux rois s'agenouillèrent ; chacun imita leur exemple, et tous ces hommes, qui naguère encore se disposaient à combattre les uns contre les autres, unirent leurs voix dans la même prière. Bientôt les deux camps n'en formèrent plus qu'un. Comme la plupart des chevaliers qui servaient sous chacun des princes se connaissaient déjà, ils se réunirent pour célébrer la paix par des festins, et le lendemain, au point du jour, chacun d'eux « se départit pour ses domaines, et ne songea plus, dit un chroniqueur du temps, qu'à la chasse et aux plaisirs d'une vie paisible. »

Le roi d'Angleterre et le roi de France, avec leurs suites et un petit nombre de seigneurs qu'ils convièrent à les accompagner, se rendirent à Niort pour achever d'y conclure les conditions de la trève de dix ans qui avait été résolue, et pour faire quelques parties de chasse, car Philippe passait à juste droit pour l'un des plus experts du temps en l'art de la vénerie, et Richard, jaloux de cette renommée, voulait lui prouver qu'il ne possédait point un savoir-faire moins grand dans la noble science de saint Hubert. Donc, ils coururent le cerf, forcèrent le sanglier et mirent à mort plus d'un ours et plus d'un loup, à la grande satisfaction du roi d'Angleterre, auquel le rusé roi de France laissa tous les honneurs de la chasse, plus désireux d'obtenir des conditions de paix avantageuses que de diriger les chiens et de donner le premier coup de dague à la bête. Il résulta de ces habiles concessions que Richard prit en grande amitié son frère de France, amitié dont celui-ci profita en diplomate consommé pour limer quelque peu les griffes du lion.

Du reste ils ne se quittaient jamais, dînaient à la même table, couchaient dans le même lit et ne faisaient aucune trève aux joyeux propos.

Un matin, Richard sonnait du cor dans la cour du palais épiscopal, où les deux rois se trouvaient logés, et s'amusait beaucoup de la feinte difficulté avec laquelle Philippe répétait ces fanfares, lorsqu'un homme de haute taille, et qui portait, contre la mode du temps, une barbe longue, entra dans le séjour royal, alla droit au monarque anglais, et s'agenouillant devant lui :

— Sire, lui dit-il, je viens demander paix et protection pour le pauvre peuple de Londres.

— Et depuis quand mon peuple de Londres manque-t-il de paix et de protection? demanda Richard avec un mécontentement visible.

— Depuis que vous n'êtes plus là, sire, pour le protéger contre les prévarications des *aldermen* chargés de prélever et de répartir les tailles. Ils exemptent de toute contribution ceux qui se trouvent le plus en état de payer, accablent l'artisan qui ne vit que du travail de ses mains, et viennent, pour mettre le comble à leurs pillages, de décider que chaque bourgeois payerait la même somme, sans égard à la différence des fortunes. Enfin, ils agissent toujours de manière à ce que la lourde charge retombe sur les pauvres gens. C'est pourquoi, sire, j'ai quitté ma femme et ma mère et je viens déposer à vos pieds les plaintes de vos fidèles amis et sujets, sûr que vous les prendriez en miséricorde.

— Oui, de par le salut de mon âme, il en sera comme vous le dites, brave homme! Je ne veux point que mon peuple souffre et soit pressuré par des pillards, qui songent plutôt à remplir leurs coffres que les miens... Mais qui donc êtes-vous pour entreprendre un si long voyage sans crainte des périls d'une si courageuse entreprise ?

— J'ai nom Williams, dit Longue-Barbe. Je suis Saxon. Je dois à mon travail une petite fortune acquise dans le commerce, à la sueur de mon front, et retiré des affaires, j'utilise mon temps à étudier les lois de l'Angleterre et à défendre au besoin les droits des pauvres gens.

— Eh bien! Williams, tu es un loyal et courageux sujet; repars pour Londres, et à peine de retour, tu verras que je n'oublie pas les plaintes que tu viens de déposer à mes pieds. Va, et que Dieu t'accompagne!

— Voici un parchemin où se trouvent consignés tous les griefs des bourgeois contre les *aldermen*, sire.

— Je te jure par mon saint patron qu'il y sera fait justice bonne et prompte.

— Que le ciel vous bénisse, sire, comme vous bénira toute la ville de Londres lorsque je lui apprendrai vos paroles royales et paternelles.

— Et pour preuve de ces paroles, tu pourras montrer à ma bonne ville de Londres ce don de ma munificence, que je t'octroie en guerdon pour ta noble et courageuse entreprise.

En disant cela, le roi détacha de son cou une riche chaîne d'or avec une agrafe ciselée à ses armoiries et la jeta sur les épaules de Williams. Williams, ému jusqu'aux larmes, retourna aussitôt vers le port de mer où l'attendait le vaisseau qui l'avait amené de Londres.

A quelque temps de là, trois hommes se promenaient sur le bord de la mer, dans un endroit propre au débarquement secret d'un petit navire, et semblaient attendre avec anxiété.

— Un mois s'est écoulé depuis son départ, disait l'un

d'eux, et Williams à la longue barbe n'est point encore
de retour.

— Adam Bel, répliqua un homme dans la force de
l'âge, qui tenait à la main une arbalète et que suivaient
deux énormes lévriers, vous avez eu follement recours à la
justice du roi; il fallait recourir à votre propre justice,
comme je vous en ai donné le conseil. Williams, en
en échange de ses paroles respectueuses et de sa remon-
trance à Richard, aura reçu la corde d'une potence. Vive
Dieu! c'était à coups d'arbalète et d'épée qu'il aurait
dû délivrer les bourgeois de Londres.

— Je reconnais bien là Robin Hood! Mais, camarade, le
populaire de Londres, composé d'honnêtes ouvriers, habitués à vivre paisiblement du travail de leurs mains, à
manger le dimanche une tête de mouton bouillie et à se
trouver abrités sous un bon toit contre le froid et la
pluie, s'arrangerait mal de votre existence errante de
chasseur.

— Oui, vous avez raison, compère!. Le populaire de
Londres est imbécile et lâche : aussi n'est-ce point pour
lui que j'ai quitté mes forêts et mes braves compagnons,
frère Tuck, le vieux Seath Lockes, Muck et mes quatre
cents intrépides vencurs; je suis venu pour Williams à la
longue barbe, dont le courage et le sang-froid m'étonnent
d'autant plus qu'il n'est point homme d'épée, mais homme
de savoir et d'étude.

— Écoutez! voici le signal dont Williams est convenu.
N'entendez-vous pas au milieu du bruit des vagues le son

d'un cor? L'air de la ballade de Robin Hood; c'est Williams!

Et, en effet, bientôt une grande barque normande aborda dans la petite baie où se trouvaient Robin Hood et ses deux compagnons.

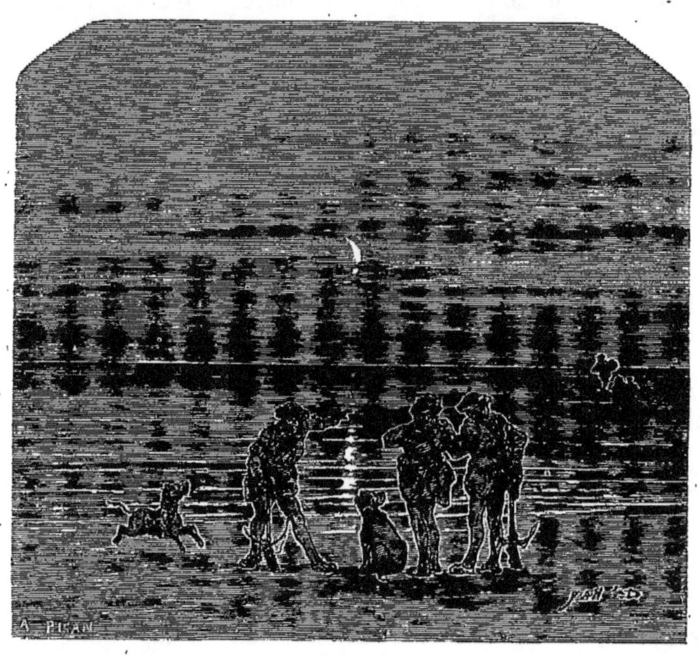

— Gloire à Dieu! s'écria Williams en sautant de la barque sur le sable. Gloire à Dieu! Le cœur du roi Richard s'est ému à mes paroles; il m'a juré par son salut qu'il allait prendre en considération les doléances de la bonne ville de Londres, et pour guerdon de mon dévouement à la sainte cause du peuple il a détaché de son cou cette chaîne d'or pour la passer au mien.

— Et la charte, la charte par laquelle Richard octroie aux bourgeois de Londres les franchises réclamées et une sage répartition des impôts?

— Quoi, Robin! la parole de Cœur-de-Lion ne te parait point suffisante?

— Cœur-de-Lion a déjà sans doute oublié les promesses qu'il t'a faites; il se trouve trop loin de Londres, il est trop affairé de batailles, il ressent trop le besoin d'argent pour se souvenir encore des remontrances d'un pauvre hère venu à lui sans or et sans hommes d'armes. D'ailleurs, quand bien même il manderait de Normandie aux aldermen de répartir autrement les impôts, ils n'en feraient encore qu'à leur guise. Crois-moi, Williams, malgré la chaîne d'or que t'a donnée le roi Richard, ne t'expose pas à de nouveaux périls et ne réclame point l'accomplissement d'une parole royale oubliée déjà. Adieu, je retourne dans mes forêts.

— Il a raison, ajouta Adam Bel; pour moi, je vais rentrer paisiblement dans mon logis et ne me soucie point de rompre avec si peu de chance de réussite la soumission que j'ai faite au roi.

— Ni moi non plus, répondit Clim de Cloudesly, leur autre compagnon.

— Eh bien! s'écria Williams à la longue barbe, moi je crois à la parole royale. Je vais aller dire au peuple quelles promesses Richard m'a jurées, et nous verrons si les aldermen feront comme vous et n'en croiront pas cette chaîne, gage irrécusable de la parole de Cœur-de-Lion.

Clim et Adam s'éloignèrent en silence et la tête baissée; Robin Hood resta seul près de Williams.

— Tu vas faire une folie, dit-il, mais n'importe! Il ne sera pas dit que Robin Hood abandonne un brave compagnon au moment du péril; si tu vas en avant, j'irai en avant avec toi. Seulement songe que tu fais une folie.

Mais Williams, sans l'écouter, se rendit tout droit sur la place principale de Londres. A peine l'aperçut-on, que le populaire l'entoura avec empressement; bientôt une foule immense suivit ses pas en poussant des acclamations joyeuses. Comme tous savaient le voyage de Williams et le but qu'il s'en proposait, chacun se montrait impatient de savoir quelle réponse du roi Richard apportait le défenseur du peuple. On avait pris, du reste, à tout événement, les armes dont pouvait en ces temps disposer la menue bourgeoisie, c'est-à-dire des bâtons ferrés, des haches et des leviers en fer.

Plus de cinquante mille personnes, dit un historien du temps, Guillelmus Neubrigensis, se rassemblèrent ainsi autour de Williams, qui, pour satisfaire à leur impatience, dut monter sur l'étal d'un boucher, après qu'on eut traîné cette tribune improvisée au milieu de la place. Là, en vue de tous, il s'écria :

— Le roi Richard m'a fait le serment d'ordonner aux aldermen une sage répartition des impôts ; voici le gage qu'il m'a remis de cette parole. Venez donc avec moi consacrer cette chaîne d'or à l'église et au tombeau de saint Thomas Becket, dont la sainte protection m'a fait accueillir miséricordieusement par le roi.

Il voulut descendre de l'étal, mais la foule prit dans ses bras celui qui venait lui apprendre de si heureuses nouvelles, et le conduisit avec les plus grands honneurs jusque dans l'église. Là, Williams déposa sa chaîne d'or sur le tombeau où naguère le roi Henri II, père de Richard, était venu pleurer et s'humilier sous les verges du clergé anglais. Après cette offrande, il se tourna vers le peuple, et prenant pour texte du discours qu'il allait prononcer un passage des livres saints.

« *Haurietis aquas cum gaudio de fontibus Salvatoris*[1], dit-il. « Permettez-moi, frères, de m'appliquer ces paroles, car « je viens à vous comme le sauveur des pauvres. Vous, pau- « vres, qui avez éprouvé combien est dure la main des « riches, puisez maintenant à ma source l'eau d'une doctrine « salutaire, puisez-y avec joie, parce que l'heure de votre « soulagement est venue ; je séparerai les eaux des eaux, « c'est-à-dire les hommes des hommes ; je séparerai le peu- « ple humble et sincère du peuple orgueilleux et sans foi ; je « séparerai les classes réprouvées, comme Dieu sépara la « lumière des ténèbres ; marchez avec moi, écoutez ma voix, « et bientôt l'injustice cessera et chacun obtiendra son « droit. Nous en avons pour gage la protection du ciel, la pa- « role du roi et la justice de notre cause. »

---

[1] Vous puiserez de l'eau avec joie à la source du Sauveur.

Des cris d'approbation et d'enthousiasme répondirent à ces paroles, et certes, si Williams à la longue barbe l'eût voulu en ce moment, c'en était fait des aldermen et de leur pouvoir inique. Robin Hood s'écria qu'il voulait marcher à la tête du peuple contre les Pharisiens, et venger par leur mort la bourgeoisie de Londres. Mais Williams, loin de profiter de cet élan, le réprima de tout son pouvoir et fit serment qu'il abandonnerait la cause de la bourgeoisie s'il se commettait le moindre désordre ou s'il coulait une seule goutte de sang. Il fallut donc se contenter de se rendre près des aldermen, leur apprendre la volonté du roi et leur en demander l'exécution.

Ceux-ci se gardèrent bien de résister et de faire le moindre refus en face des périls qui les menaçaient ; ils répondirent qu'ils se conformeraient aux volontés du roi dès que ces volontés leur auraient été transmises, et demandèrent une semaine, délai plus que suffisant pour que, selon eux, Richard leur envoyât la charte promise par lui aux bourgeois de Londres.

En agissant ainsi, ils ne voulaient que gagner du temps, laisser s'apaiser l'effervescence du peuple, et prendre les mesures nécessaires pour réprimer une nouvelle émeute, car ils connaissaient trop bien avec quelle légèreté Cœur-de-Lion faisait des promesses et les oubliait ; ils savaient trop bien quels impérieux besoins d'argent il éprouvait, pour craindre le moins du monde l'arrivée des lettres-patentes de l'espoir desquelles se berçait Williams à la longue barbe. Donc, pendant ce délai de huit jours, on mit en œuvre des agents secrets, qui se répandirent parmi les bourgeois et cherchèrent à inspirer de la défiance contre Williams. L'archevêque de Cantorbéry et ses justiciers convoquèrent plusieurs réunions de petits bourgeois, leur parlèrent de paix et d'ordre, et furent d'autant mieux écoutés que trente mille hommes d'armes vinrent renforcer les troupes qui formaient déjà là garnison de Londres. Les bourgeois, soit par persuasion, soit moitié faiblesse et moitié frayeur, donnèrent des otages que l'on s'empressa de conduire loin de Londres. Cependant Williams était retenu dans sa maison depuis quelques jours, car sa femme venait de le rendre père d'une petite fille. Trop loyal d'ailleurs pour douter de la loyauté des autres, il ne soupçonnait rien des périls qui le menaçaient, quand un jour le fidèle Robin Hood le prévint secrètement qu'il ne lui restait plus qu'un moyen de salut, la fuite dans les forêts.

—Partons à l'instant, dit-il ; votre femme et votre enfant, confiés à Tuck ou à un autre de mes *outlaws*, viendront vous rejoindre demain.

—Fuir ! moi ? s'écria Williams : non vraiment ! L'archevêque de Cantorbéry n'osera pas agir contre les volontés du roi, duquel j'ai reçu la promesse d'affranchir la bourgeoisie.

— Richard ne se souvient ni de toi ni de ses promesses. Fuis avec moi, viens.

—Loin de là, je vais sortir de ma maison, je vais me montrer au populaire, et si les rois manquent à leurs serments, si les archevêques et les aldermen sont des traîtres, le populaire est reconnaissant et défendra son défenseur.

— Le populaire est ingrat et inconstant. Viens, Williams, accepte l'asile que je t'offre.

Mais Williams, sans écouter son ami, se rendit aussitôt sur la place publique. A peine quelques personnes s'approchèrent-elles de lui ; le reste s'éloigna lâchement. Parmi les bourgeois qui vinrent saluer Williams, se trouvait un nommé Geoffroy, que Longue-Barbe avait obligé en maintes occasions. Après avoir causé quelque temps avec son bienfaiteur, tout à coup cet homme leva la main et tira sa dague ; au même instant deux assassins se ruèrent sur Williams ; mais celui-ci, se tenant sur la défensive, avait déjà tué d'un coup de couteau le traître Geoffroy, et, secondé par Robin Hood, il sut tenir courageusement tête aux deux coupe-jarrets, qui succombèrent. Plusieurs soldats accoururent alors pour s'emparer de Longue-Barbe, qui parvint à leur échapper et se réfugia, avec Robin et neuf de ses amis accourus à son aide, dans une église voisine, nommée Sainte-Marie de l'Arche. Là ils se préparèrent à se défendre bravement jusqu'au moment où la bourgeoisie, prévenue de leurs périls, viendrait les délivrer. Mais nul ne remua dans la bourgeoisie, car il y avait trop de gens d'armes à Londres, et l'on craignait qu'un mouvement de rébellion ne causât la mort des otages. Aussi les soldats envoyés pour se rendre maîtres de Williams purent-ils entourer sans résistance l'église et le clocher d'une grande quantité de bois sec et vert, qu'ils allumèrent ensuite, et qui produisit une si grande quantité de fumée que les assiégés durent se rendre,

à l'exception de Robin Hood, qui prit la fuite, quoique blessé.
Au moment où Williams descendait du clocher de Sainte-
Marie de l'Arche, le fils de Geoffroy se jeta sur lui et le
frappa d'un coup de couteau, puis les soldats se saisirent

du blessé, l'attachèrent à la queue d'un cheval et le traînè-
rent ainsi jusqu'au gibet, où ils ne suspendirent que son
cadavre, car Williams était mort durant le trajet.

———

Avant de nous séparer de Robin Hood, dont le nom ne
doit plus reparaître dans cette légende, où jusqu'ici il a
rempli un rôle, laissez-moi vous dire comment M. Augustin
Thierry raconte son histoire :

« Vers le temps où le héros du baronage anglo-normand
visita la forêt de Sherwood, dans cette même forêt vivait
un homme qui était le héros des serfs, des pauvres et des

petits, en un mot de la race anglo-saxonne. « Parmi les dés-
« hérités, » dit un ancien chroniqueur, « on remarquait alors
« le fameux brigand Robert Hood, que le bas peuple aime
« tant à fêter par des jeux et des comédies, et dont l'histoire,
« chantée par des ménétriers, l'intéresse plus qu'aucune
« autre. » A ce peu de mots se réduisent toutes nos données
historiques sur l'existence du dernier Anglais qui ait suivi
l'exemple de Hereward ; et, pour retrouver quelques traits
de sa vie et de son caractère, c'est aux vieilles romances et
aux ballades populaires qu'il faut, de nécessité, avoir recours. Si l'on ne peut ajouter foi aux faits bizarres et souvent contradictoires rapportés dans ces poésies, elles sont
du moins un témoignage incontestable de l'ardente amitié
du peuple anglais pour le chef de bande qu'elles célèbrent,
et pour ses compagnons qui, au lieu de labourer pour des
maîtres, couraient la forêt, gais et libres, comme s'expri-
ment de vieux refrains.

« On ne peut guère douter que Robert, ou plus vulgaire-
ment Robin Hood, n'ait été d'origine saxonne; son prénom
français ne prouve rien contre cette opinion, parce que, dès
la seconde génération après la conquête, l'influence du clergé
normand fit tomber en désuétude les anciens noms de bap-
tème, remplacés alors par des noms de saints ou d'autres
usités en Normandie. Le nom de Hood est saxon, et les ballades les plus anciennes, et par conséquent les plus dignes
d'attention, rangent les aïeux de celui qui le porta dans la
classe des paysans. Plus tard, quand s'affaiblit le souvenir
de la révolution opérée par la conquête, les poëtes de village

imaginèrent d'embellir leur personnage favori de la pompe
des grandeurs et des richesses : ils en firent un comte, ou
tout au moins le petit-fils d'un comte dont la fille, ayant été
séduite, s'enfuit et accoucha dans un bois. Cette dernière
supposition a donné lieu à une romance populaire, pleine
d'intérêt et d'idées gracieuses ; mais rien de probable ne
l'autorise.

« Qu'il soit vrai ou faux que Robin Hood soit né, comme
le dit cette romance, « dans le bois verdoyant, au milieu
« des lis en fleur, » c'est dans les bois qu'il passa sa vie à la
tête de plusieurs centaines d'archers, redoutables aux com-
tes, aux vicomtes, aux évêques et aux riches abbés d'Angleterre, mais chéris des fermiers, des laboureurs, des veuves
et des pauvres gens. Ils accordaient paix et protection à tout
ce qui était faible et opprimé, partageaient avec ceux qui
n'avaient rien les dépouilles de ceux qui s'engraissaient de
la moisson d'autrui, et, selon la vieille tradition, faisaient
du bien à toute personne honnête et laborieuse. Robin Hood
était le meilleur cœur et le plus habile tireur d'arc de toute
la bande ; et après lui on citait Petit-Jean, son lieutenant et
son frère d'armes, dont il ne se séparait jamais, dans le péril comme dans la joie, et dont les ballades et les proverbes
anglais ne le séparent pas non plus. La tradition nomme encore quelques-uns de ses compagnons, tels que Mutch, le fils
du meunier, le vieux Scath Locke et un moine, appelé frère
Tuck, qui combattait en froc, et, pour toute arme, se con-
tentait d'un lourd bâton. Ils étaient tous d'humeur joyeuse,
ne visant point à s'enrichir, mais seulement à vivre de leur

butin, et distribuant tout ce qu'ils avaient de superflu aux
familles expropriées dans le grand pillage de la conquête.
Quoique ennemis des riches et des puissants, ils ne tuaient
point ceux qui tombaient entre leurs mains et ne versaient
le sang que pour leur propre défense. Leurs coups ne tombaient guère que sur les gens de la police royale et les gou-
verneurs des villes et des provinces, que les Normands appelaient estafettes, et que les Anglais appelaient shérifs.
« Bandez vos arcs, Robin Hood, et essayez-en les cordes ;
« dressez une potence ici près, et malédiction sur la tête de
« celui qui fera grâce aux shérifs et aux sergents. »

« Le shérif de Nottingham fut celui contre lequel Robin
Hood eut le plus souvent à combattre et celui qui le pour-
chassa le plus vivement à cheval et à pied, mettant sa tête
à prix et excitant ses compagnons et ses amis à le trahir.
Mais aucun homme ne le trahit, et plusieurs l'aidèrent à se
retirer de péril où sa hardiesse l'entraînait souvent. « J'ai-
« merais mieux mourir, » lui disait une jour une pauvre
femme, « que de ne pas tout faire pour te sauver ; car qui
« m'a nourrie et vêtue, moi et mes enfants ? n'est-ce pas toi
« et Petit-Jean ? »

« Les aventures surprenantes de ce chef de bandits du
douzième siècle, ses victoires sur les hommes de race normande, ses stratagèmes et ses évasions, furent longtemps le
seul fond d'histoire nationale qu'un homme du peuple en
Angleterre transmit à ses fils, après l'avoir reçu de ses aïeux.
L'imagination populaire prêtait au personnage de Robin
Hood toutes les qualités et toutes les vertus du moyen âge.

Il passe pour avoir été aussi dévot à l'église que brave au combat, et l'on disait de lui qu'une fois entré pour entendre l'office, quelque danger qui survînt, il ne sortait jamais qu'à la fin. Ce scrupule de dévotion l'exposa une fois à être pris par le shérif et ses hommes d'armes; mais il trouva encore moyen de faire résistance, et même, à ce que dit la vieille histoire, un peu suspecte d'exagération, ce fut lui qui prit le shérif. Sur ce thème les ménétriers anglais du quatorzième siècle ont composé une longue ballade, dont quelques lignes méritent d'être citées, ne fût-ce que comme exemple de la couleur franche et animée que le peuple donne à sa poésie dans les temps où il existe une littérature véritablement populaire :

« En été, quand la verdure est belle et les feuilles larges
« et longues, il y a plaisir, dans la forêt, à écouter le chant
« des oiseaux ;

« A voir les chevreuils quitter la colline pour se retraiter
« dans la plaine et se mettre à l'ombre sous les feuilles
« vertes du bois..

« C'était un jour de Pentecôte, de bonne heure, un matin
« de mai, un de ces jours où le soleil se lève beau et où les
« oiseaux chantent gaiement.

« Par la croix du Christ, dit Petit-Jean, voilà une joyeuse
« matinée, et dans toute la chrétienté il n'y a pas un
« homme plus joyeux que moi.

« Ouvre ton cœur, mon cher maître, et songe qu'il
« n'y a pas dans l'année de plus beaux temps qu'un matin
« de mai.

« Une chose me pèse, dit Robin Hood, et me chagrine le
« cœur, c'est de ne pouvoir, en aucun jour de fête, entendre
« messe et matines.

« Il y a quinze jours et plus que je n'ai vu mon Sauveur,
« et je voudrais aller à Nottingham, avec l'aide de la bonne
« Marie.

« Robin va seul à Nottingham, et Petit-Jean reste au bois

« de Sherwood ; il va dans l'église de Sainte-Marie et s'age-
« nouille devant la croix... »

« Robin Hood ne fut pas simplement renommé pour sa
dévotion aux saints et aux jours de fêtes ; lui-même eut,
comme les saints, son jour de fête dans l'année ; et dans ce
jour, chômé religieusement par les habitants des hameaux
et des petites villes d'Angleterre, il n'était permis de s'occuper de rien, sinon de jeux et de plaisirs. Au quinzième
siècle, cet usage était encore observé, et les fils des Saxons
et des Normands prenaient en commun leur part de ces divertissements populaires, sans songer qu'ils étaient un monument de la vieille hostilité de leurs aïeux. Ce jour-là les
églises étaient désertes comme les ateliers ; aucun saint, aucun prédicateur ne l'emporta sur Robin Hood ; et cela dura
même après que la réforme eut donné en Angleterre un
nouvel essort au zèle religieux. C'est un fait attesté par un
évêque anglican du seizième siècle, le célèbre et respec-
table Latimer.

« Des traces de ce long souvenir, dans lequel s'anéantit
pour le peuple anglais le souvenir même de l'invasion normande, subsistent encore aujourd'hui. On trouve dans la
province d'York, à l'embouchure d'une petite rivière, une
baie qui, sur toutes les cartes modernes, porte le nom de
Robin-Hood ; et il n'y a pas bien longtemps que, dans la
même province, près de Pontefrac, l'on montrait aux voyageurs une source d'eau vive et claire qu'on appelait le puits
de Robin-Hood, et qu'on les invitait à y boire en l'honneur
du fameux archer. Durant tout le dix-septième siècle, les

vieilles ballades de Robin Hood, imprimées en lettres gothi-
ques (espèce d'impression que le bas peuple anglais affec-
tionnait singulièrement), circulaient dans les villages, où
elles étaient colportées par des hommes qui les chantaient
sur des espèces de récitatifs. On en compila même plusieurs
collections complètes à l'usage des lecteurs des villes, et
l'un de ces recueils portait le titre élégant de *Guirlande de
Robin Hood*. Aujourd'hui ces livres, devenus rares, n'inté-
ressent que les érudits, et l'histoire des héros de Sherwood,
dépouillée de ses ornements poétiques, ne se lit plus que
parmi les contes à l'usage des enfants.

« Aucune des ballades qui nous ont été conservées ne racontent la mort de Robin Hood ; la tradition vulgaire est
qu'il périt dans un couvent de femmes où un jour, se sen-
tant malade, il était allé demander des secours. On devait
lui tirer du sang, et la nonne qui savait faire cette opération, ayant reconnu Robin Hood, la pratiqua sur lui de manière à le tuer. Ce récit, qu'on ne peut ni affirmer ni con-
tester, est assez conforme aux mœurs du douzième siècle ;
beaucoup de femmes, dans les riches monastères, s'occupaient alors à étudier la médecine et à composer des re-
mèdes qu'elles offraient gratuitement aux pauvres. De plus,
en Angleterre, depuis la conquête, les supérieures des ab-
bayes et la plus grande partie des religieuses étaient d'ex-
traction normande, ainsi que le prouvent leurs statuts, ré-
digés en vieux français : cette circonstance explique peut-être
comment le chef des bandits saxons, que les ordonnances
royales avaient mis *hors la loi*, trouva des ennemies dans le

couvent où il était allé chercher assistance. Après sa mort, la troupe dont il était le chef et l'âme se dispersa ; et Petit-Jean, son fidèle compagnon, désespérant de se maintenir en Angleterre et poussé par l'envie de continuer la guerre contre les Normands, se rendit en Irlande, où il prit part aux révoltes des indigènes. »

Reprenons maintenant le fil de notre histoire.

Tandis que le meurtre de Williams Longue-Barbe s'accom-plissait, sa jeune femme, récemment accouchée, se laissait aller au bien-être de la convalescence et passait des heures entières à regarder, mollement étendue sur un lit de repos, le berceau dans lequel dormait son enfant nouveau-né. Jane, fille d'un riche marchand de Londres, aimait Williams avec un amour plein de vénération. Quoiqu'il fût d'un âge beau-coup plus avancé que le sien, elle avait préféré pour époux le défenseur courageux et désintéressé de la bourgeoisie à tous les jeunes, beaux et riches cavaliers qui se disputaient sa main. Williams était tout pour elle, et rien ne manquait à son cœur, aucun désir ne se présentait à son imagination quand Williams se trouvait assis près d'elle, quand elle pou-vait attacher ses regards sur les traits mâles et nobles de cet homme courageux, quand elle entendait sa voix, si puis-sante et si douce. Pour lui complaire, elle s'associa aux dévouements patriotiques de son mari : seulement elle n'y prit que la part qui sied à une femme, et les pauvres et les malades du menu peuple bénissaient Jane presque à l'égal des bénédictions qu'ils donnaient à Williams. Jane avait tou-jours une aumône pour leur misère, un baume pour les maladies de leur corps, une consolation pour les chagrins de leur âme; on allait à Jane lorsque l'on était malheureux, et personne de ceux qui imploraient son aide ne la quittaient sans la bénir, car, rien que de la voir, ils se sentaient moins à plaindre.

Jane ignorait tous les périls qui menaçaient Williams, et ce dernier, profitant de la manière recluse dont vivait sa femme depuis qu'elle était devenue mère, avait fait la défense expresse à tous ceux qui l'approchaient de la prévenir en aucune façon de ce qui se passait. Donc, pleine de sécurité, paisible et heureuse de sa maternité, elle attendait sans inquiétude le retour de Williams, qu'elle était habituée à voir souvent s'absenter du logis des journées entières, lorsqu'elle vit entrer tout à coup chez elle une pauvre femme dont elle avait guéri naguère l'enfant d'une maladie regardée comme mortelle.

— Jane, s'écria cette femme, il faut fuir, car les gens d'armes se dirigent du côté de votre maison, et ils vont faire de votre enfant et de vous ce qu'ils ont déjà fait de votre mari : ils vous tueront.

A ces paroles fatales, Jane devint pâle comme une trépassée et courut au berceau de sa fille, qu'elle saisit dans ses bras; puis, demi-nue, les cheveux épars, elle se prit à fuir, au hasard, sans but, et après avoir erré ainsi à travers les rues solitaires dont la terreur avait fait fermer toutes les maisons bien longtemps avant le couvre-feu, elle arriva dans un lieu désert et inconnu pour elle. Épuisée par la fatigue et les pieds ensanglantés, elle tomba affaissée sur elle-même, au pied d'un poteau que la lune vint à éclairer bientôt. C'était le gibet où les soldats avaient suspendu le corps de Williams.

Mais Jane regarda ce gibet et le cadavre sans qu'aucune émotion apparût sur ses traits immobiles. Jane ne donna pas plus d'attention au vagissement du nouveau-né qu'elle pressait machinálement dans ses bras : l'infortunée avait perdu la raison, et il ne lui restait plus qu'une seule pensée, qu'une seule sensation : la terreur.

Elle était donc là penchée vers la terre, prêtait l'oreille au bruit des feuilles sèches frissonnantes, écoutait le souffle du vent et tressaillait chaque fois que la bise jetait une plainte plus lamentable. Peu à peu la bise se tut et les feuilles sèches devinrent immobiles. Alors Jane s'adossa contre le pied du gibet et tomba dans une sorte d'engourdissement produit par la fatigue et par le froid. Cependant la lune disparaissait de nouveau sous les nuages épais à travers lesquels s'échappait naguère un de ses rayons, la neige commençait à descendre du ciel à gros flocons, et peu à peu Jane et son enfant disparurent sous un linceul glacé qui s'amassa lentement sur leurs membres presque sans vêtements.

Un silence funèbre régna longtemps dans ces lieux maudits ; les oiseaux nocturnes, chassés par la neige, s'étaient réfugiés au fond des ruines dont le gibet se trouvait avoisiné ; aucun souffle n'agitait l'air : Londres, ensevelie dans le sommeil et comme engourdie par le froid, n'envoyait pas jusqu'à cette solitude écartée le moindre murmure.

Tout à coup Jane tressaillit et souleva la tête ; sans doute, aux approches de la mort, la raison lui revenait, car l'infortunée tenta de fuir loin du gibet et voulut réchauffer son enfant contre sa poitrine ; mais ce fut en vain. La pauvre femme retomba sur le sol glacé, deux larmes mouillèrent ses yeux, l'enfant s'échappa de ses bras et le silence recommença de nouveau.

Alors un ange descendit des cieux pour recueillir l'âme

Alors un ange descendit des cieux... (p. 308.)

pure et sainte qui venait de se délivrer de son enveloppe mortelle.

— Ma sœur, lui dit-il en se penchant vers elle avec cet ineffable sourire qui n'appartient qu'aux bienheureux, viens prendre ta place parmi le chœur des martyrs, où Williams, ton Williams, t'attend, le front ceint d'une auréole immortelle. La félicité qui commence pour toi n'aura point de terme ; viens aux pieds de Dieu pour l'éternité !

Mais une pensée terrestre, si l'on peut appeler de ce nom profane une pensée d'amour maternel, restait encore à l'âme sans tache prête à entrer dans le ciel.

— Ma fille ! murmura-t-elle en détournant les yeux vers la terre ; ma fille !

— Encore quelques instants, répondit l'ange, elle te suivra dans le paradis.

Et la sainte, portée sur les ailes de son guide divin, s'envola radieuse vers la Jérusalem céleste ; puis l'ange revint près de l'enfant... Jugez de sa surprise et de sa consternation lorsqu'il vit un démon accroupi devant la frêle créature en proie aux convulsions de l'agonie.

— Que fais-tu là, réprouvé ? s'écria le fils du ciel, ne sais-tu pas que cette enfant est la fille de deux martyrs ?

— C'est pour cela que l'enfer trouvera en lui une proie plus précieuse, beau chérubin, ricana le démon. Oui, la fille de deux martyrs, la fille de deux habitants du paradis partagera notre éternité de désolation, car elle n'a point été baptisée. Donc elle appartient à Satan, mon maître.

— Arrière ! fit l'ange en se penchant sur le cadavre de

la mère pour recueillir, au bout du rameau qu'il tenait à la main, une des larmes qui brillaient encore aux paupières de Jane : arrière! car cette larme va baptiser l'enfant.

— Si je le veux! répliqua le démon, dont le souffle de feu tarit à l'instant la larme.

L'ange, consterné, détourna la tête, et le démon jouit quelques instants du triomphe qu'il venait d'obtenir.

— Te voilà vaincu, chérubin! Tu vas reprendre seul ton vol vers le ciel, et le sourire des autres anges t'accueillera de son sarcasme poignant. C'est là un cruel échec pour ton orgueil.

— Méchant! l'orgueil et le sarcasme sont inconnus au ciel.

— Mais non pas le regret, du moins. Or, c'est un juste motif de regret que de perdre une âme d'enfant; que de voir tomber dans les ténèbres éternelles celui pour la venue duquel commençaient déjà peut-être, parmi les chœurs célestes, les *alleluia* et les *hosanna*. A moi l'âme sainte!

L'ange se voila de ses ailes pour dérober sa tristesse aux regards du mauvais esprit.

— Voyons, ne te désespère pas ainsi, fit le démon. Tu peux encore racheter cette âme. L'enfant n'a pas encore rendu le dernier soupir, et, si tu le veux, je consens, non pas à ce qu'il entre de suite dans le paradis, mais à le laisser vivre. Plusieurs amis de Williams sont à la recherche de Jane et de son enfant; je les ai tenus jusqu'à présent écartés de ces lieux; accepte les conditions que je veux te proposer, et je retourne dans mon royaume sombre. Alors ces bourgeois arriveront ici, trouveront l'enfant, le baptiseront, le recueilleront, l'élèveront, et c'est au plus adroit de nous deux qu'appartiendra son âme. Ces arrangements te conviennent-ils?

— Et quel prix mets-tu, fils de l'enfer, aux conditions que tu me proposes?

— Un seul : tu me laisseras prendre un baiser sur ton front.

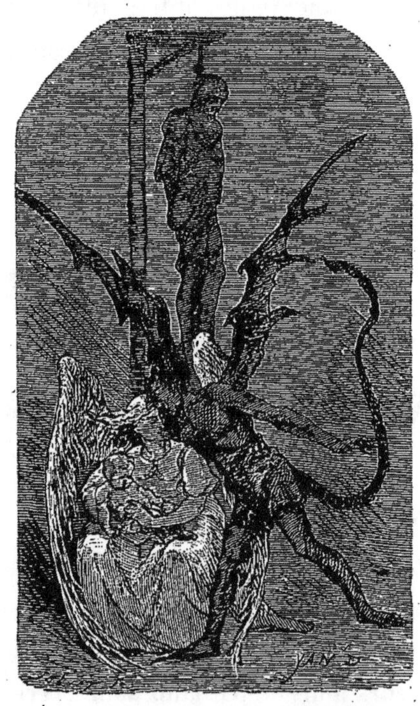

— Misérable! fuis, ou j'appelle mes frères pour te frapper de leurs épées flamboyantes.

— Ah! ah! bel ange, vous prêchez la charité, mais vous
ne la pratiquez point ; vous préférez la perte d'une âme à la
souillure passagère que vous causeraient mes lèvres. Soit !
A moi l'âme de l'enfant, car je serais un insensé, moi démon, de lui témoigner une compassion qu'un ange n'éprouve
point pour lui.

En disant cela il étendit ses mains armées de griffes pour
saisir sa proie. L'ange jeta un cri de douleur.

— Pardonnez-moi, mon Dieu, ce que je vais faire pour
sauver une âme! s'écria-t-il. Mais votre divin Fils n'est-il
pas mort sur la croix pour le salut des humains, et dois-je
préférer lâchement mon propre bonheur au bonheur éternel de cet enfant! J'accepte ton pacte, démon.

Et tremblant, consterné, il présenta son front aux lèvres
immondes du réprouvé. Celui-ci s'empressa de donner le
baiser fatal à l'ange, qui frissonna sous son contact.

— Ce n'est pas tout d'être charitable, ricana-t-il quand
il eut imprimé son infernale souillure au chérubin, ce n'est
pas tout d'être charitable, il faudrait encore se montrer
prudent. Or, bel ange, la tache dont j'ai stigmatisé ton front
est, je l'espère bien du moins, éternelle, et tu l'aurais évi-
tée en agissant avec moins d'étourderie et en apprenant de
tes frères ce que tu vas apprendre de moi. Cet enfant n'est
point et n'a jamais été destiné à mourir aujourd'hui ; ton
Dieu le destine à une longue vie d'épreuves... Tu as agi avec
présomption, et je t'ai fait un mensonge... Adieu. Tu te
souviendras d'Astaroth !

Il disparut, laissant après lui de longues traces de flamme.

Le chérubin, confus et la tête voilée sous ses ailes, s'agenouilla et tendit les mains vers les cieux en signe de repentir et pour implorer la miséricorde divine. Bientôt il se
sentit enlacer doucement dans les bras d'un ange, et il entendit une voix qui le consolait : c'était Gabriel, le chef de
la milice divine,

— Asraël, lui dit-il, console-toi, car ton malheur ne reste
pas sans remède et tes afflictions prendront un terme. Si
tu n'avais point douté de la miséricorde de Dieu, ton front ne

serait pas flétri par cette souillure, qui t'interdit désormais l'entrée du ciel. Mais le Très-Haut, dans sa miséricorde et parce que tu as péché par charité, te laisse l'espoir de revenir prendre la place que tu occupais parmi tes frères, le jour où la famille des Williams comptera quatre martyrs dignes, par leurs vertus ou par les expiations qu'ils auront supportées, de former un nouveau chœur de la milice céleste. Tes épreuves se termineront alors et tu reviendras parmi nous dans les cieux.

Gabriel, à ces mots, quitta l'ange et le laissa versant des larmes amères et regrettant avec désespoir le paradis, qui lui restait fermé pour des temps d'épreuves si longs.

Lorsqu'il cessa d'entendre la voix de l'archange, lorsqu'il se trouva seul et abandonné sur la terre, le chérubin Asraël sortit du profond abattement où l'avait jeté d'abord l'arrêt qui le frappait, et voulut s'élancer sur les traces de son frère, qui remontait au ciel. Il s'éleva rapidement jusqu'aux limites de l'atmosphère de notre globe; mais, arrivé là, une force insurmontable brisa les efforts de ses ailes. Il ne put jamais franchir la barrière invisible qui le retenait captif. Ni ses efforts, ni ses larmes, ni ses prières suppliantes ne parvinrent à fléchir la volonté divine qui le repoussait. Accablé de lassitude, le cœur gros de larmes, il redescendit sur la terre et trouva la fille de Williams et de Jane entourée d'un groupe nombreux de bourgeois venus pour rendre les devoirs de la sépulture à Williams Longue-Barbe, et surpris et consternés de trouver près de son cadavre sa femme morte et sa fille expirante.

Une bourgeoise prit la petite fille, l'enveloppa dans les plis de son manteau et chercha tendrement à la réchauffer de son haleine ; pendant ce temps quatre hommes détachaient du gibet le corps de Williams et le plaçaient dans un suaire qu'ils avaient apporté. Deux femmes rendaient le même soin à Jane et se servaient de leurs longs voiles, attachés ensemble, pour l'ensevelir. Ensuite, tous chargèrent

sur leurs épaules ces deux précieux fardeaux et se dirigèrent en silence vers l'église de Sainte-Marie de l'Arche, où les attendaient, dans le chœur, trois prêtres agenouillés et qui récitaient des prières.

Quand les pas du cortége lugubre grincèrent, en glissant sur les dalles humides de la nef, les prêtres se levèrent et le plus âgé aspergea d'eau bénite les restes glacés des deux époux ; puis il commença l'office des morts, célébra les saints mystères de la messe, et après les avoir terminés il se tourna vers les huit ou dix personnes agenouillées dans l'ombre qui priaient avec lui pour le défenseur trépassé des immunités de la ville.

— Frères, leur dit-il, le plus brave et le plus vertueux des bourgeois de Londres a péri victime d'un lâche guet-apens et d'une odieuse trahison ; il nous reste trois devoirs à remplir envers lui : jurez-vous par le salut de votre âme, sur votre part de paradis et au nom du Père, du Fils et du Saint-Esprit de vous acquitter de ces devoirs?

— Nous le jurons par le salut de notre âme, sur notre part de paradis et au nom du Père, du Fils et du Saint-Esprit! s'écrièrent unanimement toutes les voix.

— Amen! reprit le prêtre. Or, oyez-moi donc et tenez-vous pour avertis. Le premier de ces devoirs est de ne jamais révéler aux Normands en quelle sépulture reposent les restes du généreux et loyal défenseur dont nous allons déposer le corps sous ce caveau. Je déclare félon, traître à son serment, excommunié, chassé de la sainte Église, le coupable qui directement ou indirectement, par parole ou par geste, trahirait le secret de cette tombe et exposerait à la profanation de si saintes reliques. Anathème sur lui !

— Anathème sur lui ! répétèrent tous les assistants avec un geste de menace et de malédiction

— Secondement, reprit la voix grave et lente du prêtre, il faut jurer de persévérer dans l'œuvre si loyalement et si hardiment commencée par lui. Pour cela, il est nécessaire qu'un de vous entreprenne le voyage de Normandie, que Williams a fait naguère pour vous. Celui qui se chargera de cette mission se jettera aux genoux du roi Richard,

lui apprendra le meurtre de Williams et demandera justice contre la trahison des aldermen et l'iniquité de l'archevêque de Cantorbéry. Qui de vous partira pour remplir
ce périlleux devoir?

Un silence profond suivit la demande du prêtre.

— Je ne croyais pas trouver tant d'ingratitude en face des
reliques encore tièdes d'un martyr mort pour votre cause!
s'écria le prêtre avec indignation. Si personne ne se trouve
le cœur d'entreprendre ce voyage et d'aller demander justice pour Williams au roi Richard, c'est moi, vieillard infirme, qui me chargerai de ce soin. Quoi! personne ne répond, pas même toi, Bertrand de Gourdon, toi le beau-frère
de Williams Longue-Barbe, toi qui as épousé la sœur de sa
femme!

Bertrand de Gourdon se leva parmi la foule agenouillée
et dit:

— Mon père, vous ignorez sans doute que je ne suis
Saxon que par mon mariage avec une Saxonne, sœur
de cette pauvre Jane, qui me consolait encore hier par
de bonnes paroles de mon récent voyage. Mon père est
bourgeois en la ville de Limoges; je suis né dans le
château de Chalus, qui dépend de la même comté: donc je
serais mal vu du roi Richard si j'allais, moi qui ne suis
point son sujet, lui demander justice pour Williams. Mais
puisqu'il ne se trouve point ici parmi tous ces Anglais un
cœur assez brave pour se dévouer à la cause de Williams,
je vous offre tout ce que je possède pour subvenir aux
frais de votre voyage, et, qui plus est, je vous acccompagne-

rai, mon arbalète sur l'épaule, partout où vous irez. Ainsi, tant qu'il me restera un souffle de vie, vous n'aurez à redouter aucun péril, car mon coup d'œil est juste, ma main est sûre et mon courage à l'épreuve.

— Nous allons donc partir, dit le prêtre. Dieu nous protégera et nous donnera la force d'accomplir notre œuvre.

Puis, sans colère comme sans reproche, il se tourna vers ceux qui se trouvaient là et leur demanda :

— Qui de vous se chargera de veiller sur la fille de Williams? Quelle mère deviendra sa mère? Quel père l'adoptera et en fera sa fille?

— Ce sera moi, s'il vous plaît, qui prendrai la petite Williams en mon logis, répondit un bourgeois nommé Godwin; ma femme n'a point attendu jusqu'ici pour en faire son enfant, et vous la voyez qui nourrit déjà de son lait la petite orpheline. Dès cet instant, l'enfant de Williams devient le mien; il habitera sous mon toit, il prendra place à ma table, il sera vêtu comme mes propres enfants, et partagera avec eux l'héritage que je laisserai. Que Dieu me maudisse si je manque à ma parole et si je ne deviens sur l'heure son père!

— Et moi sa mère, ajouta la femme du bourgeois en s'avançant avec la petite fille attachée à son sein.

— Dieu reçoit votre serment, maître Godwin. Allez en paix, mes frères!

Chacun se retira silencieusement. Le prêtre resta seul avec Bertrand de Gourdon.

— Êtes-vous prêt, frère? demanda le prêtre. Une barque

que j'avais fait préparer à tout événement n'attend plus que
ses passagers pour partir et faire voile vers la Normandie.

— Accordez-moi un quart d'heure, et je reviens pour ne
plus vous quitter.

— Quels adieux avez-vous donc à faire à Londres, Bertrand,
vous dont la femme n'est plus et dont le père habite la
comté de Limoges? vous qui n'avez ni femme ni enfants?

— Je n'en ai pas moins besoin d'un quart d'heure avant
de partir, répliqua l'archer qui sortit de l'église et se dirigea vers le gibet. Là, il tira de sa poche un couteau, détacha

de la potence un morceau de bois long d'une demi-palme, et le plaça, précieusement enveloppé, dans le carquois où se trouvaient ses flèches. Puis il revint à l'église où le prêtre l'attendait en priant.

— J'ai quatre cents pièces d'or dans mon escarcelle, dit l'archer, cela peut-il suffire aux frais de notre voyage ?

— Ma besace en contient huit cents, répliqua le prêtre, Allons, en route, frère, partons avant que l'archevêque de Cantorbéry n'évente notre dessein et n'y puisse mettre des entraves.

— En route !

. — Mon Dieu, soyez-nous en aide ! s'écria le vieux prêtre avant de sortir de l'église ; donnez la persuasion à ma voix, donnez la force à mes membres glacés par l'âge. Il s'agit de votre cause, puisqu'il s'agit de la cause des opprimés.

Quelques instants après, une barque les reçut tous les deux et se dirigea vers un bâtiment qui se trouvait à l'ancre non loin de là. Commandé par un capitaine saxon dévoué à la cause de la bourgeoisie de Londres, ce bâtiment mit à la voile pour la Normandie, où l'appelaient d'ailleurs ses affaires commerciales.

Le lendemain matin, la populace, qui la veille avait laissé paisiblement massacrer son défenseur, ne manqua pas, soit curiosité, soit dévotion, de venir visiter le gibet... La surprise fut grande lorsqu'on s'aperçut de la disparition du cadavre et surtout lorsque l'on remarqua la brèche faite à la potence par Bertrand de Gourdon. Ne pouvant s'expliquer l'un et l'autre de ces mystères que par le merveilleux, on ne manqua point de dire que des anges avaient emporté au ciel la dépouille humaine de Williams, et l'on vit dans le fragment coupé de la potence une révélation des vertus miraculeuses attachées à ce bois, instrument d'un martyr. Aussitôt cette interprétation donnée, chacun l'adopta avec enthousiasme, on abattit la potence, on s'en disputa, comme de précieuses reliques, les moindres morceaux, et ceux qui ne purent se procurer quelque parcelle de ce bois grattèrent le sol dans lequel il avait été planté. Si bien qu'en peu de temps il se forma une fosse profonde à la place occupée naguère par le gibet. Bientôt même le bruit de la mort et du miracle opéré par l'intercession du bienheureux Williams s'étant répandu dans toute l'Angleterre, on vint en pèlerinage au gibet, des diverses villes de ce royaume, et plus de vingt mille Saxons accomplirent cette pieuse visite au lieu du supplice de saint Williams. Les prêtres des diverses églises de Londres, Saxons pour la plupart, prêchèrent la canonisation du martyr de la cause nationale, et ce fut en vain que l'archevêque de Cantorbéry, conjointement avec le grand justicier Hubert, mirent en œuvre la prison, le fouet et la corde pour empêcher le culte unanimement rendu à la mémoire de Williams. Le nom de Williams resta pendant plus d'un siècle encore invoqué comme celui d'un bienheureux, et plusieurs manuscrits du temps attestent que les Normands eux-mêmes finirent peu à peu par adopter le saint anglais et recourir à son intercession,

oubliant qu'il était mort victime de l'injustice et de l'op-
pression de leurs pères.

Cependant le roi Richard, qui depuis longtemps ne se
souvenait plus de Williams Longue-Barbe et des promesses
qu'il lui avait faites, ne songeait qu'à tirer vengeance du
comte de Limoges, contre lequel il ressentait un grand cour-
roux, et voici quels motifs irritaient si fort le monarque.
A tort ou à raison, le bruit s'était répandu que le comte de
Limoges venait de découvrir, dans un lieu caché de ses États,
un trésor d'une immense valeur ; on ne parlait pas moins de
cent mille tonnes d'or trouvées au fond d'une grotte, dans
laquelle un pâtre était entré par mégarde le jour de Noël,
à minuit. Or, la tradition prétend que le jour de Noël, à
minuit, tous les trésors inconnus deviennent visibles, et que
les démons préposés à leur garde restent sans pouvoir jusqu'au moment où le prêtre quitte l'autel, après la célébration
de la première messe. Richard, sitôt qu'il apprit cet événement merveilleux, réclama sa part des tonnes d'or, préten-
dant que la grotte où elles se trouvaient depuis si longtemps
cachées avait appartenu jadis à son aïeul Guillaume le Con-
quérant. Le comte de Limoges répondit qu'il n'avait point
trouvé de trésor, et que, s'il en eût trouvé un, il le garderait
pour lui, attendu qu'il était seigneur souverain de sa comté,
et ne relevait en aucune façon du roi d'Angleterre et du duc
de Normandie. Il en fallait beaucoup moins pour faire prendre les armes à Cœur-de-Lion, toujours ardent et prompt à
saisir son épée et à livrer bataille. Donc il rassembla ses
troupes, donna le signal de lever la bannière, et huit jours

après, le fort Chalus. qu'habitait le comte de Limoges, se trouva bloqué par une armée de huit mille hommes, que commandait Richard en personne. Il croyait qu'un coup de main suffirait pour enlever cette citadelle, mais grandes furent sa surprise et sa colère quand il vit le comte à la tête d'une forte garnison et qu'il sut la ville bien approvisionnée, non-seulement de munitions, mais encore de machines de guerre. Dans son impatience ordinaire, le roi voulut qu'on donnât l'assaut immédiatement, et sans laisser à ses troupes le temps de se reposer, sans attendre plusieurs machines dont on espérait de merveilleux effets contre les assiégés, il fit apporter les échelles, qui bientôt s'écroulèrent brisées par les énormes pierres que l'on jetait de dessus les murs et par les machines que l'on fit jouer. Il fallut donc que l'armée anglo-normande battît en retraite, dressât des tentes et se mit à établir un camp fortifié de redoutes, afin de se tenir en garde contre les sorties que pouvaient tenter les assiégeants, forts de leur premier avantage. Pendant trois jours que dura l'établissement de ces camps, le roi Richard ne voulut point prendre le moindre repos et passa les nuits même sans permettre à ses varlets de délacer sa cotte de mailles. Ce fut seulement après avoir vu ses retranchements construits et tout à fait en état qu'il entra dans sa tente, où il s'endormit sur la peau de lion qui lui servait de couche lorsqu'il se trouvait en campagne.

Accablé de fatigue, son sommeil ne dura pas moins de douze heures, et peut-être se serait-il prolongé plus longtemps encore sans un tumulte qui s'éleva près de la tente

royale et que produisit l'arrivée d'un archer portant, brodées
sur sa casaque, les armes du comte de Limoges. Or, cet ar-

cher n'était autre que Bertrand de Gourdon, accompagné du
vieux prêtre de Sainte-Marie de l'Arche. Ils avaient d'abord
pénétré dans le camp sans difficulté, parce que l'on n'avait
point de suite remarqué le costume de l'archer ; mais bientôt on y prit garde, on l'entoura, et, comme il continuait
à s'avancer silencieusement vers la tente royale, que lui indiquait le pavillon rouge dont elle était surmontée, les soldats lui barrèrent le passage. Sans s'intimider, il saisit son
poignard et jura qu'il en frapperait le premier qui s'oppo-
serait à ce qu'il parlât au roi Richard. On voulut se jeter sur

lui pour le désarmer; il se défendit avec vigueur, et il s'en suivit la lutte et le tapage qui mirent un terme au sommeil du roi Richard.

Éveillé en sursaut, le monarque crut que les assiégés attaquaient tout à coup le camp. Il saisit ses armes, et, demi-nu, il s'élança hors de sa tente... il ne vit que le brave Bertrand, qui faisait face à huit ou dix assaillants, et le vieux prêtre qui cherchait à s'interposer entre les combattants pour les ramener à la paix. Richard jeta un cri; soudain chacun s'arrêta et le prêtre put s'avancer en liberté, avec son compagnon, jusque auprès du roi, devant lequel s'agenouilla le vieillard; l'archer resta debout et se contenta de rendre au monarque le salut militaire. Cœur-de-Lion jeta sur lui un regard courroucé.

— Depuis quand, demanda-t-il, le vassal ne plie-t-il point le genou en terre devant son seigneur et maître?

— Je ne suis point le vassal du roi Richard, répondit avec calme Bertrand de Gourdon. J'appartiens au comte de Limoges..

— Alors que viens-tu faire dans le camp ennemi?

— J'y viens pour accomplir le serment que j'ai juré sur l'autel de Sainte-Marie de l'Arche d'amener sain et sauf devant vous ce vénérable prêtre de Jésus-Christ.

— Et pourquoi ce vieillard a-t-il entrepris un si pénible voyage? Qui donc l'oblige à quitter son église et la ville de Londres!

— Sire, répliqua le prêtre, je viens pour accomplir un saint devoir, pour éclairer votre justice et pour vous faire entendre les plaintes et les doléances de vos fidèles bourgeois de Londres.

— Et que me veulent mes fidèles bourgeois de Londres? s'écria Richard avec emportement. Ils ne savent que se plaindre, et, s'il m'en souvient bien, j'ai déjà reçu il y a quelques mois un visiteur de ton espèce... Oui, le souvenir m'en revient maintenant avec netteté : c'était un de ces incorrigibles Saxons qui portent la barbe longue pour ne point ressembler à mes Normands. Eh bien! n'ai-je point fait droit à ses demandes? Sont-ce de nouvelles concessions que l'on vient solliciter de ma munificence?

— C'est justice, sire, que je viens requérir de vous. Williams à la longue barbe, ce sujet fidèle, ce bourgeois intrépide, non-seulement n'a point vu se réaliser les effets de votre parole royale, mais encore, pour les avoir réclamés, il a reçu la mort et a été traîtreusement occis par l'ordre de l'évêque de Cantorbéry.

— Voilà d'étranges nouvelles! murmura Richard. Après tout, reprit-il à voix haute, l'archevêque de Cantorbéry est juste et sait ce qu'il fait; s'il a condamné ce Williams, c'est que ce Williams était coupable.

— Sire, Williams était innocent, je le jure par le salut de mon âme! fit le prêtre. Ne refusez donc pas justice à sa mémoire! N'hésitez donc pas à punir ceux qui l'ont assassiné, car c'est une heure funeste que l'heure de la mort pour un roi qui n'a point rendu à chacun de ses sujets la justice qu'il leur devait!

— Trompettes, sonnez! ordonna le roi. Je perds ici un

temps précieux, qu'un assaut emploierait bien plus utilement.

— Ne me chassez pas, sire, ne me renvoyez pas sans m'a-
voir écouté !... Ou bien je m'attacherai à vos pas et vous ne
vous débarrasserez du pauvre prêtre qu'en le faisant mettre
à mort comme il en a été du bienheureux Williams.

— Du bienheureux Williams ! répéta Richard hors de lui.
Ils en ont, sur mon âme, déjà fait un saint, comme de
Thomas Becket ! Et vous verrez qu'un jour ou l'autre il fau-
dra que j'aille aussi me flageller sur le tombeau de ce saint.
Arrière, vieillard !

—Puisque la voix de la justice ne saurait arriver seule jusqu'à vous, reprit le vieux prêtre, la voix d'un père se montrera peut-être moins impuissante. Écoutez-moi donc, Richard Plantagenet ! Il y a dix ans, jour pour jour, un pauvre
prêtre se trouvait dans la ville de Chinon, et une femme
courut vers lui pour lui demander de venir exhorter, à sa
dernière heure, un vieillard qui se mourait. Cette femme
conduisit le prêtre dans une maison abandonnée où gisait
seul, sur une couche en désordre, le moribond. Le prêtre
eut peur et voulut fuir loin de ces lieux funestes, car l'agonisant ne proférait que des paroles de vengeance et de blas-
phème. « Malheur à mon fils Jean, s'écriait-il, qui s'est
laissé corrompre et séduire par mon fils Richard ! Anathème
sur moi, faible et coupable, qui ai sacrifié ma conscience
et le bonheur de mon peuple à de vaines pensées d'ambition
et à la grandeur de mes enfants ! Je donnerais mon âme au
diable, si elle ne lui appartenait déjà, pour tirer vengeance

de ces deux fils ingrats[1]. Maudit soit le jour où je suis né, et maudits soient de Dieu les deux fils que je laisse! »

Je m'approchai de lui, je me penchai sur le lit, déjà dépouillé des étoffes précieuses qui le couvraient naguère, et que les varlets avaient pillées avant d'abandonner l'agonisant. Je lui parlai de miséricorde, et Dieu daigna, par ma faible voix, désarmer ce père irrité. Il rétracta les malédictions qu'il avait proférées et me chargea de porter à ses enfants des paroles de bénédiction : en témoignage du pardon qu'il accordait à ses fils, il me remit le scel que voici.

— Mon père! murmura Richard en se cachant le visage dans ses mains, mon père !

— Quand il eut pardonné, le moribond rendit son âme à Dieu. Je restai seul, oui, seul, près du cadavre, méditant sur le néant des grandeurs humaines et remerciant Dieu de ne m'avoir fait qu'un pauvre prêtre. Puis, comme la vieille femme qui était venue m'appeler avait elle-même pris la fuite, emportant la coupe d'argent, dernier objet que l'on eût laissé près du monarque des deux royaumes, j'allai mendier de par la ville un suaire pour ensevelir ce qui avait été Henri II. Personne ne m'ouvrit sa porte, malgré mes prières, et je serais revenu sans linceul si je n'avais rencontré une danseuse bohémienne qui me donna par charité son manteau et un morceau de son voile. Le manteau enveloppa le cadavre royal ; la frange brodée du voile servit à figurer un diadème sur le front de Henri Plantagenet, roi

---

[1] Nunquam me niori permittat donec digitam de te vindictam accepero. (*Script. rerum franc*, lib. XVIII.)

d'Angleterre, duc de Normandie, d'Aquitaine et de Bretagne, comte de l'Anjou et du Maine, seigneur de Tours et
d'Amboise. Depuis ce temps, sire, je vous ai cherché pour
vous apporter le pardon de votre père, mais la fortune vous
éprouvait de bien des façons et vous emmenait d'un bout
de la terre à l'autre... Au nom de ce pardon, sire, justice
pour les bourgeois de Londres et châtiment à ceux qui op-
priment vos sujets et qui ne se servent que pour les frapper
injustement, de l'épée de justice que vous avez confiée à
leurs mains.

— Je ferai droit à votre demande, mon père. Bientôt je
retournerai à Londres, quand j'en aurai fini avec le comte
de Limoges et son château de Chalus. Mais que fais-tu là,
archer, et d'où te vient l'audace de tailler avec ton poignard un morceau de bois en notre présence?

— Ce morceau de bois, répondit l'archer sans s'émouvoir, a été détaché par moi de la potence à laquelle on a
iniquement suspendu le mari de ma sœur, Williams Longue-
Barbe.

— Et que veux-tu faire de ce bois en le taillant ainsi?

— Une flèche d'arbalète.

— Qui donc comptes-tu en frapper?

— Vous, sire.

Un cri d'indignation s'éleva de toutes parts, et les gens
d'armes voulurent se jeter sur Bertrand de Gourdon. Richard leur fit défense d'approcher.

— Camarade, dit-il dédaigneusement, il te manque un
fer pour armer le bout de ta flèche; il faut que je t'en.

donne un, afin de compléter cette belle arme de gibet.

Il prit dans le carquois d'une des sentinelles qui veillaient à l'entrée de sa tente une flèche dont il arracha le fer, et le jeta aux pieds de l'archer.

— Voilà ton arme complète, va-t'en! Je te laisse libre d'entrer dans le fort de Chalus, car là tu pourras à ton aise viser ton coup d'arbalète contre moi. Seulement je te préviens que si tu ne m'atteins pas avant la fin du siége, qui ne sera plus de longue durée, je te ferai pendre bel et bien, et sans miséricorde. Je t'en donne ma parole royale. Allons! maintenant que l'on prépare tout! L'assaut dans une heure.

Bertrand de Gourdon s'inclina, et s'agenouillant ensuite devant le prêtre, il lui demanda sa bénédiction: Le vieillard étendit sur le front de l'archer ses mains tremblantes :

— Bertrand, fidèle et loyal soldat, lui dit-il, Dieu te protége et détourne de toi les malheurs que viennent d'attirer sur ta tête d'imprudentes paroles et des pensées coupables et présomptueuses!

L'archer se releva, puis regardant avec fierté autour de lui, il traversa la foule armée qui l'entourait, et se rendit d'un pas tranquille et lent jusqu'au pont-levis de la citadelle. Là, il sonna du cor d'une certaine façon ; le pont-levis s'abaissa pour laisser entrer l'archer, puis on releva aussitôt ce pont, car l'armée ennemie se mettait en mouvement, les clairons et les trompes retentissaient de toutes parts, et l'on voyait, monté sur un magnifique cheval, le roi Richard, qui allait de l'un à l'autre, exhortant les soldats à faire de

leur mieux, leur promettant la victoire et se montrant le
plus ardent des gens d'armes.

Séparé du fidèle Bertrand de Gourdon, avec lequel il avait
supporté tant de rudes épreuves depuis leur départ pour le
continent, le vieux prêtre alla s'asseoir tristement sur les
marches d'un autel, élevé, suivant l'usage, en face de la

tente royale. De là, il dominait à la fois du regard le camp et la citadelle assiégée. L'homme de paix, à la vue du carnage qui se préparait, sentit encore s'accroître le découragement sous lequel il se trouvait accablé.

— Hélas ! pensait-il, le sang des chrétiens va couler en abondance pour un motif frivole, et le roi, qui par son absence rend si malheureuse l'Angleterre, n'hésite point à jouer dans cette escarmouche une vie de laquelle dépend peut-être le salut de Londres. Mon Dieu ! que vos jugements sont mystérieux et que la raison humaine qui veut les pénétrer reste insuffisante et faible ! Que votre volonté soit donc faite !

Le prêtre cacha son visage dans ses deux mains et resta quelque temps absorbé dans des méditations pieuses, qu'interrompirent tout à coup les fanfares et les instruments de guerre. Au même instant, mille bruits étranges et inconnus au vieillard se mêlèrent aux clameurs belliqueuses de ces instruments de cuivre et aux cris des soldats : c'étaient les sifflements des machines qui lançaient des pierres énormes, c'étaient les hurlements des béliers qui frappaient de leur tête de bronze les parties faibles du rempart, c'étaient enfin les flèches qui venaient sans relâche et réciproquement éclaircir les rangs des assaillants et des assiégés.

Le roi Richard se trouvait partout où il y avait du péril : tantôt il courait régler lui-même l'emploi d'une machine mal dirigée, tantôt c'était une attaque tentée avec mollesse dont il relevait l'énergie. Depuis une heure, on combattait de part et d'autre avec fureur, lorsque tout à coup, sur une

tour fort élevée, mais grêle, et qui servait moins à la défense de la citadelle qu'à donner la facilité d'observer les
mouvements de l'ennemi, on vit paraître un archer. Il tenait à la main un petit drapeau blanc qu'il déploya dans les
airs et sur lequel le prêtre lut ces mots : *Au nom de Williams Longue-Barbe ;* puis l'archer prit son arbalète, la banda,
posa sur l'arme un flèche qu'il tira de son carquois et attendit.

Irrités de cette bravade, tous les archers normands dirigèrent vers Bertrand de Gourdon, que chacun avait reconnu, des nuées de flèches, dont aucune ne l'atteignit.
Impatienté de leur manque d'adresse, le roi Richard saisit
une arbalète et lança lui-même contre Bertrand une flèche,
qui vint s'émousser sur la côte de maille de cet homme.
Bertrand ramassa la flèche royale tombée à ses pieds, en
changea le fer, le plaça sur sa propre arbalète, et la lança
dans le groupe qui entourait Richard, mais avec l'intention
évidente de ne point atteindre le roi. Le flèche blessa à la
gorge un page qui tomba. Richard, furieux, décocha une seconde flèche contre l'audacieux archer. Cette fois l'arme
s'arrêta dans la cuisse de Bertrand, et l'on vit couler le
sang à travers la genouillère... Il arracha la flèche, la mit,
comme la première fois, sur son arbalète et visa le cheval
du roi ; la flèche atteignit le noble animal au défaut de
l'armure qui défendait sa poitrine, et le roi Richard roula
dans la poussière avec sa monture abattue. Alors on vit
Richard se relever couvert de sang, souillé de fange, et dans
une de ces violentes et terribles colères qui ne rappelaient

que trop la rage aveugle du lion. Il fit signe aux archers
de recommencer leurs attaques contre Bertrand. Une nuée
de flèches volèrent en sifflant autour de l'intrépide soldat, sans toutefois l'atteindre. Au milieu de cette attaque
de tous, on vit Gourdon prendre dans son escarcelle
un flèche d'une forme particulière et la diriger vers le roi.
A l'instant, Richard fit entendre un cri de douleur, et fut
reçu sans connaissance dans les bras de ceux qui l'entouraient; la flèche avait percé d'outre en outre l'épaule du
monarque. On emporta le roi dans sa tente, on extirpa de
la plaie l'arme, que l'on reconnut pour être celle que Bertrand avait taillée devant le roi, et l'on posa un appareil
sur la blessure. Mais dès que Richard eut repris connaissance, il demanda si l'on avait continué l'assaut, et apprenant que l'attaque se trouvait suspendue, sans vouloir
écouter personne, sans même prêter attention aux prières
et aux larmes de la reine Bérangère, il se fit amener un
cheval et courut se montrer aux soldats, qui recommencè-
rent à combattre avec furie, affamés de venger l'affront
qu'ils avaient reçu par la blessure faite au roi. Richard,
malgré la souffrance qu'il éprouvait, dirigea lui-même les
mouvements de ses troupes, et bientôt les béliers firent au
flanc des remparts deux larges brèches, par lesquelles les
Normands se précipitèrent dans la ville.

Cependant, quoique les assiégeants l'entourassent de toutes parts, et que ceux qui se trouvaient dans Chalus fussent mis à mort sans pitié, Bertrand de Gourdon, sans
chercher à fuir, restait toujours debout sur la crête de la

tourelle et semblait décidé à y attendre la mort, quand le roi Richard fit sonner la trompette et donna le signal de suspendre le carnage. Puis, se tournant vers les chevaliers qui l'entouraient :

— Je veux que l'on ne fasse aucun mal à cet archer, dit-il. Amène-le devant moi sans le maltraiter, sans lui dire un mot sur le sort qui l'attend. Qu'un héraut d'armes lui crie seulement qu'il ait à se rendre prisonnier du roi Richard.

Un héraut, en effet, s'approcha du pied de la tourelle, et après trois appels de clairon qu'il fit faire par un trompette qui l'accompagnait :

— Bertrand de Gourdon, le roi Richard te fait à savoir que tu aies à te rendre à sa merci ! cria-t-il.

Bertrand mesura de l'œil l'abîme que formaient sous ses pas les fortifications écroulées, et il eut un instant la pensée de s'y précipiter pour se soustraire au supplice qui l'attendait sans doute ; mais tout à coup on le vit s'agenouiller sur la plate-forme et on l'entendit, après une courte prière, dire :

— Je ne détournerai point la tête devant le calice : je le boirai jusqu'à la lie, Seigneur, car vous n'avez reculé devant aucune torture pour le salut des hommes.

Ensuite il descendit paisiblement les marches de la tourelle, en ouvrit lui-même la porte de fer aux assaillants et se laissa garrotter les mains sans opposer aucune résistance. On le conduisit aussitôt devant le roi, qui venait de rentrer dans sa tente et qu'entouraient la reine et tous ses servi=

teurs, car la fatigue de l'assaut envenimait dangereuse-
ment la plaie et rendaient la cure difficile. A la vue de l'archer qui avait blessé Richard, chacun jeta un cri d'hor-
reur, et la reine se cacha le visage ; mais le monarque attira
contre lui Bérangère et lui souleva doucement les mains.

— Il ne faut point avoir peur d'un brave soldat, lui dit-il ;
Bertrand de Gourdon n'a fait que son devoir et je l'ai moi-
même attaqué le premier. Bertrand, tu es libre ! Tu peux
partir pour l'Angleterre avec ce vieux prêtre et vous me
verrez dans peu arriver moi-même à Londres pour connaître de la justice des plaintes que vous êtes venus tous les
deux me faire entendre. Oui, si Williams Longue-Barbe a
été mis injustement à mort, Williams Longue-Barbe sera
vengé. En attendant, prends cette bourse et pars. Dieu te
soit en aide, car tu es un habile archer et un homme d'armes courageux. Sur mon âme, j'aurais eu peur à ta place
sur la plate-forme !... Le roi Richard te porte envie, car tu
es le mieux faisant de la journée.

A ces mots, il tendit la main à Bertrand qui s'agenouilla
pour la porter respectueusement à ses lèvres ; puis le prêtre et l'archer sortirent de la tente royale et se dirigèrent
vers la sortie principale du camp.

Quand les soldats virent s'en aller paisiblement celui qui
venait de mettre en danger les jours du Lion, des murmu-
res et des témoignages de mécontentement éclatèrent de
toutes parts, et la foule se porta sur son passage avec des
intentions évidemment hostiles. L'archer se contenta de
placer la main sur son poignard, prêt à le dégaîner pour

sa défense, et continua sa marche vers la sortie du camp.
Il allait l'atteindre lorsque une pierre l'assaillit à la tête
et le jeta rudement à terre. Aussitôt chacun se rua sur sa
personne, le frappa de coups de dague et se mit à exercer
sur lui les plus effroyables cruautés. En vain le vieux prêtre cherchait à arrêter ces misérables en invoquant le nom
du roi Richard : on ne l'écouta point et il faillit lui-même
devenir victime de leur rage insensée. Enfin les cris de ces
assassins arrivèrent jusqu'à la tente de Cœur-de-Lion, qui
soupçonna la vérité, s'arracha des mains des serviteurs qui
le pansaient et accourut sur les lieux où l'on égorgeait l'archer; mais il arriva trop tard, Bertrand de Gourdon était
mort.

A la vue de son cadavre, Richard, éperdu de colère, se
mit à frapper de son épée sur tous ceux qui avaient pris
part à ce meurtre, et ne cessa que pour tomber sans force et
sans connaissance. Plus de deux heures s'écoulèrent avant
que, ramené dans sa tente, il revint à lui. Bientôt une fièvre ardente se déclara; le délire s'empara du monarque, et
durant huit jours il ne cessa, dans les transports qui l'agitaient, de demander merci à son père et à Williams, qu'il
croyait voir sans cesse debout au chevet de son lit. Enfin
il recouvra la raison, et les premières paroles sensées qu'il
prononça furent pour demander si ses jours étaient en péril. Or voici ce qui se passa, au dire de Gauthier d'Hermins-
fort, historien contemporain.

— Sire, répondit l'archevêque de Rouen à la question du
roi, mettez ordre à vos affaires, car vous mourrez.

— Est-ce une menace ou une plaisanterie? répliqua Richard qui doutait encore ou plutôt qui aurait voulu douter de cette redoutable vérité.

— Non, seigneur, votre mort est inévitable.

— Que voulez-vous donc que je fasse?

— Pensez aux filles que vous avez à marier et faites pénitence.

— Je vous l'ai déjà dit, je n'ai point de filles.

— Seigneur, vous avez trois filles et vous les nourrissez depuis longtemps ; votre aînée est l'ambition, la cadette l'avarice, la troisième la luxure.

— Je donne l'aînée aux Templiers...

— Ne parlez pas ainsi, dit une voix, ne parlez pas ainsi, car votre mort approche, sire ! Songez à votre salut.

— Qui m'adresse cette menace? demanda Richard étonné.

— Celui qui reçut la dernière confession de votre père et qui vient recevoir la vôtre, répondit en s'avançant près du chevet royal le vieux prêtre de Sainte-Marie de l'Arche. Élevez votre âme à Dieu, sire, car il en est temps ; faites pénitence et confiez-vous à la miséricorde éternelle.

Le roi, touché des paroles du vieillard, se mit à pleurer et dit :

— Je suis très-repentant et vous en verrez des preuves.

Puis il ordonna que chacun sortît, et, resté seul avec le vieux prêtre, il fit une confession qui dura près de deux heures. Quand elle fut terminée, il voulut qu'on lui liât les pieds et ordonna qu'on flagellât jusqu'au sang son corps, nu et suspendu en l'air. On recommença par ses ordres cette

Assis tristement aux bords de la mer, Asraël... (p. 539.)

flagellation jusqu'à trois fois, ensuite il se fit traîner avec une corde au-devant de son confesseur, qui était allé chercher le viatique et qui blâma et fit cesser aussitôt les rigueurs auxquelles, pendant son absence, s'était condamné le pénitent royal.

Richard reçut les derniers sacrements avec les témoignages de la plus vive ferveur.

Le lendemain, le vieux prêtre conduisit à l'abbaye de Fontevrault, pour s'y placer à côté de la dépouille du roi Henri II, le cercueil qui contenait tout ce qui restait sur la terre du roi Richard Cœur-de-Lion... un cadavre.

Assis tristement aux bords de la mer, Asraël, depuis l'exil fatal qui le tenait loin des cieux, n'avait point une seule fois entr'ouvert ses ailes, dont il se voilait le visage. Encore étranger aux périodes de temps qui règlent la vie des mortels, trois mois s'étaient passés de la sorte pour le chérubin, dont les larmes né cessaient de couler. Le murmure des flots qui venaient se briser à ses pieds s'harmoniait avec une sorte de charme à son désespoir profond, et ses regards, habitués aux enivrantes splendeurs du paradis, préféraient une obscurité complète à la terne clarté que l'on appelle, sur la terre, du nom de jour. Il résolut d'attendre ainsi l'accomplissement des décrets de l'Éternel et de ne point se mêler aux créatures fragiles parmi lesquelles sa charité imprudente le forçait de demeurer pour des temps si longs.

— Du moins, se disait-il, mes frères qui descendent sur la terre ne seront pas les témoins de ma honte! Ils ne verront pas sur mon front la tache ignominieuse dont les lèvres de Satan le souillent pour toujours peut-être, et, si je ne dois plus rentrer dans le ciel, si la famille de Williams s'éteint avant que quatre martyrs sortent de son sein, eh bien, je demeurerai dans cette solitude jusqu'à la consommation des siècles, à déplorer ma faute et ma destinée.

Tandis qu'il se livrait à ces pensées funestes de découragement, il entendit tout à coup le son des harpes d'or que les anges unissent, dans le paradis, aux chants des chérubins. Cette harmonie céleste le fit tressaillir d'une émotion à la fois douce et pénible ; il sentit s'évanouir dans sa volonté les résolutions de désespoir qu'il venait de former naguère ; ses ailes s'entr'ouvrirent, ses yeux se tournèrent vers le ciel et il aperçut, dans une auréole, trois anges qui conduisaient une âme. Asraël fixa le plus longtemps qu'il le put ses regards sur le divin cortége ; puis, quand tout s'effaça dans le lointain, par un mouvement involontaire il prit son vol et suivit de loin le groupe céleste jusqu'aux portes du paradis. Là deux bienheureux, la palme du martyre à la main, reçurent leur nouveau frère, lui tendirent les bras et lui placèrent au front une couronne lumineuse, semblable à celle qui rayonnait sur leur front.

— O Bertrand, disaient-ils, ô frère bien-aimé, que Dieu soit à jamais béni pour avoir abrégé le temps de ton exil et pour t'avoir ouvert glorieusement les portes du ciel ! Viens, toi qui fus sur la terre brave et fidèle, courageux et loyal, inébranlable dans ta foi de chrétien et défenseur de l'opprimé ! Entre dans la félicité qui ne doit jamais finir, car ta mort expie le peu de faiblesse inhérente à l'argile de ta nature humaine, et les Normands, tes bourreaux, posent sur ton front une couronne éternelle comme Dieu.. Viens, prends place dans la milice céleste à côté de Paul qui combattit avec l'épée, et près de Maurice qui courba sa tête sous le glaive du décimateur plutôt que de trahir sa foi ! Viens, car déjà notre phalange compte trois martyrs.

Et les anges répétaient :

— Hosannah ! Une phalange nouvelle ne tardera point à mêler ses chants de reconnaissance et d'amour à nos cantiques. Hosannah ! des transports de félicité éclateront dans la milice céleste, car il est écrit : Il faut se réjouir lorsqu'une brebis égarée rentre au bercail.

A mesure que ces chants parvenaient jusqu'à lui, Asraël se sentait ému et consolé. Au découragement profond qui l'accablait naguère, succédait peu à peu une douce espérance, et pour la première fois les prières vinrent à sa pensée et à ses lèvres. Il s'agenouilla sur une nuée, ses mains blanches et délicates s'unirent contre sa poitrine, il souleva la tête, et ses beaux cheveux blonds se déroulèrent en longs anneaux sur ses épaules et sur son visage. Quand il eut terminé l'oraison fervente qui sortait de son cœur, il se releva plein de résignation et de force ; puis, secouant les plis de sa tunique blanche, imprégnée des vapeurs qui s'exhalaient de la terre, il contempla quelque temps avec une muette admiration les flots de pourpre et d'or que le soleil levant jetait sur les portes orientales du ciel.

— Merci, mon Dieu ! s'écria-t-il, merci, pour m'avoir

rendu l'espérance et la force! pour avoir pris pitié de ma
honte et de ma faiblesse! Merci pour avoir abrégé déjà le
temps de mes épreuves, tandis que, dans mon ingratitude,
je doutais de votre miséricorde. Merci! Je vais désormais

travailler à l'œuvre de ma délivrance et diriger vers votre
sainte demeure la famille à laquelle, dans vos vues infinies,
vous attachez ma destinée. Et vous, mes frères célestes,
beaux anges dont je me trouve séparé pour bien longtemps
encore peut-être, unissez vos prières à la mienne, car la
prière adoucit les châtiments et fait remettre les fautes.
Implorez pour moi la pieuse et divine mère de Dieu, cette

vierge de miséricorde qui se place toujours entre le repentir et la justice de Jéhovah ! Obtenez de cette mère des affligés, non pas mon retour dans les cieux... j'ai manqué de foi, il est juste que mon péché s'expie... mais la disparition de cette horrible tache qui souille mon front et qui me désespère. Que l'horrible baiser de Satan s'efface ! que ma honte ne soit plus visible pour tous ; que je puisse relever ma tête courbée par la honte ! Et votre frère ne demandera plus rien à votre intercession ! Et sa destinée pourra s'accomplir sans qu'Asraël murmure.

Il priait encore quand il sentit tout à coup s'apaiser le feu âpre qui brûlait son front. Une fraîcheur divine remplaça la morsure cuisante du stigmate infernal. Le chérubin, plein d'espérance, déploya ses ailes et prit son vol vers une fontaine, dans les eaux brillantes et pures de laquelle il vit se réfléchir son image. O bonheur ! l'empreinte du baiser du démon avait presque disparu ! A peine restait-il une cicatrice blanche et imperceptible sur le front d'Asraël !

L'ange plana près d'une journée entière au-dessus de la fontaine qui reproduisait ses formes divines. Il ne pouvait se lasser de contempler, dans ce miroir transparent, sa beauté tout à l'heure encore si cruellement flétrie par le désespoir et par l'expiation ; il se laissait aller à mille joies innocentes et pures. Tantôt il relevait sur le sommet de sa tête les nœuds ondoyants de sa chevelure blonde et les disposait comme une couronne ; tantôt c'étaient les plis de sa tunique légère et blanche, naguère souillée et flottant au hasard, qu'il rajustait d'une main habile autour de sa taille svelte et noble.

Puis, après cela, il effleurait de ses pieds l'eau de la fontaine
et les débarrassait de la poussière qui profanait leurs formes
délicates. La nuit seule, avec ses voiles sombres, sut mettre

un terme aux purifications du chérubin, et quand, au milieu
des splendeurs du soleil couchant, il éleva sa pensée vers
Dieu, la prière vint facile et douce sur ses lèvres qui célé-

braient les merveilles de la nature et la grandeur infinie de celui qui tira du néant le ciel et la terre.

Après avoir terminé sa prière, l'ange se releva plein d'espérance et de force.

— Honte à ma faiblesse! dit-il. Déjà la miséricorde divine est venue au-devant du coupable, et le coupable ne songe point à seconder cette miséricorde. Puisque de la famille Williams Longue-Barbe dépend mon salut, puisque c'est par elle qu'est venue ma faute, c'est par elle que doit m'arriver le pardon. Je veux désormais unir ma destinée à la sienne, je deviendrai son protecteur : je la protégerai contre les piéges du mauvais esprit.

L'ange, préoccupé de ces pensées, déploya ses ailes et se disposait à prendre son vol vers quelque roc élevé, pour découvrir, de son œil divin, quels lieux habitait le dernier rejeton de la famille Williams, lorsqu'il entendit grincer sous la terre un ricanement effroyable. Il abaissa les yeux et vit le démon Astaroth caché parmi des arbustes dont à son contact les feuilles se desséchaient comme si des charbons ardents les eussent touchées.

— Cherche! hurla le mauvais ange, cherche! beau chérubin, honoré déjà de mes baisers, et qui te verras réduit à te livrer de nouveau à mes caresses pour découvrir en quels lieux habite la fille de Williams Longue-Barbe, la fille de saint Williams le martyr! Oh! ne pâlis pas; car tu ne le sauras jamais! je ne veux pas que tu le saches, même à cette condition. D'ailleurs cette enfant n'est point baptisée, et elle m'appartient. Tu t'es trop hâté de croire à ma bonne foi,

Asraël. La guerre que je te fais est une guerre de ruse plus encore qu'une guerre ouverte et en face. Vraiment, tu n'es pas un adversaire digne de moi. Il faut que je te donne quelques conseils afin que la partie devienne égale. Tandis que tu te désespérais et que tu pleurais, au lieu de voler à l'église et d'inspirer au prêtre la pensée de baptiser la fille de Williams, moi je songeais aux moyens d'assurer ma proie et de garder la victime que je t'avais cédée quelques instants au prix du tendre baiser que tu reçus de moi. Quand Godwin et sa femme, en sortant de l'église, montèrent dans leur bateau pour s'en retourner à leur logis, je les accompagnai, je m'assis à la poupe et j'étendis les bras. Soudain les démons reconnurent leur monarque, les vents soufflèrent avec violence, les vagues se gonflèrent, la tempête accourut et la foudre éclata de toutes parts. Bientôt le bateau se brisa contre un rocher, et Godwin et sa femme périrent en s'armant du signe maudit de la croix et en invoquant la miséricorde de ton Dieu. Ils montèrent au ciel. Mais l'enfant, lui, cet enfant qui n'était pas baptisé, il m'appartenait ; je n'avais qu'à le laisser s'engloutir au fond de la mer, et son âme allait augmenter, dans les ténèbres, le nombre des pâles fantômes que le manque du baptême bannit à jamais du ciel. Mais ce n'était pas là ce que je voulais. Que m'importe une victime de plus du péché originel ? Non ! il faut que l'enfant de Williams, — de saint Williams ! — soit damné par sa propre volonté, par ses propres fautes ! Il faut qu'il se donne à l'enfer et non pas que la fatalité l'y pousse. Je me suis donc montré charitable ! Ah ! ah ! ah ! j'en ris encore, j'ai fait une bonne action ! L'enfant, attaché par Godwin sur une planche, allait se briser contre un rocher et je me suis placé entre le rocher et lui. C'est contre ma poitrine que les flots l'ont poussé ! Mes bras l'ont reçu, mon haleine l'a réchauffé, mes baisers ont apaisé ses cris. Une tendre mère, ah ! ah ! ah ! ah ! ne lui aurait prodigué plus de soins et témoigné plus de tendresse. Eh bien ! que dis-tu de ma charité, beau chérubin ? un ange du Seigneur aurait-il fait mieux ?

Asraël sourit avec dédain.

— Dieu combat avec moi, répondit-il, et toutes tes ruses, toutes tes perfidies ne prévaudront point contre sa puissance. Je sauverai malgré toi l'enfant de Williams et je poserai sur son front l'auréole des élus.

— Il ne s'agit pour cela que de vaincre quelques obstacles qui ne sont pas sans difficultés, je t'en préviens franchement. D'abord il faut deviner quels lieux habite l'enfant, à quelles mains je l'ai confiée et ensuite t'approcher d'elle. Or, comme elle n'a point reçu les eaux du baptême, la garde de son berceau n'appartient pas aux anges, mais aux démons ; et je doute que, même pour un de tes baisers, ceux qui veillent sur notre prédestinée laissent seulement approcher de son berceau l'ombre de tes ailes. Cherche donc, Asraël ! Puisque le Très-Haut combat pour toi, me vaincre te sera chose facile, et je ne doute pas que ta candeur ne triomphe aisément de mes ruses.

Et il recommençait à rire de son rire maudit et insolent, lorsque tout à coup son front pâle devint plus pâle encore ; une agitation convulsive tordit tous ses membres ; il tomba

les genoux en terre, il étendit les bras vers le ciel, et ses lèvres crispées par la douleur murmurèrent des paroles de
supplication. Dieu avait étendu la main, et le réprouvé se
débattait dans le châtiment dû à ses blasphèmes.

— Grâce ! grâce ! obtiens ma grâce ! murmurait-il. Que
ces affreux tourments cessent et je te dirai tout. Je te mène-
rai vers les lieux qu'habite la fille de Williams ; j'ordonnerai
à mes légions de s'écarter de son berceau... Grâce !

Asraël se pencha vers Astaroth :

— Méchant, que Dieu te fasse miséricorde, dit-il, et que
sa clémence daigne, à mon intercession, suspendre les tortures dans lesquelles tu te débats. Mais je ne veux pas que
tu me révèles ton secret. Garde-le, je saurai le découvrir
malgré toi ; malgré toi, je sauverai l'enfant de Williams.

A ces paroles de l'ange, les souffrances du démon s'apai-
sèrent. Il tomba haletant sur le sable, et quelques instants
s'écoulèrent avant qu'il retrouvât la force de se relever.
Il le fit enfin, mais lentement et la tête baissée pour dérober
sa honte aux regards du chérubin. Puis, tout à coup, il ouvrit ses ailes de vautour et par un bond précipité s'élança
dans les airs, où il disparut bientôt comme un point noir à
travers les nuages.

Asraël, incertain, porta autour de lui les yeux irrésolus
qu'il éleva ensuite vers le ciel :

— Vous seul, mon Dieu ! dit-il, êtes la force et la vérité.
Je ne puis rien sans vous, daignez donc m'inspirer ! Car depuis mon exil du ciel, mon regard est faible et a perdu la
puissance dont il jouissait dans des temps plus heureux !

Il y avait dans le pays de Galles, au bord de la mer, une petite cabane ou plutôt quatre piquets revêtus de peaux, qu'un pêcheur et sa femme plantaient tantôt sur une partie du rivage, tantôt sur une autre. Une vieille barque se trouvait toujours enfoncée dans le sable, près de cette cabane,

assez loin des flots pour qu'ils n'entraînassent pas le frêle esquif, mais assez près cependant pour qu'on pût le remettre à la mer sans trop de fatigues et d'efforts. Quand aucun orage ne grondait dans les airs, quand les vagues se balançaient avec tranquillité et sans colère, on voyait Gurth prendre ses filets qu'il disposait à marée basse et qu'il allait rechercher ensuite après que la marée haute était venue les recouvrir en y laissant quelques poissons. Il prenait cette proie, la rapportait à sa femme qui la faisait griller sur des charbons, puis après un court repas, il allait se coucher sur les algues d'une roche, regardait le ciel d'un air mécontent et finissait par s'endormir.

Mais le ciel se couvrait-il de nuages, le vent mugissait-il,
la mer gonflée et inquiète commençait-elle à faire entre-cho-
quer les vagues? alors Gurth s'éveillait et une joie étrange
s'emparait de lui. Son œil brillait d'un éclat sinistre ; un
rire féroce contractait ses lèvres recouvertes d'une barbe
rousse et plantureuse ; des cris joyeux sortaient de sa poitrine. Puis on le voyait dépouiller son justaucorps de peaux
de phoques et mettre à nu ses larges et puissantes épaules.
Il appelait sa femme pour qu'elle l'aidât à pousser sa barque
à flot ; il saisissait les rames, et bientôt le frêle esquif bondissait sur la mer en fureur, emportant avec lui les deux
créatures naguère si paisiblement étendues sur les algues.

Tandis que Gurth dirigeait la chaloupe, sa femme Herlich interrogeait sans cesse du regard l'étendue de la mer
et cherchait si le fanal de quelque navire n'apparaissait pas
au loin. Dès qu'Herlich apercevait la lueur agitée d'un de ces
fanaux, soudain elle hissait au bout du mât une immense
lanterne de corne, et Gurth dirigeait la barque avec une
grande habileté à travers les écueils et les récifs parmi lesquels il naviguait habituellement et dont il connaissait les
moindres détours. Presque toujours le pilote des navires
égarés sur la côte se laissait prendre à cette ruse infernale
et s'avançait avec confiance vers une rive près de laquelle il
voyait naviguer sans danger un bâtiment dont il ne pouvait
distinguer la forme, mais qu'il jugeait être d'une grandeur
considérable, d'après la nature et la dimension de son fanal.
Bientôt la quille du navire confié à l'imprudent venait se
briser contre les rochers, et la mer se couvrait de débris et

d'hommes... Alors la barque de Gurth s'arrêtait, ramenée
au rivage et échouée sur le sable. Herlich donnait à son

mari une longue massue et prenait elle-même un croc attaché au bout d'une corde ; puis tous les deux attendaient. Si les
flots apportaient des débris, Herlich lançait son croc avec une
adresse merveilleuse, les saisissait, les amenait sur la rive et
emportait cette épave derrière un rocher ou dans sa cabane.
Si c'était un homme que la mer poussait sur le rivage, Gurth

se jetait sur lui, et soit que l'infortuné se trouvât évanoui, soit qu'il tendît les mains et qu'il demandât assistance, le brigand le frappait sans pitié de sa massue et dépouillait son cadavre.

Un soir, la journée avait été bonne : un navire était venu se perdre tout près de la cabane de Gurth : non-seulement ce dernier avait trouvé sur les huit ou dix naufragés beaucoup d'or et d'objets précieux, mais encore le croc d'Herlich avait amené deux caisses pleines de viandes salées et plusieurs outres de vin. Assez riches pour se livrer à la joie d'une orgie, les deux féroces créatures, sans s'inquiéter des autres débris qu'elles voyaient flotter parmi les vagues, allaient rentrer dans leur tente avec leur butin et commencer, au bruit de la tempête et de la foudre leurs complices, un repas dont l'ivresse et ses fureurs ne devaient point tarder à faire partie, quand tout à coup les flots jetèrent sur le sable, aux pieds d'Herlich, un petit enfant qui se mit à pousser des cris plaintifs. Gurth saisit la massue pour le frapper, mais le cœur de sa femme, quelque endurci qu'il fût, se sentit remué de compassion, et elle arrêta le bras de son mari.

— Ne tuons pas cet enfant, dit-elle.

C'était la première parole de pitié que Gurth entendît sortir des lèvres de sa compagne : aussi la regarda-t-il d'un air de surprise et en riant.

— Voici du nouveau ! hurla-t-il d'une voix qui couvrit les mugissements de la tempête. Que veux-tu faire, Herlich, de cet avorton criard ? Laisse-moi l'écraser.

Il leva le pied pour broyer l'enfant. Herlich saisit son croc, le lança à la tête de Gurth, et tandis que ce dernier essuyait son front blessé et sanglant, elle ramassa l'enfant et le réchauffa contre sa poitrine. Le brigand, que la colère avait fait pâlir d'abord, se prit bientôt à rire et tendit une main velue à sa féroce compagne.

— Bien frappé, Herlich, bien frappé! si mon front n'était pas si dur, tu l'eusses, ma foi, brisé... Je te pardonne, mais ne recommence plus. Allons jette là ce petit chat qui miaule; la mer en fera ce qu'elle voudra. Viens boire avec moi le vin des naufragés et savoir si leurs provisions sont bonnes.

— Gurth, répliqua la sauvage créature en passant l'un de ses bras autour du cou nerveux du pêcheur, Gurth, il faut me laisser cet enfant. Je l'élèverai, il deviendra grand, et quand nous serons vieux, c'est lui qui conduira la barque pour nous et qui apportera dans notre cabane les épaves du naufrage.

— Voilà de singulières idées, dont je ne te croyais pas capable, interrompit Gurth évidemment adouci ; fais ce que tu voudras. Garde cet enfant, pourvu que ses cris ne troublent jamais mon sommeil... et que ce soit un garçon, ajouta-t-il, car sans cela je lui tors le cou. Allons, viens, je me meurs de faim et la soif me serre le gosier.

Herlich laissa s'éloigner Gurth et déposa l'enfant dans le creux d'un rocher plein de mousse. Elle se dépouilla du grossier manteau qui flottait sur ses épaules, en couvrit soigneusement son protégé, donna un baiser à son petit front blanc et alla rejoindre son compagnon, non sans se retourner deux fois pour s'assurer que l'enfant dormait. En entrant dans la cabane, elle trouva Gurth qui dévorait une pièce de porc salé et près duquel gisait déjà une outre vide. Elle l'encouragea à boire de nouveau, feignit de se livrer à l'intempérance et vit bientôt le brigand tomber ivre-mort. Aussitôt, elle quitta la cabane et vint retrouver l'enfant, qui s'éveilla et lui tendit les bras, avec un sourire, comme si elle eût été sa mère. Une larme brilla dans les yeux de celle qui n'avait jamais pleuré ; cette larme glissa sur ses joues brunes et s'arrêta sur son sein comme une perle brillante.

— Oui, dit-elle, tu peux me sourire et me tendre les bras, car je t'aimerai, car je veillerai sur toi comme l'aurait fait ta mère, ta pauvre mère dont les flots emportent sans doute le cadavre. Je t'aimerai, car je suis seule au monde depuis le jour où Gurth est venu m'enlever à ma famille, moi, pauvre jeune fille sans défense, dont il a fait sa compagne. Pour toi, je ne m'enivrerai plus ; pour toi je ne tuerai plus, car le sang porte malheur. Et puis je ne veux pas que tu commettes de crimes et que tu aies à redouter, comme moi, la justice des hommes et la justice de Dieu. Je cacherai soigneusement ton sexe à Gurth, qui te tuerait s'il savait que tu es une fille. Je t'élèverai près de moi comme mon enfant jusqu'à l'âge de cinq ou six ans... Quand les mauvais exemples pourront avoir quelque influence sur toi, le bon Dieu m'inspirera ce que je devrai faire pour toi. Je le ferai, dût-il m'en coûter la vie.

En disant ces paroles, elle versait goutte à goutte dans la bouche de l'enfant un peu de lait trait à une chèvre, seul être vivant qui habitait sous la tente avec Gurth. Herlich

plaça l'enfant sur ses genoux comme dans un berceau, se balança pour l'endormir et finit par se laisser aller elle-même au sommeil.

Il était grand jour, quand, le lendemain matin, Gurth sortit du profond assoupissement où l'avait jeté son ivresse de la veille. Les yeux gonflés, la tête alourdie, il porta dans la tente des regards étonnés, car il s'attendait à trouver, comme d'habitude, Herlich étendue à ses pieds et engourdie par le vin. Il se leva, il sortit et appela Herlich à diverses reprises; ne la voyant point venir, il se dirigea vers les rochers, où il ne tarda point à la rencontrer endormie, l'enfant dans ses bras. Gurth fronça le sourcil.

— D'où lui vient cette singulière tendresse pour un enfant qu'elle n'avait jamais vu? gronda-t-il. Va-t-elle, pour cette petite créature, abandonner ma cabane toutes les nuits? Herlich était brusque, sans pitié, sans faiblesse : je l'ai vue dépouiller cent fois des cadavres encore palpitants et ne pas donner le moindre signe de pitié! Et la voilà qui se fait berceuse et qui dort en plein vent pour mieux soigner un avorton. Ah! les femmes!... Il ne faut jamais croire en elles : un instant suffit pour les faire changer. Holà! Herlich!

Herlich s'éveilla et se hâta de placer l'enfant dans son nid de mousse, car elle lisait de la colère sur le front de son mari.

— La première fois que tu sortiras de ma cabane pour venir passer la nuit près de cet enfant, lui dit-il, je briserai d'abord la tête de ton protégé contre la terre, après quoi je t'attacherai à quelque bon pieu, et tu feras largement connaissance avec la corde de ton croc ou le bois de mes rames.

Herlich leva sur Gurth un regard féroce.

— Tu m'as déjà bien souvent battue et j'ai supporté les

coups sans me venger, dit-elle, mais si tu touchais à l'enfant, je te conseille de me tuer avec lui, car sans cela les passants verraient bientôt un cadavre dans ta cabane; n'aurais-je d'autres armes que mes mains !

— Ah ! ah ! fit Gurth, qui voyait avec plaisir la colère et la menace animer les traits de sa femme ; voilà comme je t'aime, Herlich ! Tu es vraiment belle maintenant : les cheveux en désordre, l'œil en feu, le visage pâle et les mains convulsivement agitées ! Tu n'as plus l'air d'une vieille nourrice de Londres, accroupie sur le seuil d'une boutique pour changer de langes le fils d'un marchand. Viens, que je t'embrasse, ma furieuse.

Et il la pressa dans ses bras nerveux avec une force qui eût étouffé toute autre femme ; mais à peine la taille de la robuste Herlich pliait-elle.

— Allons, c'est assez de querelles ! Viens m'aider à replanter les piquets de notre cabane, que la violence de la tempête a ébranlés. Ensuite nous rejetterons à la mer les cadavres que le reflux n'a point encore enlevés, et nous enterrerons nos provisions superflues et notre or. Il faut qu'on ne devine en rien les richesses du pauvre pêcheur Gurth, jusqu'au jour où nous pourrons aller mener en Normandie la vie opulente d'un riche baron. Car, avec de l'or, le roi Richard me fera baron, Herlich. L'or rend tout possible à la cour du roi Richard !

Herlich, avant de suivre son mari, déposa l'enfant sur le lit de mousse, et, après s'être bien assurée qu'il dormait et avoir déposé sur son front un baiser, elle se dirigea vers la cabane. Elle sentit tout à coup un souffle délicieux et frais qui passait sur sa tête et qui caressait son visage : ce souffle fit éprouver à la sauvage compagne de Gurth des sensations qui lui étaient inconnues... C'était l'aile du chérubin qui traversait les airs et venait veiller près de l'enfant.

Six années s'écoulèrent, durant lesquelles l'enfant jeté dans les bras d'Herlich devint grand et finit par se gagner, grâce à sa gentillesse et à sa naïve gaieté, jusqu'à la farouche affection de Gurth. La douceur et le peu de force de la petite créature qu'il croyait un garçon, n'étaient pas de nature à plaire au robuste et brutal brigand ; mais les caresses d'Edwards, c'est ainsi qu'ils l'avaient nommée, son inaltérable gaieté et la grâce répandue sur toute sa personne faisaient expirer sur les lèvres de Gurth la parole de dédain ou de colère que provoquait la faiblesse de la petite fille, habillée du costume des paysans gallois. Le faux Edwards pliait sous les fardeaux que voulait lui faire porter Gurth et ne savait point manier les rames, trop pesantes pour ses bras ; mais, en revanche, il tenait et dirigeait le gouvernail avec autant d'habileté que le brigand lui-même, et savait gravir jusqu'au sommet du mât avec la prestesse d'un écureuil. Aucun danger ne l'étonnait, aucun obstacle ne l'arrêtait : il ne se passait point de jour sans qu'elle ne rapportât à Herlich quelques oiseaux de mer dénichés sur les rochers les plus hauts et les plus escarpés. Ses blonds cheveux épars sur ses épaules, vêtue d'un pourpoint qui dessinait les formes de sa taille svelte et d'un large haut-de-chausses qui laissait sa jambe et ses pieds nus ; quand elle ne bondissait pas de

roche en roche, elle s'exerçait à tirer de l'arc ou de l'arbalète
et ne manquait presque jamais le but qu'elle visait. Gurth
l'emmenait avec lui chaque fois qu'il partait pour la pêche ;
mais, quand il arrivait une tempête et que le brigand allumait le fanal de son mât pour faire échouer quelque navire,
Herlich, sous prétexte qu'il ne fallait pas exposer aux périls
de la mer et aux outrages du vent une frêle créature comme
Edwards, obtenait toujours qu'on laissât l'enfant dans la cabane. Le véritable motif qui la faisait agir de la sorte, c'est
qu'elle ne voulait pas associer la jeune fille à des scènes de
crime et de meurtre ; c'est qu'elle ne voulait pas souiller la
pureté de cœur de celle qu'elle avait adoptée. Oui, Herlich,
la femme de Gurth, Herlich qui naguère frappait sans sour-
ciller, sans une émotion, le naufragé qui lui demandait grâce,
ne se sentait plus la même à présent. Elle aurait donné la
moitié de sa vie pour se trouver au fond de quelque village
paisible et n'être qu'une pauvre femme assise près de son
foyer, une quenouille à la main ! Mille inquiétudes maternelles emplissaient son cœur sur l'avenir de l'enfant qu'elle
voyait grandir près d'elle et que ne tarderaient point à corrompre les exemples de Gurth ; car la joie de Gurth était extrême quand il voyait Edwards porter à ses lèvres une coupe
pleine de vin et répéter les blasphèmes qui se mêlaient aux
moindres paroles du brigand.

Ces inquiétudes sur l'avenir de son enfant d'adoption rendaient Herlich triste et rêveuse. On la voyait souvent passer
des heures entières, assise sur quelque pointe de rocher et
la tête cachée dans ses deux mains, se laisser aller à ses pen-

sées. Alors le chérubin Asraël venait s'asseoir à côté d'elle ou voltigeait au-dessus de sa tête afin d'attiser par son souffle divin la flamme généreuse que la pitié allumait dans le

cœur de cette femme. Un soir que Gurth se trouvait absent, elle quitta tout à coup le rocher, mit la barque à flot et appela Edwards.

—Mon enfant, dit-elle, il faut que nous fassions force de rames et que nous entreprenions un voyage qui sera long peut-être.

L'enfant sauta de joie, car elle ne se sentait à l'aise que dans la barque et sur les flots.

Herlich, inspirée par Asraël, avait résolu de profiter de l'absence de Gurth pour fuir, tâcher de gagner la côte de France et chercher sur quelque rive déserte de cette contrée une existence sans crime et sans remords. « Là, se disait-elle, je vivrai du travail de mes mains, j'irai à la pêche, je raccommoderai les voiles des pêcheurs, je mendierai même s'il le faut, mais du moins je sauverai cette jeune fille des remords qui me rongent le cœur ; je n'aurai point à me repentir de causer sa perte. Dieu, qui m'inspire, me protégera. »

Et pour la première fois, cette femme, qui n'avait point prié depuis le jour où Gurth l'avait amenée sanglante dans sa cabane, cette femme, habituée au pillage et au meurtre, s'agenouilla pieusement, tendit les mains vers le ciel et essaya de murmurer une prière. Edwards, qui la vit faire, se plaça près d'elle, l'imita, et de sa bouche enfantine récita les paroles qu'elle entendait sortir des lèvres de sa mère adoptive.

—Seigneur, Seigneur, protégez-nous !

Bientôt la barque, détachée de l'anneau qui la retenait au rivage, fut mise à flot et lancée à l'eau ; la voile s'ouvrit, se gonfla, et le reflux emporta l'esquif en pleine mer avec la rapidité d'une flèche. Astaroth, qui voyait sa proie lui échapper, et qui subissait avec d'autant plus de rage le triomphe d'As-

raël que ce triomphe devait mettre un terme à l'exil de l'ange
et le ramener dans le ciel, alla au-devant de Gurth, qui revenait, lui inspira des pensées de colère et de crime, et hâta sa
marche en le poussant de ses mains invisibles. Gurth arriva
sur la rive au moment où Herlich et Edwards commençaient
à mettre la rame en œuvre pour gagner tout à fait au large et
donner plus de vitesse à leur esquif. Sans s'expliquer les motifs de leur fuite, il comprit néanmoins que toutes deux le
fuyaient. Assitôt il prit une flèche dans son carquois et l'a-
justa sur son arc ; la flèche siffla, et elle aurait atteint le but
si la main d'Asraël ne l'eût détournée ; mais Astaroth furieux
s'élança d'un bond sur la chaloupe et poussa Herlich dans la
mer. Herlich jeta un cri : « Mon Dieu ! mon Dieu ! » puis elle
disparut sous les flots, qui se refermèrent sur elle.

Tandis qu'Edwards se livrait au désespoir et se demandait avec anxiété s'il fallait poursuivre sa route ou bien
obéir à Gurth qui l'appelait du rivage, Gurth, furieux, se
mit à la nage et se dirigea vers la barque. En ce moment,
le ciel se couvrit d'éclairs, la foudre éclata, et deux cadavres
ne tardèrent point à venir se briser contre les rochers ; cadavres hideux et sanglants, dans lesquels personne n'eût pu
reconnaître les corps défigurés de Gurth et d'Herlich.

Cependant Edwards, perdu au milieu des flots, Edwards
qui venait de voir périr sa bienfaitrice, élevait les mains au
ciel et répétait la dernière parole de sa mère adoptive,
comme il avait répété le matin sa prière ; car l'ange Asraël
se tenait assis à la poupe de la barque ; mais Astaroth, debout à la proue, troublait l'esprit de la jeune fille afin d'é-

loigner d'elle toute pensée religieuse, et jetait sur elle des pensées de terreur et de désolation. Sans le chérubin, il eût essayé de précipiter l'enfant dans les flots, car il commençait à craindre qu'elle n'échappât à l'enfer. Mais il n'osait tenter ce hardi projet : il se rappelait les cruelles tortures qu'il avait déjà subies sous les yeux de l'ange exilé, et un tremblement convulsif le saisissait rien qu'à la pensée de ces horribles souffrances. Tous les deux, en présence, attendaient donc cette lutte entre le ciel et l'enfer. Pour Astaroth, c'était une honte et une défaite qui l'exposeraient durant l'éternité aux impitoyables railleries des autres démons. Si Asraël succombait, il lui fallait attendre la consommation des siècles avant de rentrer dans le paradis, car Edwards, ou plutôt Edwigh, était le dernier rejeton de la famille de Williams... Astaroth croisa les bras sur sa hideuse poitrine : Asraël se mit à genoux et leva les yeux avec espérance vers le ciel. Mais Dieu ne voulait pas que tout se terminât durant cette nuit : la mer s'apaisa peu à peu, les flots perdirent de leur agitation, la foudre cessa de gronder, les éclairs s'éteignirent. Edwigh, brisée par la fatigue et la douleur, s'endormit, et lorsqu'elle se réveilla, la barque se trouvait arrêtée parmi les rochers.

Quand la jeune fille s'éveilla, elle porta autour d'elle des regards de surprise : les événements de la veille lui semblaient un rêve pénible et douloureux. Mais lorsqu'elle vit qu'elle ne dormait point, lorsque le souvenir d'Herlich morte se présenta distinctement à sa pensée, elle se mit à pleurer avec amertume. Asraël, ému de pitié, détacha du bout de

son aile la chaloupe et la dirigea vers une baie voisine, qui
servit de port à ce frêle esquif. Edwigh alors s'élança sur le
rivage et vit un jeune garçon qui passait près de là en courant ; elle voulut l'appeler, mais le cri qu'elle poussa était
si rauque et si terrible, qu'il épouvanta l'enfant et le mit en
fuite. Les parents de ce dernier, alarmés de le voir revenir
pâle et tremblant, s'informèrent des causes de se terreur
et il leur répondit qu'un monstre avec de longs cheveux se
tenait sur les bords de la mer, prêt à dévorer ceux qui s'approchaient de lui. Tous aussitôt s'armèrent et coururent vers
le rivage : ils s'arrêtèrent avec étonnement à la vue d'Edwigh, dont l'étrange et merveilleuse beauté prenait encore
un caractère plus sauvage sous les derniers rayons du soleil
couchant qui jetaient, à grands flots, sur elle les glorieux
reflets de leur pourpre. Ses longs cheveux blonds épars, debout et appuyée sur une rame, elle regarda quelque temps
avec un sourire la foule des pêcheurs rassemblés et marcha
vers eux avec confiance. Par un mouvement de terreur ma-
chinal, les pêcheurs reculèrent devant cette créature inconnue. Edwigh n'en continua pas moins sa marche, surprise
de la crainte qu'elle inspirait, et voulut prendre dans ses bras
un enfant que la précipitation de la fuite avait fait trébucher
et renverser aux pieds de l'étrangère. Comme elle se bais-
sait pour relever le petit effrayé, le père lança contre Edwigh le harpon qu'il tenait à la main et atteignit la jeune
fille au milieu de la poitrine. Elle tomba sur le coup, se débattit pendant quelques minutes sur le sable, qu'elle couvrit de son sang ; mais ce fut une crise rapide dont elle

triompha bientôt. Habituée à la souffrance, la jeune fille surmonta la douleur qu'elle éprouvait, se releva et arracha de sa blessure le harpon. Cherchant ensuite du regard celui qui l'avait frappée; elle le reconnut, le poursuivit au milieu de la foule et le jeta bientôt à ses pieds. Alors il se fit un tumulte effroyable autour d'elle; chacun l'attaqua : seule contre tous, elle ne tarda point à céder au nombre. On la terrassa; on la couvrit de liens, on l'attacha fortement à un pieu et les pêcheurs, encore sous l'influence de la colère, se mirent à délibérer entre eux sur le sort de leur captive.

Tandis que les uns proposaient de lui donner immédiatement la mort, et que d'autres voulaient la réserver pour des supplices longs et cruels, Edwigh, épuisée par la colère et par la perte de son sang, tomba sans connaissance ; une vieille la prit en pitié, se pencha vers elle pour la panser et entr'ouvrit la veste qu'elle portait.

— C'est une femme ! c'est une femme ! s'écria-t-elle alors.

Et elle interrogea Edwigh ; mais Edwigh ne comprenait pas la langue dont se servait la vieille femme pour lui parler et répondit d'une voix mourante quelques mots en saxon. Ces mots ne furent point compris davantage par ceux qui l'entouraient. Par bonheur un vieux prêtre anglais, que la mort du roi Richard et les catastrophes survenues depuis cette époque avaient empêché de rentrer en Angleterre, attiré par le tumulte, quitta le petit ermitage qu'il s'était fait parmi les rochers, et se hâta d'arriver pour arracher, s'il en était temps encore, leur victime aux pêcheurs. L'ange et le démon qui planaient au-dessus du rivage reconnurent le vieux prêtre de Sainte-Marie-de-l'Arche : Asraël jeta un cri de joie, mais Astaroth rit de son rire amer.

— Ne te crois pas encore vainqueur, dit-il. Malgré la présence de cet auxiliaire, Edwigh n'a point reçu le baptême, Edwigh vient de verser du sang ; donc mon influence peut s'exercer sur cette prédestinée de l'enfer tandis que tu te vois forcé de rester inactif près d'elle.

En disant ces paroles, il descendit près la jeune fille, et sans cesser d'être invisible, il l'entoura de ses bras immondes et la troubla du souffle de son haleine infernale. Edwigh, qui venait de succomber à un second évanouissement, ouvrit les yeux et se sentit animée d'une force étrange.

Son cœur battait vite, son sang brûlait dans ses veines, son regard s'allumait d'un éclat sinistre. Les femmes qui l'entouraient reculèrent effrayées et le vieux prêtre resta seul près d'elle.

— Venez, jeune fille, lui dit-il ; venez, vous n'avez plus de danger à craindre. Venez, un asile vous attend ! Je vais vous conduire dans un cloître voisin où vous trouverez des soins pour vos blessures et pour votre âme. Venez, accompagnez-moi.

Edwigh fit un mouvement pour suivre le vieillard : le démon l'arrêta et resserra plus étroitement encore l'étreinte dont il l'entourait.

Le vieillard prit la jeune fille par la main, mais Astaroth murmura des paroles fatales à l'oreille d'Edwigh, et celle-ci repoussa le vieillard si rudement, qu'il tomba et que sa tête alla frapper et se briser contre l'angle d'un rocher. Furieux à la vue de ce meurtre, les pêcheurs se jetèrent sur la coupable, dont le corps sanglant roula bientôt près du vieillard qui se mourait. Astaroth triomphant se penchait déjà vers Edwigh pour s'emparer de son âme ; Asraël s'agenouilla près du vieillard et lui murmura ces paroles à l'oreille :

— Elle n'est point baptisée, sauve-la.

Le prêtre, à cette inspiration céleste, se souleva, se traîna vers Edwigh expirante et laissa tomber sur le front de l'infortunée quelques gouttes du sang qui coulait de ses propres blessures :

— Je te baptise au nom du Père, et du Fils et du Saint-Esprit, dit-il, et il mourut.

— Une larme de ta mère devait te sauver, s'écria l'ange
en faisant allusion à ce qui s'était passé autrefois au pied du
gibet de Williams Longue-Barbe, une larme de ta mère devait te sauver, et c'est une goutte de sang qui t'a rachetée.
Dieu soit loué à jamais, car les secrets de sa Providence sont
divins et impénétrables!

Alors on entendit le rugissement d'Astaroth vaincu qui re-
tournait dans les enfers cacher la honte de sa défaite. Le chérubin Asraël remonta dans les cieux pour y conduire aux
pieds de Jéhova deux âmes radieuses, tandis que les anges
ses frères chantaient leurs plus harmonieux cantiques et
et mêlaient à leurs voix divines les accords sublimes de
leurs harpes d'or.

CHAPITRE VIII

LES LÉGENDES DU PRINTEMPS

Nous en étions là de notre causerie, quand un de nos amis vint tout à coup l'interrompre. Henri arrivait gaiement en costume de campagne, la tête couverte d'un large chapeau de paille et les jambes enveloppées de longues guêtres. Il portait sur ses épaules une boîte à herborisation.

— Enfin, dit-il, voici le printemps avec ses trésors et avec toutes sortes de richesses précieuses pour la science !

Les herbiers de notre ami Tsoui-tsine, pour qui je collectionne des plantes depuis ce matin, vont s'augmenter des échantillons les plus beaux de la flore parisienne.

— Voyons! voyons! s'écria Tsoui-tsine avec une joie d'enfant. Oh! les belles plantes sauvages! Examinons-les une à une avant de les étaler sur le papier buvard de mon herbier, suaire qui doit les ensevelir, absorber leur humidité et les transformer, hélas! en cadavres roides et ternes. Examinons-les une à une avant de s'aplatir et de disparaître dans le gros et lourd volume, qu'elles nous adressent le mélancolique adieu des gladiateurs : « Celles qui vont mourir te saluent. » *Morituræ te salutant.*

— Voici d'abord, dit Henri, la *giroflée sauvage*. Sa fleur d'or exhale un parfum de girofle qui justifie son nom et qui décèle une origine exotique.

En effet, s'il faut en croire les traditions des Flandres, la giroflée sauvage, que les botanistes désignent sous le nom de *chirantus fructiculosus*, qui n'éclôt qu'à l'exposition du midi, dont la tige est ligneuse, les feuilles entières et les fleurs jaunes et petites, n'existait point en Europe à l'époque de la première croisade prêchée par Pierre l'Ermite, à la fin du onzième siècle.

Parmi les premiers seigneurs qui se rallièrent sous la bannière de Robert, comte des Flandres, et qui répétèrent avec lui : *Diex li volt*, se trouvait le baron de Malines, Jacques Berthold, que la pensée de délivrer les lieux saints poussait moins qu'un désespoir amoureux à prendre la croix et à entreprendre le voyage d'outre-mer. Jacques aimait la

comtesse Lydorie de Brabant, veuve d'une merveilleuse
beauté, qui opposait à la passion du jeune sire une froideur
que rien ne pouvait vaincre. A toutes les paroles de tendresse
du pauvre amoureux elle répondait : « J'ai déjà deux amours
et n'en veux pas d'un troisième. Là-haut, après Dieu, j'aime
au ciel l'époux qui m'y attend ; ici-bas, j'aime la fille que cet
époux m'a donnée. »

Malgré ces durs propos, Jacques Berthold, le jour de son
départ, n'en alla pas moins prendre congé de l'inhumaine
et lui demanda ce qu'elle voulait qu'il lui rapportât de Palestine.

— Une fleur qui pousse sur les tombeaux, lui répondit-
elle ; une fleur qui puisse orner la dernière demeure de celui
que je pleurerai tant que je resterai en exil dans cette vallée
de larmes.

— Vous serez servie à souhait, noble dame, répliqua-t-il
en abaissant la visière de son casque pour cacher sa pâleur.

Et il partit au plus grand galop de son destrier.

Près d'un quart de siècle s'écoula sans que la comtesse Lydorie reçût des nouvelles du sire de Malines. A peine, à de
rares intervalles, lui arrivait-il d'Orient des rumeurs vagues
et incertaines, tantôt sur la prise d'Antioche par les croisés,
tantôt sur les pestes qui décimaient et quelquefois même
qui anéantissaient les armées chrétiennes. Peu lui importait,
d'ailleurs, et le chevalier Berthold et ses amours, surtout
maintenant qu'elle voyait les années blanchir ses cheveux,
et sa taille, autrefois si fine, si svelte et si souple, s'épaissir
et même commencer à se courber.

Un soir qu'elle sortait de la chapelle de son château, où, suivant son habitude, elle avait assisté à vêpres et à complies, un de ses pages vint lui annoncer qu'un ermite, arrivant de Palestine, demandait l'honneur de paraître en la présence de la comtesse de Brabant.

— Madame, lui dit le vieillard quand on l'introduisit devant elle, j'arrive d'outre-mer pour remplir près de vous le dernier message d'un chevalier mort sous les murs d'Ascalon, en combattant pour la croix. Il m'a remis cette boîte d'or en me chargeant de vous dire que sa dernière pensée vous appartenait.

— Il eût mieux fait de la donner à Dieu, cette dernière pensée, répliqua Lydorie dont l'âge ne rendait point l'humeur plus douce et plus charitable.

Et elle jeta la boîte dans le jardin, sans l'ouvrir et sans s'inquiéter de ce qu'elle contenait.

A quelque temps de là, le mur en ruines, vieux de deux ou trois siècles, contre lequel s'était brisée la boîte, se couvrit des touffes d'une fleur d'un jaune vif, et exhalant un parfum qui ne rappelait en rien les odeurs des autres plantes de la contrée. Elle enfonça profondément ses racines ligneuses entre les interstices des parties du mur exposées au soleil du midi. Toutes les fois que ses graines tombaient, soit au levant, soit au couchant, soit au nord, elles se refusaient à éclore.

Quand la comtesse mourut, quoique son tombeau se trouvât enfermé dans un caveau, on remarqua qu'un an après son séjour sous la pierre sépulcrale, cette pierre se trouva, du côté du midi, comme le vieux mur du jardin, couverte de touffes de la plante mystérieuse, qu'on appelle encore aujourd'hui la *murée du baron*, en souvenir de Jacques Berthold.

A côté de la girofléc sauvage, se trouve dans ma boîte à herborisation l'*aristoloche*, à la tige sarmenteuse et grimpante, qui passe pour un topique efficace contre les piqûres des insectes, et son frère le *cabaret*, à la fleur brune, aux feuilles luisantes, et qui exhale une forte odeur de poivre. S'il faut s'en rapporter au dire des bonnes femmes de la campagne, aucune autre substance ne posséderait à un plus haut degré la propriété de dissiper l'ivresse. Sans trop croire à cette vertu du *cabaret*, je puis en revanche affirmer que ses feuilles, desséchées et réduites en poudre, débarrassent en quelques heures de leurs parasites les chiens et les agneaux, et que, si l'on veut se dégager le cerveau en éternuant sans rémission pendant un bon quart d'heure, il suffit de recourir à ces mêmes feuilles.

L'*inula* ou *fleur de Saint-Roch*, à fleurons jaunes et à feuilles pubescentes, guérit de la dyssenterie ; la *pulsatile* ou *fleur de Pâques* est cette charmante anémone à laquelle on recourt contre la paralysie et contre l'amaurose.

Salut au gouet pied-de-veau, aux longues feuilles lisses, d'un vert foncé, tachées de noir, et qui ressemblent à l'empreinte qu'un pied de veau laisserait sur le sable humide. Ses fleurs, d'un blanc grisâtre en dedans, les baies écarlates qui leur succèdent et les nombreuses propriétés que possède sa racine, en font une plante tout à fait à part, dont les vertus se disaient autrefois dans les veillées de la Champagne pouilleuse. Mais aujourd'hui la Champagne pouilleuse a bien autre chose à faire qu'à dire et à écouter des légendes ! Les progrès de l'agriculture lui enseignent à défoncer l'immense banc de craie que les influences atmosphériques transforment bientôt en un sol meuble, capable de recevoir et de retenir les débris organiques, et le camp de Châlons lui donne à foison des engrais de toute nature qui permettent de fertiliser une terre restée stérile pendant tant de siècles.

Quoi qu'il en soit, dans les premiers siècles de l'Église, saint Amé, fuyant la persécution, errait sans guide à travers la Champagne pouilleuse. Accablé de fatigue et mourant de faim, il arriva devant la chaumière d'une jeune femme qui eut pitié de la détresse du pauvre voyageur.

— Entrez ici, mon père, lui dit-elle. Vous pourrez vous y reposer pendant quelques heures, après vous être tant bien que mal réconforté à l'aide du peu de pain que je puis

vous donner en partageant avec vous tout ce qu'il m'en
reste au logis..

Saint Amé mangea ou plutôt dévora le pain que lui offrait
la Champenoise, s'étendit sur une botte de paille dans un
coin de la chaumière et y dormit si bien, pendant une heure
ou deux, qu'il se réveilla délassé et dispos.

— Or çà, dit-il à son hôtesse, je ne veux pas m'en aller
sans vous prouver ma reconnaissance. Que désirez-vous le
plus en ce moment, mon enfant ?

— Je voudrais que mon mari trouvât ici, ce soir, en revenant des champs, une bonne soupe qui pût le réconforter

de ses fatigues ; mais, hélas ! je n'ai plus au logis ni le moindre légume, ni le moindre morceau de pain.

— Je le sais, interrompit le saint ; néanmoins, il ne sera
pas dit que votre mari soit la victime de votre charité pour
un pauvre voyageur. Cherchons avec quoi vous pourriez
bien faire un excellent potage à votre mari. Ah ! voici précisément votre affaire.

Et il alla arracher, au pied d'une haie, sous deux ou trois
arbres verts qui dressaient au-dessus leurs tiges rabougries
et leur maigre feuillée, une plante sauvage, velue et d'assez
laid aspect ; il en coupa la racine charnue et la râpa dans un
pot plein d'eau où il la lava soigneusement ; après quoi il la
pressa entre ses mains à diverses reprises et il la jeta dans
la marmite.

— Laissez cela bouillir une heure, dit-il en allumant
dans l'âtre une bourrée, et jamais votre mari n'aura mangé
un plus succulent potage... Mais pourquoi lavez-vous ainsi
votre linge sans savon ? Vous ne sauriez parvenir à le
rendre net.

— C'est que le savon coûte cher et que je n'ai point
d'argent pour en acheter, répondit-elle en soupirant.

Saint Amé alla cueillir une seconde plante tout à fait semblable à la première, et dit à son hôtesse ébaubie : Voici du
savon !

Sans la pâte qui bouillait dans la marmite et qui prenait,
ma foi, un aspect fort appétissant, la bonne femme eût ri
au nez du saint ; car, se disait-elle, on ne saurait laver son
linge avec de mauvaises herbes.

— Vous couperez cette racine par morceaux, vous verserez de l'eau tiède dessus et la frotterez entre vos mains avec votre linge.

Elle obéit. Aussitôt une belle mousse blanche apparut dans la cuve, s'attacha aux bras de la lavandière et lessiva si bien le linge que jamais il n'avait paru aussi net à la ménagère, quand elle le mit sur une corde pour qu'il séchât au soleil.

— Seigneur Dieu ! dit-elle, il y a donc de tout dans cette plante ?

— Vous êtes encore bien loin de connaître chacune de ses vertus ! répartit saint Amé.

« Si jamais vous venez à ressentir le mal de dents, mettez sur la dent malade un peu de la racine fraîche de gouet, et votre douleur disparaîtra comme par miracle. Quand vous voudrez rendre de la force au vin de votre cellier devenu trop faible, recourez à la racine de gouet ; enfin, si vous voulez transformer du vin en vinaigre, elle vous rendra encore ce service. Avez-vous besoin de vous purger, prenez un peu de racine de gouet. Voulez-vous ajouter à votre diner un plat de légumes aussi délicat que les meilleurs épinards ? les feuilles de cette plante bénie vous le procureront. Maintenant, adieu, je me suis acquitté de l'hospitalité charitable que j'ai reçue de vous. Que Dieu vous bénisse en ce monde et dans l'autre ! »

Le saint n'avait pourtant pas raconté à la Champenoise toutes les merveilles du gouet.

Il aurait pu lui dire encore que cette plante possède

une propriété singulière et qui reste une énigme pour les physiciens et les savants. En effet, du moment où le gouet pied-de-veau atteint sa floraison complète, il acquiert une chaleur assez forte pour élever le thermomètre de 48 à 55 degrés centigrades, comme l'a constaté en 1777 Lamark.

La chaleur du gouet est indépendante de l'action de la lumière et de la température; elle se manifeste avec la même puissance pendant la nuit.

Madame Linné, se promenant une nuit dans le jardin de son mari, toucha par hasard de la main une plante sauvage et ressentit une si vive chaleur qu'elle jeta un cri de douleur et se crut les doigts brûlés.

Linné accourut et ne fut pas peu surpris en reconnaissant que cette chaleur étrange provenait d'un pied de gouet en pleine floraison.

Les gourmets romains faisaient grand cas du *gouet comestible* de l'Égypte, qui n'a rien de vénéneux; on en transportait d'immenses quantités d'Alexandrie à Rome, et on nommait ce mets *luph* ou *coulchas*.

La *primevère jaune* (le *coucou* et la *clef de saint Pierre* des enfants) foisonne partout et élève ses grappes d'or au-dessus des autres plantes. C'est la favorite des ménagères du village, qui en tressent des couronnes, en ornent les berceaux de leurs nourrissons, préparent avec les jeunes tiges, infusées dans le vinaigre, un condiment délicat, et font bouillir les fleurs pour en fabriquer une présure active, et qui, mieux que toute autre substance, dispose le lait à se cailler et à devenir d'excellent fromage. Il suffit pour cela d'une légère addition de sel, de sulfate d'alumine et de girofle.

Voici encore l'*aristoloche*, qui hante les buissons et qui fournit un topique; la *tulipe sauvage*, à pétales barbus au sommet; l'*ail des chiens* (muscari), la *jacynthe des bois* à fleurs bleues; la *globulaire* à fleurs violettes; la *colchique*, fatale aux animaux qui mangent sa bulbe et qui a reçu le sobriquet de *tue-chien*; la *cinéraire champêtre*, couverte d'un duvet cotonneux; le *pas-d'âne*, qui affectionne les terres glaises, qu'on classe parmi les meilleurs béchiques, et qui fait disparaître les dernières traces des rhumes causés par les rigueurs de l'hiver.

Pour vous désigner par leur nom chacune des plantes dont la terre, au printemps, couvre son sein fécond, il faudrait une journée entière. Le *tamier* ou *vigne noire* à fleurs verdâtres, dont j'ai cueilli, au pied d'une haie, une des longues tiges qui s'y enlaçaient, porte les noms de *sceau de la Vierge*, d'*herbe de Notre-Dame* et d'*herbe aux femmes battues*.

Ce n'est point parce que son feuillage est d'un vert gai, ses fleurs jaunâtres et ses fruits rouges; ce n'est point parce que l'art vétérinaire emploie sa racine âcre et amère; ce n'est même point parce qu'elle résout le sang épanché dans les contusions et qu'elle contribue à guérir les meurtrissures.

Les vrais motifs, les voici :

Un jour, une femme de la campagne se plaignit à un capucin d'être constamment battue par son mari; elle lui montra comme preuve ses bras et ses épaules meurtris de coups.

« La sainte Vierge, répondit le moine, m'a enseigné la connaissance d'une plante miraculeuse, qui non-seulement

guérira votre peau marbrée de taches bleues par le fouet conjugal, mais encore empêchera que vous ne soyez battue désormais. Faites une infusion de l'herbe de Notre-Dame, qui croît si abondamment dans vos haies ; bassinez-en trois ou quatre fois par jour vos bras et vos épaules, et les contusions disparaîtront comme par enchantement. Voilà pour le présent. Lorsque dorénavant votre mari, un peu pris de boisson, rentrera du cabaret, remplissez votre bouche d'infu-

sion d'herbe de Notre-Dame. N'avalez pas surtout cette infusion, car elle vous purgerait énergiquement ; ne la crachez
pas non plus, car votre mari commencerait immédiatement
à vous rosser. »

Là-dessus il partit.

A trois mois de là, il repassa par le village de la brave
femme.

« Vous êtes un saint ! lui cria celle-ci du plus loin qu'elle
aperçut le frère mendiant ; non-seulement mes bras sont
redevenus en deux jours frais et blancs comme vous les
voyez, mais encore je n'ai pas une seule fois été battue par
mon mari depuis que, suivant votre conseil, je remplis ma
bouche de l'eau en question, quand le brave homme me
paraît entre deux vins.

— Continuez, répondit le capucin en souriant. Bénissez
la miraculeuse *herbe à la Vierge*, et n'oubliez pas mon couvent ! »

Elle lui donna une miche de six livres qu'il chargea sur
son âne, et il s'éloigna en murmurant :

« Si j'avais dit à cette femme : Ne répondez pas à votre
mari quand il est ivre, car vous l'irritez et vous le poussez
à vous battre, elle ne m'eût point écouté. Lorsqu'elle a la
bouche pleine d'eau, elle se trouve dans l'impossibilité de
lui riposter, de le mettre en colère et de s'attirer des gour-
mades. Hélas ! comme l'a dit le fabuliste la Fontaine, que
je relis encore parfois, malgré mon froc et mes sandales :

> L'homme est de glace aux vérités,
> Il est de feu pour les mensonges.

« Si je n'eusse point paré ma recette et mes conseils d'un petit vernis de merveilleux, la pauvre créature serait battue encore aujourd'hui ! »

Cette légende n'est assurément pas des plus nouvelles, et rappelle un peu la légende que je vous ai dite tout à l'heure, mais aussi depuis combien d'années déjà le tamier ne se nomme-t-il pas l'*herbe aux femmes battues* !

Voici maintenant des récoltes que j'ai faites au bois de Vincennes en un coin humide qui ressemble à un petit marais, et qu'on dirait au premier coup d'œil un tapis de verdure uniforme. D'abord, je ne vis que des formes confuses, emmêlées, enlacées, enchevêtrées; puis, peu à peu, je distinguai des feuilles, des fleurs, des tiges, chacune avec leur caractère particulier et incontestable. Témoin, par exemple, la *pulsatile* aux jolies fleurs violettes. Ne vous fiez, toutefois, ni à son nom populaire d'*herbe aux vents* ni à ses feuilles découpées ; elle produit une teinture utile, je l'avoue, mais elle est vénéneuse ; à ses côtés poussent le *populage*, dont le suc est caustique ; la *cardamine* ou *cresson de pré*, excellent antiscorbutique ; la *corne de cerf* à fleurs blanches, qui possède les mêmes propriétés astringentes, le *sisymbre amphibie*, frère du cresson comestible ; l'*herbe de Sainte-Barbe* (eresymum), qui raffermit les gencives ; la *spargoute noueuse*, aux formes étranges ; le *cresson de cheval* (la véronique), l'*iris*, dont la racine cultivée fournit un parfum délicat et voisin de la violette. Enfin, au milieu de cent autres plantes affublées de noms barbarement latins par les botanistes, et baptisées de noms caractéristiques et pittoresques par le bon sens

populaire, se détachent le *rubanier*, dont la longue tige flot-
tante mesure plus d'un pied ; la *massue d'eau* (l'*herbe au
bedeau*), qui fournit un aliment excellent ; le *pigamon*, qui a
reçu le nom honorable de *rhubarbe des pauvres ;* et le sinistre
glaïeul, connu encore sous le nom de *faux acore*.

Vous êtes en présence d'une des plus redoutables armes
du moyen âge et de la Renaissance. Le glaïeul, plante commune, répandue partout où il y a un peu d'eau, placée sous
la main de chacun, a servi pendant bien des siècles à la
superstition, à la cupidité et au crime. Dieu sait combien
de drames terribles se rattachent à l'histoire de cette touffe
qui s'épanouit paisiblement au bord de l'eau, avec ses feuilles
semblables à la lame d'un cimeterre et ses charmantes
fleurs qui invitent à les cueillir !

La sorcellerie faisait usage du glaïeul pour fabriquer
l'onguent dont on s'oignait avant de partir pour le sabbat.
« Cueillez du glaïeul au printemps, disent les livres de ma-
« gie, et entre autres le *Dragon rouge ;* râpez sa racine frai-
« che, et mettez immédiatement cette râpure dans de l'huile
« blanche. A l'été, vous mêlerez l'huile avec du suc de pa-
« vot, réduit à l'état de pâte, et vous vous en frotterez le
« front, les aisselles et autres parties délicates du corps.
« Après quoi, vous tomberez dans un sommeil profond, et,
« à votre réveil, vous vous sentirez si léger, qu'il ne vous
« restera qu'à enfourcher un bâton et à partir pour le ren-
« dez-vous de minuit. »

On le voit, ce mélange de racine de glaïeul et de pavot
n'était autre chose qu'une sorte de haschisch qui troublait

la raison des insensés qui y recouraient. Ce fut encore, dit-on, avec la racine pilée de glaïeul, fort semblable à la pou-dre d'iris, que fut empoisonnée la mère de Henri IV. La reine de Navarre porta, pendant toute une journée de chasse, des gants parfumés et faits suivant la mode du temps, de forte peau de daim; les mains de Jeanne d'Albret devinrent moites sous l'épaisse enveloppe qui les tenait emprisonnées, et absorbèrent la substance vénéneuse.

Au milieu de mes fleurs et de mes plantes, il en est une qui exhale un parfum suave et qui m'enivre tandis que j'écris ces lignes. C'est le *lilas*. Non pas le lilas blanc de l'hiver, que l'industrie obtient au prix d'atroces tortures imposées au pauvre arbuste ! Celui-là, on l'oblige à pousser au fond de serres privées de lumière, dans une atmosphère artificielle, chaude et humide, afin qu'il ne garde aucune trace des couleurs délicates qui, lorsqu'il pousse en liberté, rendent ses corolles si charmantes, et surtout afin qu'il n'ait pas d'odeur, car cette odeur entêterait, au milieu de leurs bals, les femmes nerveuses dont il doit composer les couronnes et les bouquets.

La France ne possède le lilas que depuis le seizième siècle.

Le lilas, originaire de la grande chaîne du Caucase et importé de Constantinople à Vienne, en 1562, par Augier Ghislen de Busbecq, s'y acclimata facilement et ne tarda point à se répandre d'Autriche dans toute l'Europe émerveillée de sa beauté. L'Écluse constate que, quarante ans après son introduction, on le *trouvait partout*.

Le lilas se multiplie, en effet, avec la plus grande facilité, non-seulement par sa graine, mais encore par les rejets nombreux qui naissent de ses racines ; il ne se montre point délicat sur la nature du terrain, s'accommode de toutes les expositions, et brave le froid, voire les gelées, auxquelles il résiste, si violemment qu'elles sévissent.

Les insectes aiment par-dessus tout la liqueur sucrée que contiennent ses fleurs. Aussi la branche de lilas que j'ai rapportée de mon herborisation en contient-elle plusieurs, parmi lesquelles je distingue une cantharide.

La cantharide est un charmant coléoptère, paré des riches couleurs de l'émeraude et de l'or, qui chatoient sur ses élytres à chaque jeu de la lumière ; elle ne connaît, dans le monde entomologique de l'Europe, qu'une rivale en beauté, la populaire *cétoine dorée*.

Avant de se transformer en une jolie bestiole qui vit délicatement des fleurs parfumées et des feuilles les plus tendres des arbustes, la cantharide subit une série de métamorphoses qui dépassent en fantastique toutes les histoires des contes de fées, où les belles princesses se trouvent changées en bêtes : seulement, au rebours de bête, la cantharide devient fée, et, avant de se transfigurer en fille de l'air, elle se montre un parasite aussi féroce que les pires ogres de Perrault.

C'est aux dépens des abeilles, et surtout de l'abeille maçonne, que la cantharide exerce ses cruautés.

L'abeille maçonne vit solitaire et construit son nid en argile dans les angles des murailles.

Au printemps, après le départ de cette abeille, qui va picorer de çà et de là la miellée des fleurs, profitez de son absence pour fouiller son nid, et vous y trouverez presque toujours une petite masse blanchâtre, composée d'un millier au moins d'œufs transparents à peine grands d'un dixième de millimètre, et dont, néanmoins, on distingue parfaitement, à l'aide d'une loupe un peu forte, la forme ovale.

Ces œufs ont été pondus là par une cantharide à bande jaune, que Latreille appelle une *sitaride à manteau*, car les entomologistes ne se font point faute de donner des noms et des classifications toutes différentes, et au besoin contradictoires, aux insectes dont ils traitent.

Ces œufs éclosent vers l'automne, et il en sort un petit insecte filiforme à six pattes, svelte, vif, sans cesse affairé, qui passe l'hiver dans le monceau de poussière blanchâtre formé par les coques des œufs dont il est sorti avec une bande d'innombrables frères. On dirait une fourmilière blanche, tant s'agitent ces monstres quasiment imperceptibles, au corps composé de douze segments et hérissé çà et là de longs poils, aux gros yeux, à la tête large et surmontée d'antennes sans cesse en mouvement, à la forte mâchoire, aux pattes armées d'ongles aigus. Lorsqu'on les inquiète, ils se dressent crânement et menacent l'importun de leurs mandibules et de leurs griffes, comme le faisait Gulliver dans l'île des Géants, en face de Micromégas.

Au printemps, les nymphes déposées par la maçonne dans des cellules pleines de miel commencent à subir leur transformation et à devenir des abeilles parfaites.

Par une règle invariable, les mâles sortent les premiers de leur berceau de cire. A peine nés, ils essayent leurs ailes

avant de quitter le nid et de s'élancer dans les airs. Dès
qu'ils commencent à se livrer à cette gymnastique, les larves de cantharides, qui les guettent, se jettent par un bond
sur les pauvres insectes, se cramponnent le long de leurs
pattes et de leurs corps, gagnent le corselet et l'articulation
des ailes et s'y installent solidement à l'aide de leurs ongles
aigus et recourbés. Désormais, bon gré mal gré, il faut que
les abeilles mâles, sans espoir de s'en débarrasser, les trans-
portent partout avec elles et leur servent à la fois de monture
et de pâture.

À ce triste métier, le pauvre insecte devient souffrant et
chétif. Il languit et il ne vole plus avec sa vigueur habituelle. Alors les larves qui le réduisent à cet état de dé-
faillance profitent d'un moment où, affolé, il se roule
désespérément dans une fleur, pour se détacher de leur victime désormais trop maigre et trop faible. Les vampires se
laissent tomber dans le calice de la plante, et, de carnivores,
ils deviennent mellivores et vivent des sucs odorants distil-
lés autour d'eux.

Poussée par une de ces fatalités dont les lois de la nature
ne frappent que trop d'êtres, une abeille maçonne femelle,
à peine éclose, ne tarde point à arriver sur la fleur où l'attendent ses plus redoutables ennemis. Sitôt qu'elle la touche, les larves, rendues à leur appétit féroce, laissant la
miellée, se ruent sur la bestiole et se cramponnent de toutes
parts à elle.

Elles ne la quitteront que le jour où elle ira dans son nid
de terre glaise pour y pondre ses œufs.

A mesure qu'un œuf tombera dans l'alvéole destinée à le recevoir, une larve de cantharide se détachera du dos de la mère, se glissera sur l'œuf et se laissera enfermer avec lui dans le berceau plein de miel qui les reçoit tous deux.

Dès lors, face à face avec sa nouvelle proie, elle commence, à l'aide de ses fortes mandibules, par crever l'œuf et par manger tout ce qu'il contient; après quoi elle se fait de la coquille vide une véritable nacelle, dans laquelle elle s'installe, et se cramponne de façon à ce qu'en allongeant la tète au dehors, elle puisse manger, sans s'arrêter un moment, le miel au milieu duquel elle vogue.

Elle en avale tant que l'enveloppe de son corps, devenue trop étroite, craque, s'ouvre, et met en liberté un être qui ne ressemble plus en rien à un ver filiforme.

La manière dont s'opère cette mue est bizarre. La tète de la larve s'entr'ouvre par le dessus avec les trois premiers segments de son corps allongé et étroit, comme la gousse d'un haricot qui commence à sécher et qui montre, par une de ses extrémités soulevée, les graines qu'elle renferme.

De cette tète entr'ouverte sort un globule blanc qui tombe sur le miel, y flotte à l'aventure et ressemble à une petite boule inerte.

En l'examinant à la loupe, on ne tarde point à constater, par les stigmates ou appareils respiratoires placés sur les flancs, que la boule vit, respire et même se nourrit, car peu à peu ce qui reste de miel dans l'alvéole diminue, s'épuise et disparait sans laisser même la moindre trace.

Après trente ou quarante jours de ce régime, la boule

mystérieuse, naguère encore imperceptible, atteint douze à
quinze millimètres de longueur sur six de largeur.

Un beau matin, cette masse se vide brusquement d'une
liqueur rougeâtre qu'elle contenait, devient d'une blancheur
parfaite et se met peu à peu en possession de pattes à l'état
de moignons, d'un ventre rebondi, digne de Falstaff, et
d'une tête surmontée d'antennes, armée de mandibules,
mais sans yeux.

Le monstre, après trois ou quatre jours d'immobilité, se
contracte; une mince pellicule se détache de son corps, s'en
écarte en se plissant et laisse voir qu'elle contient une matière liquéfiée, qui se solidifie peu à peu dans l'espace d'une
heure. Alors, l'enveloppe se colore d'un fauve ardent et prend
l'aspect d'un oignon à fine pelure d'or, renfermant une chry-
salyde dont les diverses parties s'allongent, se modèlent et
se consolident. La tête, nettement dessinée, s'incline en
avant, la bouche s'ouvre et les antennes se montrent pen-
chées sur les flancs; c'est un être emmaillotté, c'est une
nymphe.

Dès lors, il n'y a plus que patience à prendre. Un jour, un
frémissement se manifeste dans la nymphe engourdie; la
tête se relève, les antennes s'agitent, les ailes se développent, s'étendent, s'essayent enfin, et après une courte
hésitation, une cantharide complète se glisse hors du nid de
l'abeille, prend son vol, s'ébat au soleil et va, quand elle
se sent fatiguée, se reposer sur les lilas naissants dont elle
dévore avidement les fleurs et au besoin les feuilles.

Après trois ou quatre jours de vagabondage, pendant lesquels la cantharide s'enivre du bonheur de se sentir vivre, le besoin d'obéir à la loi mystérieuse de reproduction imposée à tous les êtres s'éveille dans l'insecte. Cette mission remplie, les mâles tombent languissants aux pieds des lilas, où ils ne tardent pas à expirer, et les femelles se mettent en quête d'un nid d'abeilles sauvages pour y pondre leurs œufs ; ensuite elles meurent comme le mâle.

L'aubépine que voici est encore une des filles hâtives du printemps, qui se parent de leurs couronnes de fleurs dès les premiers jours, où, comme le dit Horace, l'aigre hiver se ferme : *solvitur acris hyems*.

L'antiquité professait une sorte de culte pour cet arbuste. Quand on célébrait une noce à Athènes, chaque invité arrivait tenant à la main une branche d'aubépine. A Rome, le marié en agitait un rameau tandis qu'il conduisait sa femme à la chambre nuptiale. Il fallait, pour jouir de ce privilége, être né libre et avoir encore son père et sa mère vivants.

Au moyen âge, par une pieuse superstition dont on retrouvait naguère encore des traces dans le Midi et particulièrement à Bordeaux, pendant certaines fêtes on suspendait de grandes couronnes d'aubépines au-dessus des rues. Dans les Hautes et les Basses-Pyrénées on en ornait des croix que l'on plantait sur la lisière des champs pour attirer les bénédictions célestes sur les biens de la terre ; enfin les Flandres françaises, quand elles croyaient encore aux sorciers, regardaient l'aubépine comme un infaillible talisman contre les maléficiers et les jeteurs de sorts. Non-seulement ils attachaient des fleurs d'aubépine à la porte des étables, mais encore ils en mêlaient aux rameaux de buis bénit qui surmontaient leur chevet.

Le *Malleus maleficarum*, livre étrange et barbare consacré à l'histoire des procès de sorcellerie et écrit par un inquisiteur, raconte au milieu du fatras de sinistres légendes dont regorge chacune de ses pages, qu'un jour le diable en personne résolut de sortir des enfers pour perdre une jeune fille d'une grande piété. Il rôda je ne combien de nuits autour de la chambre de la pauvre enfant sans pouvoir y pénétrer, car dans cette chambre se trouvait aux pieds d'un crucifix et à côté d'un bénitier une branche d'aubépine.

Un soir il se présenta au logis de celle dont il convoitait l'âme, et il obtint à prix d'or, d'une vieille servante qui passait à tort ou à raison pour hanter le sabbat, qu'elle enlevât de la chambre le rameau protecteur et l'eau sainte, et le mît à même de pénétrer dans la chambre de la vierge. Celui-ci commença par obséder de rêves tentateurs qui troublaient ses sens et sa raison, l'enfant qui, pour se soustraire au malaise étrange qu'elle éprouvait, se leva brusquement et ouvrit la fenêtre afin de donner de l'air à sa poitrine oppressée, et de rafraîchir son front brûlant. Le vent qui pénétra tout à coup par cette fenêtre, amena avec lui une senteur d'aubépine et mit en fuite, à l'instant même, le mauvais esprit, qui désormais n'osa plus reparaître dans le logis où il avait éprouvé une si honteuse défaite.

Hélas! l'aubépine ne guérit plus aujourd'hui les tentations. Elle se borne à la mission prosaïque de soulager les rhumatismes aigus et chroniques, quand on mélange à de

la menthe poivrée une substance extraite de ses fleurs et
qu'on appelle propylamine.

Les grappes que voici appartiennent au *mélilot*. La fleur
de cette plante reste épanouie presque tout l'été. C'est elle
qui embaume le foin; nos ménagères du Midi l'enferment
dans leurs armoires pour qu'elle pénètre de son odeur suave
le linge qu'on y renferme; les abeilles aiment à y butiner
de préférence à toute autre espèce de végétal.

Soit dit en passant, à propos des abeilles, quoiqu'on semble avoir tout vu et tout observé sur leur organisation et sur
leurs mœurs, chaque jour amène encore quelque découverte
nouvelle sur cette inépuisable source d'observations, témoin
ce qu'en raconte M. G. Dupasquier.

Lorsqu'au printemps les premières abeilles s'envolent le
matin pour explorer la campagne et y aller à la découverte,
elles commencent par décrire lentement, autour du rucher,
de grands cercles en s'élevant toujours davantage. Tout à
coup elles s'élancent en ligne droite dans un direction quel-
conque; elles viennent de flairer de loin un endroit où le
miel abonde. Si la distance est petite, la plupart d'entre elles
arrivent juste au point voulu; mais si la distance est grande,
souvent le contraire a lieu; la plupart se fourvoient dans
des clairières, s'écartent, décrivent des courbes derrière les
collines, s'égarent et finissent par revenir à leur ruche sans
nouvelles, sans butin, épuisées et presque découragées.

D'autres, au contraire, mais presque toujours en petit
nombre, arrivent du premier coup au but désiré. Il faut les
voir alors s'approcher d'abord du nectar des fleurs, en dé-

guster avec lenteur le parfum, l'apprécier, et s'assurer s'il
est de mauvais, de médiocre ou de bon aloi. Dans le premier cas, elles s'éloignent; dans le second, elles font des
esais pour voir si, après tout, on ne peut pas tirer parti
d'une miellée de seconde ou de troisième qualité; dans
le troisième, elles n'hésitent pas et se mettent activement
à la récolte.

La jolie et svelte ouvrière commence par allonger ses
antennes pour reconnaître définitivement la nature des sucs
et pose légèrement ses pattes au bord d'une feuille, car la
plupart des feuilles sont couvertes le matin, au printemps,
d'une sorte de rosée poisseuse, luisante et d'une saveur
douce et légèrement sucrée. Après s'être convaincue qu'elle

ne court point le danger d'engluer ses ailes et de rester captive, elle reprend son examen en expert dégustateur consommé, recueille quelques échantillons et reprend à tire-d'aile le chemin de la ruche.

Toutefois, avant de s'éloigner, elle met toute son intelligence à bien graver dans sa mémoire, et sans erreur possible, les lieux et les plantes qu'elle veut signaler à ses compagnes et vers lesquels elle compte revenir avec elles. Elle commence donc par planer et après avoir décrit plusieurs cercles en s'élevant toujours davantage pour bien s'orienter et reconnaître la situation, elle s'élance tout à coup et disparaît. Plus rapide que la flèche, elle franchit bientôt l'espace qui la sépare de sa ruche dans laquelle elle entre précipitamment. Là, elle communique à ses compagnes la découverte qu'elle vient de faire.

Comment leur explique-t-elle la direction, la distance approximative, la qualité du trésor dépisté? nul ne le sait, mais elle le fait incontestablement.

En effet, sans tarder, un certain nombre d'abeilles, suffisamment renseignées, sortent de la ruche et se dirigent du côté indiqué. La précipitation qu'elles mettent à partir fait voir qu'elles possèdent une connaissance parfaite du gisement de miel. Ce qui le prouve mieux encore, c'est qu'au bout d'un temps plus ou moins long, selon la distance, plusieurs d'entre elles reviennent à leur tour chargées de miel. La nouvelle se communique rapidement dans la ruche, l'activité augmente, et bientôt une foule d'ouvrières part pour le *placer* sucré et y procède à une active et lucrative exploitation. Jamais elles ne se trompent, on placerait en vain, près du gisement de miel qu'elles ont résolu d'exploiter, un rayon de miel d'une qualité différente ; aucune d'elles ne daignerait toucher à ce dernier ; elles veulent du seul miel frais, pur, de senteur exquise, non élaboré, dont elles possèdent des échantillons, et n'en veulent pas d'un autre, même tout confectionné.

Le *mélilot*, auquel je reviens, fournit aux parfumeurs une eau distillée qu'ils prônent comme un de leurs plus délicats produits, et les teinturiers une couleur jaune d'un ton solide. Les montagnards de la Suisse, du Jura et des Pyrénées, le font entrer dans la fabrication des fameux fromages verts qui jouissent de tant de renommée chez les gastronomes, surtout quand ils proviennent du canton de Glaris ; les Allemands le servent en guise de thé ; enfin les Anglais lui donnent le nom de *timothy* et le tiennent comme une sorte de personnification de la richesse des prairies.

Je me souviens qu'un de nos plus jeunes et de nos plus riches propriétaires fonciers résolut, il y a quelques années, d'aller étudier chez les fermiers anglais le grand art de l'agriculture, que pratiquent si merveilleusement nos voisins d'outre-mer. Quoiqu'il parlât assez bien l'anglais, et que surtout il le comprît comme sa langue natale, il finit, dès le premier jour de son arrivée, par croire qu'on attendait prochainement à la ferme un hôte vivement désiré. On ne cessait d'y parler matin et soir de la prochaine arrivée de Timothy, de la richesse de Timothy, de la bonté de Timothy. Enfin, un jour, en allant aux champs, chacun se mit tout à coup à s'écrier : Voici Timothy ! Timothy est arrivé ! Nous boirons ce soir à la bienvenue de Timothy. Vive Timothy !

Notre compatriote finit par demander tout bas à la jolie petite femme du fermier quel était ce fameux Timothy dont on répétait sans cesse et sur tous les tons le nom à ses oreilles. Mistriss Deborah, par un petit mouvement de la tête, plein de mutinerie et de malice, fit signe à son hôte de l'accompagner, et elle le conduisit, avec des airs de mystère à mourir de rire, au bout d'une prairie qui, la veille, complétement verte encore, commençait à se dorer çà et là des grappes d'or du mélilot.

— Voici *lord Timothy*, dit-elle en souriant avec cet air à la fois railleur et ingénu qui sied si bien aux paysannes anglaises. C'est un de nos meilleurs amis, ajouta-t-elle, car il vient nous annoncer le printemps et nous garantir des foins excellents et savoureux, qui nous vaudront de magnifiques bœufs, des moutons succulents et beaucoup de guinées. Bienvenue à Timothy, qui apporte avec lui l'abondance, la joie, la certitude du bien-être du présent et l'espoir du bien-être de l'avenir !

Notre compatriote s'inclina respectueusement devant lord Timothy, comme il l'appela emphatiquement. Puis, se tournant gravement vers mistriss Deborah :

— En France, lui dit-il, dans les jours de grande fête on s'embrasse. Permettez-moi donc d'en user avec vous d'après la coutume de mon pays.

Il effleura de ses lèvres les joues blanches et roses de la

charmante femme, qui rougit un peu, mais qui se laissa embrasser.

— Il faudra, dit-elle en riant, que j'apprenne cette coutume à mon mari James, pour qu'il en use à l'égard de madame la comtesse, votre femme, quand il ira prochainement en France avec vous.

Et elle s'enfuit en riant aux éclats de cette malice.

Je ne sais si master James, qui vint l'année suivante visiter les terres du comte, profita de la coutume française enseignée à sa femme, mais je sais que la plante que je trouve accrochée aux feuilles du mélilot a, sinon causé, du moins déterminé la guerre entre Louis XIV et les Pays-Bas.

Elle se nomme en France *barbe-de-bouc* et en Hollande *soleil crotté*, DROK-ZON.

Le grand roi avait pris pour emblème un soleil avec cette légende : *Nec pluribus impar*, sans égal.

Or, le 1er septembre, jour de la kermesse d'Amsterdam, grande bacchanale dont les carnavals de Paris, de Venise et de Rome, ne sauraient donner une idée, tous les bourgeois de la ville se promenèrent avec des fleurs de tournesol attachées au bas de leurs habits. Comme les jardins, assez restreints, de la ville n'en pouvaient fournir à tout le monde, les autres habitants se rabattirent sur les fleurs de barbe-de-bouc.

Pendant les trois jours de la kermesse, on ne s'accostait qu'en criant follement : *Soleil, arrête-toi! je suis Josué.* Et celui à qui s'adressaient ces paroles bouffonnes s'arrêtait et se tournait avec mille grotesques simagrées.

Le roi Louis XIV jura de montrer aux Hollandais que le soleil ne s'arrêtait pas devant des Josués de leur espèce, et qu'il possédait, pour brûler ceux qui le raillaient, des feux redoutables et sans pitié. On sait comment il tint son serment et ce qu'il en coûta aux Pays-Bas.

Aujourd'hui le *drok-zon* jouit encore d'une grande vogue dans les orgies de la kermesse d'Amsterdam, et les servantes ne manquent jamais d'en passer une fleur à la boutonnière de celui qu'elles louent pour les promener pendant les trois jours de la fête.

Que si l'on veut jouir de cette bizarre faveur de servir de protecteur à ces charmantes créatures, car je ne sais rien de plus charmant que les filles de la Hollande, il suffit de posséder un parapluie, d'être vêtu d'une redingote, entendez-vous bien, et non pas d'un habit, et de se promener devant les groupes de femmes qui stationnent sur chacun des trois cents quais de la ville. Bientôt le pacte se conclut, et le candidat, avant de passer titulaire, reçoit une fleur de *drok-zon* et une somme qui varie de six à quinze florins, suivant la bonne ou la mauvaise tenue de l'individu et la couleur de son parapluie ; la mieux portée de ces couleurs est la rouge.

Une fois la somme payée, on appartient aux ménades ; elles vous prennent par le bras, vous promènent de cabaret en cabaret, vous gorgent de nourriture et de boisson, vous obligent à danser nuit et jour et ne vous rendent à la liberté qu'à l'heure où la fête se clôt et où chacun rentre chez soi, brisé de fatigue et, suivant l'expression latine, *lassatus non*

saliatus. Malheur à celui qui, après s'être loué aux bacchan-
tes, essayerait de leur échapper en prenant la fuite. Elles le
poursuivraient avec acharnement, et, s'il retombait entre
leurs mains, elles puniraient sa félonie à coups de poing, à
coups de bâton, et peut-être même à coups de couteau. Un
des peintres les plus célèbres de la Belgique, qui, dans sa
jeunesse, joua ce jeu dangereux, pâlit encore, racontant les
périls qu'il courut et les terreurs qu'il éprouva pour s'être
gagé une nuit de kermesse à huit servantes, et pour leur
avoir échappé subrepticement.

Le *mille-pertuis* n'a rien, dans sa légende, de ces farces bizarres ; mais en revanche sa fleur, qui ressemble à un bouquet tout fait, et surtout ses feuilles cotonneuses, offrent aux
botanistes des phénomènes à peu près sans exemple dans le
règne végétal.

Ce nom de *mille-pertuis*, qui signifie en vieux français
mille trous, lui vient des innombrables petits points, soit
transparents, soit obscurs, qui parsèment ses feuilles et le
calice de ses fleurs comme la surface d'une écumoire. Chaque
point forme une glande remplie d'une huile essentielle, sans
propriété connue, et le suc gommo-résineux de couleur jau-
nâtre, qu'on extrait de sa tige en assez grande abondance,
reste également aujourd'hui sans application thérapeutique
ou industrielle. On a essayé toutefois de s'en servir comme
vermifuge, et on l'estimait encore, au seizième siècle, un as-
tringent et un emménagogue de quelque vertu, surtout le
mille-pertuis perforé, hypericum perforatum. Mais, il faut bien
le dire, c'était, assurent les chimistes, une réputation usur-

pée. Toutefois, dans les campagnes du midi de la France, les ménagères en préparent encore une huile réputée excellente pour combattre les blessures de mauvaise nature et tournant à l'ulcère ; enfin, le mille-pertuis entre dans la composition du baume de *fier-à-bras*, préparé par don Quichotte, qui agit d'une façon si déplorable sur l'estomac du chevalier errant ; ce qui inspira à Sancho Panza une prudente réserve à l'égard de tout ce qu'il ne connaissait pas.

Ficoïde éclatante.

La *Ficoïde éclatante* affectionne les sables maritimes et je suis étonné d'en avoir recueilli un plant égaré, sur le bord d'un étang, à côté d'une acanthe sans épines presque aussi rare qu'elle.

Méfiez-vous des jolies fleurs violettes de la *pulsatile*, sœur sauvage des anémones, et qui, malgré son nom piquant d'*herbe aux vents*, empoisonne souvent les bestiaux imprudents qui la broutent. Ne vous fiez pas davantage à la *grenouillette*, renoncule sinistre, âcre, caustique, qui produit

Acanthe sans épines.

sur la langue du bœuf des abcès parfois mortels. En revanche, vous pouvez, sans danger, respirer le parfum délicat de la *goutte-de-sang*, aux feuilles finement découpées et sur la fleur de laquelle semble trembler une goutte de sang, tombée, dit-on, du ciel pour sauver une pauvre pécheresse.

Cette pécheresse était une jeune fille qui, trompée par un mariage secret, avait quitté son village pour suivre un soudard à la moustache relevée, aux éperons résonnant fièrement, et qui comptait pour rien la vie d'un homme et les larmes d'une femme. Or, le sacripant ne tarde pas à se sentir las de l'amour naïf de celle qu'il avait enlevée à la paix de la conscience, au calme d'une vie obscure et laborieuse et à l'abri protecteur de la famille. Un beau jour, il abandonna sa victime dans un pays inconnu, où ne se parlait même pas la langue des chrétiens. Sans ressources, prête à devenir mère, la malheureuse regagna, au prix de fatigues et de périls sans nombre, la maison paternelle. Mais ni son père ni sa mère ne voulurent l'y recevoir. Elle tomba expirante sur le seuil, et, dans sa chute, se frappa si rudement la tête, que le sang en jaillit et couvrit les herbes et les plantes qui poussaient à l'entour.

A cette vue, le cœur de la mère s'émut, celui du père lui-même s'amollit et ils admirent près d'eux leur fille pardonnée.

Depuis ce temps, on voit sur les *corolles* de l'adonide des taches rouges qui semblent avoir été aspergées par une main mystérieuse et qui ressemblent à des gouttelettes de sang.

Voilà du moins ce que raconte un livre du seizième siècle, dont les rares exemplaires se payent aujourd'hui au poids de l'or, quoiqu'ils soient imprimés sur un gros papier gris avec

des caractères usés, appelés par les imprimeurs *têtes de clou.*
Ce livre est intitulé : *les Dires d'un berger du pays de Poitou.*

Qu'ai-je encore là? *l'onagre odorant,* qui affectionne le bord des rivières.

Onagre odorant.

Ma boîte à herborisation arrive à se vider; j'y trouve encore néanmoins fourrée au plus profond d'un des coins une fleur presque entièrement jaune; elle exhale une odeur peu agréable? C'est la *cameline.*

D'ordinaire, la cameline ne fleurit qu'aux approches de l'été; jamais les oiseaux ne mangent sa graine oléagineuse et d'un goût âcre; en revanche, les mulots, les rats, tous les rongeurs champêtres la recherchent avidement pour habi-

tuer leurs petits à passer de l'alimentation du lait à la nourriture végétale à laquelle la nature les destine. Qu'ai-je encore à exhumer de ma boîte? La *valériane*, dont les méde-

Valériane des Pyrénées.

cins ont parlé et qui recherche les lieux montagneux. La
buniade à fleurs blanches et à grappes éparses ; l'*hélian-
thème*, qui pousse sur les coteaux pierreux, qui fournit
un excellent vulnéraire et qui affecte la forme d'un petit
soleil, comme l'indique son nom. La *drossolis* pousse au
contraire dans les tourbières, où ses feuilles rondes, chargées de poils rouges et glanduleux se groupent autour

d'une haute hampe entourée de fleurons ; son nom vulgaire de *drossolis* signifie *rosée du matin*, et son nom scientifique de *drosera*, veut dire : *couverte de rosée*.

Je vous ai dit que ses feuilles toutes radicales et portées sur de longs pétioles velus se trouvent hérissées de poils. Ces poils jouissent d'une singulière propriété. Qu'une mouche, qu'un insecte attirés par l'humidité qui les recouvre s'approchent pour s'y désaltérer, aussitôt les poils s'animent, se hérissent, se rapprochent, s'entre-croisent et renferment la pauvre bestiole dans un véritable piége contre les barreaux duquel elle se défend en vain.

Ne vous y trompez pas toutefois ! Cette irritabilité n'est qu'un jeu. A quelques minutes de là, la drossolis, comme si elle s'était assez amusée de la terreur du captif, détend ses poils, les entr'ouvre, et laisse fuir le prisonnier, qui ne demande pas son reste.

L'*alsine* est le véritable mouron des oiseaux apporté chaque matin par des marchands ambulants aux Parisiens qui élèvent avec tant d'amour des nichées de serins.

L'*orpin* ou *herbe de Saint-Jean*, s'appelle encore l'*herbe aux coupures*. Sa grosse tige vivace et cylindrique, ses feuilles épaisses, charnues, lisses, d'un vert pâle, qui reflètent quelquefois des tons roses, et ses fleurs purpurines jouissent de propriétés médicales trop oubliées aujourd'hui : astringentes et rafraîchissantes, ses jeunes feuilles excellent pour apaiser la cuisson des plaies et pour arrêter les hémorrhagies ; on l'administrait encore dans les cas de dyssenterie et de crachement de sang.

Vers le milieu du dix-huitième siècle, un jeune homme, attaché comme élève à la pharmacie du célèbre apothicaire Gosselin, rue du Paon, devint amoureux de la fille de son patron, s'en fit aimer, la demanda en mariage et se vit dé-

daigneusement éconduit. — Devenez riche et célèbre, lui dit ironiquement maître Gosselin, et ma fille sera à vous.

Le jeune homme, qui s'appelait Pierre Lucas, sortit un soir de l'officine de son patron. Désespéré, résolu à se suicider, la Seine lui parut le moyen le plus commode et le plus certain de réaliser ce sinistre projet, et il se précipita dans le fleuve du haut du Pont-Neuf. Au lieu de tomber dans l'eau, il tomba sur un tas d'herbes et de fleurs qui remplissaient une barque passant précisément à cette heure-là sous le pont.

Quand il reprit ses esprits, il se trouva assis sur son lit végétal, en face d'un jeune seigneur d'une physionomie avenante, dont deux robustes rameurs faisaient rapidement glisser l'embarcation sur le fleuve.

— Voyons, mon ami, dit le jeune seigneur, quoi donc à votre âge peut vous mettre en tête la mauvaise pensée de vous suicider? Est-ce la misère? Je vous donnerai assez d'argent pour la combattre et pour la vaincre, si toutefois vous possédez autant d'énergie et de volonté que votre physionomie, toute pâle et toute défaite qu'elle est, annonce d'intelligence.

— Hélas! monsieur, répondit Pierre, c'est à la fois la pauvreté et l'amour qui me jettent dans les bras de la mort, ou plutôt dans vos bras, ajouta-t-il en souriant, car rien qu'à vous voir, je sens que je n'ai plus affaire à la camarde, mais à vous qui me sauverez.

Et il raconta sa passion pour la belle Marguerite Gosselin et la manière ironique dont l'avait congédié celui dont il voulait devenir le gendre.

— Je tenais déjà maître Gosselin pour un homme de bon sens, dit le seigneur, et je vois que je ne m'étais pas trompé. Ne serait-il pas coupable de donner sa fille à un écervelé qui ne possède ni sou ni maille, et à qui son amour n'inspire pas la pensée bien naturelle de se conquérir de la réputation dans sa profession? à un fou qui ne trouve d'autre moyen de sortir d'affaire que de se jeter à l'eau? Savez-vous que si vous n'étiez pas tombé dans ma barque, vous auriez, à l'heure qu'il est, à rendre un compte sévère à Dieu de votre vie; — permettez-moi de vous le dire — bêtement sacrifiée. Enfin ma barque et moi-même nous passions là fort à propos, la soirée est chaude et vous pouvez doucement vous remettre de votre émotion, jusqu'à ce que je vous redescende

en terre ferme, de sang-froid et en état de faire une rapide
fortune. Quant à une nouvelle tentative de suicide de votre
part, je ne la crains point. Lorsqu'on a le bonheur d'échapper aux étreintes de la mort, dans lesquelles on s'est jeté,
on trouve l'accolade si froide et si désagréable, qu'on se
sent plutôt disposé à fuir à toutes jambes que de revenir
près de la dame à la faux.

Lucas secoua tristement la tête. Était-ce en signe d'adhé-
sion ou de protestation? je vous laisse à en décider.

— Voyons, reprit l'inconnu :

> Cette leçon vaut bien un fromage sans doute.

Et mon fromage consiste en un moyen de faire rapidement votre fortune et de vous créer un nom rival du célèbre apothicaire Gosselin lui-même. Nous avons là ce qu'il
nous faut.

Il se mit, en achevant ces mots, à prendre dans ses mains
et à examiner une à une les herbes qui remplissaient la
barque et qui provenaient évidemment d'une herborisation
faite avec autant de bonheur que d'intelligence; car Lucas,
qui possédait quelques notions de botanique, reconnut plusieurs plantes assez rares dans les environs de Paris, et
entre autres le plantain à longs épis.

Le jeune seigneur finit par tirer du tas d'herbes une
tige d'orpin:

— Voici la fortune demandée, dit-il. Vous allez louer là
en face de nous, sur le quai, une boutique qui précisément

s'y trouve vacante, comme l'atteste l'écriteau que je vois
appendu à sa porte. Vous y ouvrirez une droguerie dans laquelle vous ne vendrez que de l'*eau merveilleuse d'orpin*.
Vous fabriquerez cette eau en distillant des fleurs de la plante,
et vous mettrez au prix d'un petit écu chaque flacon, qui
vous reviendra tout au plus à dix sols.

Plantain à long épi.

Vous ferez ensuite imprimer et distribuer, chaque jour,
dans Paris, trois ou quatre mille exemplaires d'un prospec-
tus que je me réserve de rédiger, vu mes habitudes litté-
raires. Il y a, dans une publicité bien entendue, des centaines de mille francs à gagner.

Voici mon adresse. Venez me voir demain matin. Je vous prêterai mille écus que vous me rendrez une fois votre fortune en bon train, car je ne suis pas assez pauvre pour ne pouvoir pas prêter cette somme à un jeune fou que le hasard jette dans mes bras, au lieu de le laisser choir dans la Seine, et je ne suis pas assez riche pour perdre mille écus. Au revoir!

Il donna son adresse à Lucas, le débarqua en face du quai des Orfévres et continua son chemin en remontant la Seine.

Le lendemain, Lucas, ai-je besoin de le dire? fut fidèle au rendez-vous, et un an après, il rapportait les mille écus.

— Oh! mon cher sauveur, lui dit-il, je vous dois non-seulement la vie, mais encore le bonheur. Je ne puis suffire à fabriquer et à distiller mes flacons d'eau d'orpin? C'est à qui m'achètera de cette panacée merveilleuse qui guérit les crachements de sang, les fluxions de poitrine, les érysipèles et les vapeurs des dames. M. de Voltaire, qui se pique de délicatesse de poitrine, en boit un flacon par jour; mademoiselle Guimard la préfère au vin de Champagne et s'en fait servir à sa table; madame de Pompadour en prend des bains; la cour en consomme autant que la ville, et je gagne chaque jour plus de cent livres. Aussi maître Gosselin est-il entré hier dans ma boutique, en me disant: Lucas, mon ami Lucas, ma fille est à vous, si vous l'aimez encore, car vous voilà plus connu dans Paris et plus riche que moi. Oh! monsieur l'abbé, quelles vertus possède l'orpin!

— Tu veux dire quelles vertus possèdent les petits carrés imprimés que je t'ai fait distribuer sans relâche et à foison dans les villes et dans les faubourgs ! Sans doute, l'eau distillée d'orpin jouit de quelques qualités, mais si tu n'avais pas, grâce à mon conseil, recouru à toutes les ressources de publicité possibles pour la faire connaître au public, si tu n'avais par tous les moyens, même les plus extravagants, ressassé sans cesse aux oreilles des grands seigneurs, des grandes dames et des bourgeois, le nom de ton eau, tu aurais pu étaler, dans ta boutique, un élixir possédant la vertu de ressusciter les morts sans en vendre pour six livres par an. La publicité, mon cher ! la publicité ! Ce sera un jour la plus grande puissance de la terre.

Continue donc ; frappe plus que jamais sur la grosse caisse, embouche toutes les trompettes, et l'eau d'orpin te rendra millionnaire avant peu.

Lucas suivit le conseil de son protecteur et s'en trouva si bien, qu'il possédait à sa mort vingt-deux maisons, ayant pignon sur les plus belles rues de Paris.

Le jeune seigneur, à qui Lucas dut cette fortune, se nommait Claude-Henri Fusée de Voisenon.

L'un des plus charmants esprits du temps, il atteignait à peine onze ans, lorsque Voltaire lui écrivit : « Merci des vers que vous m'envoyez ; je vous le prédis, vous en ferez de charmants ; soyez mon élève et venez me voir. »

A vingt ans, il obtint un grand succès avec une comédie intitulée : *l'École du monde.*

Un mois après, il fit jouer une autre pièce qui s'appelait

l'Ombre de Molière, signée d'un nom d'emprunt et dans laquelle il faisait si ingénieusement et si vivement la critique de *l'École du monde*, que des journalistes prirent sa défense contre lui-même, et qu'il eut un duel avec un officier, grand enthousiaste de cette comédie.

Au sortir du spectacle, cet officier se jeta sur l'auteur de *l'Ombre de Molière* et l'insulta si gravement qu'il fallut se rendre immédiatement sur le terrain.

Voisenon blessa légèrement son adversaire et lui dit :

— Monsieur, vous me pardonnerez, n'est-ce pas? quand vous saurez que je suis à la fois l'auteur de la pièce que vous aimez tant et de la critique qui vous a mis si fort en colère?

Ils s'embrassèrent, et devinrent par la suite des amis intimes.

Voisenon entra à l'Académie française en 1763.

Le duc de Saint-Aignan, directeur de ce corps littéraire, et chargé de recevoir Voisenon, lui dit :

« Nous vous avons admis parmi nous, non que les agréments de vos productions, ni même tout ce qu'elles ont eu du succès, eussent suffi pour nous y déterminer, mais parce que, n'ignorant pas que vous avez su vous occuper plus utilement, nous nous sommes flattés que désormais les fruits l'emporteraient sur les fleurs. »

— Je vais faire placer toutes ces plantes dans mon herbier, dit Tsoui-tsine; et les déposer en attendant aux pieds de ce bas-relief du printemps, qui vient de l'Inde et qui jadis faisait partie du char sous les roues duquel les sectateurs de

Vishnou se faisaient écraser pour conquérir le ciel... Comment pouvait-on placer une si charmante image sur une horrible machine destinée à consommer de si fanatiques meurtres? Voyez! une petite fille d'une rare beauté, chastement vêtue, le front couronné d'une mitre de fleurs, se tient assise, et repliée sur elle-même, au milieu de quatre adolescentes, ses compagnes. A ses côtés se tiennent deux vieillards à longue barbe, et une vierge qui lui présente un bouton encore enveloppé de ses langes verts. Au-dessous, cinq génies à têtes de singes, qui sans doute symbolisent l'hiver, se prosternent, les mains jointes, dans l'attitude humble qui sied aux vaincus.

— Cette autre statuette du Printemps, interrompit le docteur Forgues, qui provient de fouilles faites dans un lac, près de Palenque, au Mexique, rappelle tout à fait la même idée, quoique d'une façon moins gracieuse assurément. Tandis que l'Hiver, ébauché grossièrement dans un bloc de pierre, montre une face qui semble contractée par le froid et par l'humidité, le Printemps, la tête ceinte d'un diadème, les mains placées sur ses genoux repliés, ouvre largement ses lèvres pour répandre sur la nature le souffle vivifiant qui va tout faire renaître. Ainsi, aux deux bouts du monde, deux mythologies bien différentes s'accordent à donner les mêmes attributs à la douce saison du renouveau.

— Il ne suffit pas, dit Henri, pour que l'herbier de notre ami possède un véritable intérêt, que cet herbier se compose exclusivement des plantes des environs de Paris; il faut qu'il réunisse toutes les espèces que produit la France et même celles de la Savoie.

En effet, l'annexion de la Savoie ne nous a pas rendu seulement de beaux départements ; elle a restitué à la flore française des plantes que celle-ci ne comptait plus parmi ses trésors botaniques.

C'est surtout dans les lieux pierreux de Saint-Pierre-d'Albigny, le *pigamon fumeux (thalictrum exaltatum)*, qui fait partie des renoncules, la *saponaire des boues*, le *saxifrage varié*, l'*oxipitris lapon* et le *polygala alpestre*. On rencontre en France des espèces voisines de cette dernière dans les pâturages, et nos paysans la nomment *herbe au lait*.

Je ne vous citerai pas toutes les plantes savoisiennes affublées de noms barbares par les botanistes ; je me contenterai de vous dire qu'elles sont au nombre d'environ quarante, et que la plupart ont leurs historiens et même leurs romanciers ; romanciers inconnus, bien entendu, puisque jamais leurs légendes n'ont été écrites, et qu'elles se sont transmises, comme elles se transmettent encore, de génération en génération et de bouche en bouche.

Par exemple, dans la vallée de Maurienne et dans la Tarentaise, foisonnent le crocus-safran et diverses espèces de tulipes sauvages.

Une croyance fort accréditée parmi les paysans des vallées veut que ces plantes aient été apportées par les Sarrasins, dont l'armée, défaite en 732, près de Poitiers, par celle de Charles Martel, se débanda et se réfugia en grande partie dans la Maurienne.

Or, de conquérants qu'ils étaient, les pauvres vaincus se seraient faits cultivateurs, et, en souvenir de leur pays, ils auraient semé sur la terre d'exil qu'ils ne devaient plus quitter les graines des plantes favorites de leur patrie perdue.

N'est-il point singulier de voir ces hordes de Sarrasins, que les historiens nous représentent comme d'impitoyables dévastateurs, apportant avec eux jusqu'à des graines de fleurs, pour en doter les pays sur lesquels ils voulaient établir leur domination? Lesquels étaient les barbares, de leurs chefs ou de Charles Martel? des Sarrasins ou des Francs?

Ces plantes se sont perpétuées jusqu'à nos jours, et, quelle que soit leur origine, on ne les trouve à l'état sauvage que dans les plaines de la Maurienne, en Orient, ou bien dans nos jardins, qui les doivent à la culture artificielle.

Tous les auteurs grecs font mention du safran ; les teinturiers de Tyr et de Sidon l'employaient pour teindre en jaune les voiles des jeunes mariées, et il jouait un grand rôle dans la pharmacopée des anciens.

Non-seulement on lui attribuait des vertus merveilleuses pour combattre un grand nombre de maladies, mais encore on en buvait des infusions, avant de se mettre à table, pour s'ouvrir l'appétit et se préserver des mauvaises digestions. Plus tard les Romains le mélangèrent à leur pain afin de lui donner une belle couleur d'or ; rien n'égalait, sous Héliogabale, la somptuosité d'un vêtement complet teint au crocus. L'empereur ne se montrait jamais en public qu'avec un manteau, une tunique, un bonnet et des sandales coloriées au crocus. Enfin il portait toujours à la main un bouquet des fleurs odorantes de cette plante.

De nos jours, le safran est bien déchu de sa splendeur d'autrefois.

Il coûte cher, donne une teinture difficile à fixer, et qui ne peut entrer en lutte, pour le prix et la qualité, avec les produits chimiques que la science prodigue aujourd'hui à l'industrie.

La médecine seule se sert encore parfois d'une huile essentielle qu'on extrait du safran, pour calmer l'exaltation nerveuse et procurer du sommeil. Enfin quelques praticiens s'accordent à dire que l'opium n'a pas de contre-poison plus efficace que le safran. Singulier antagonisme d'un narcotique qui annihile la puissance d'un autre narcotique!

La culture du safran diminue de jour en jour. C'est dommage pour les voyageurs et pour les poëtes, car rien n'est splendide comme l'aspect d'un champ de cette plante. Sa masse de fleurs d'un gris violet, sur lequel tranchent des étamines d'abord d'un blanc éclatant, puis d'un jaune d'or, la pourpre de ses stigmates qui se détachent sur le vert foncé des feuilles, et ses hautes tiges, forment un tableau qui tient de la magie.

Le safran a un ennemi mortel qui trop souvent en détruit des récoltes entières. On lui a donné le nom terrible de *rhizoctonia crocorum*, que la langue populaire traduit par le nom plus terrible encore peut-être de *mort-au-safran*.

C'est un parasite végétal, irrégulièrement globuleux, roux et dur; ses racines rameuses vont chercher souvent à de

grandes. distances dans la terre le bulbe du safran, l'enveloppent, l'étreignent et s'y enfoncent. -

Bientôt on voit la victime, épuisée par le vampire, se des-
sécher et mourir ; quand on extrait de terre l'espèce d'oignon, le bulbe qui forme sa racine, on le trouve violacé et
comme hérissé.

Une fois que la *mort-au-safran* a infecté un champ, rien
ne peut l'en chasser ; elle résiste parfois quinze ans aux
tranchées profondes, aux aspersions de chaux et au feu lui-
même.

Dans l'Asie Mineure, où on le cultive encore, on vous ra-
contera, quand vous le voudrez, l'origine de ce terrible parasite, que les Grecs appellent le *don du brigand.*

Il y avait, dans les environs d'Athènes, une jeune fille
d'une rare beauté et qui aimait un jeune Clephte aussi beau
qu'elle. Pour Cléanthis, Choropoulos avait renoncé aux
courses dans la montagne et s'était fait cultivateur de safran, car le père de Cléanthis ne voulait donner sa fille
qu'à un garçon paisible qui ne ravageât pas les villages de
l'autre côté de la montagne, et qui ne détroussât pas les
voyageurs.

Mais la charrue l'ennuyait, et quoiqu'il dût épouser Cléanthis à un mois de là, un beau soir il ne put résister à la
tentation d'aller attaquer un convoi de riches marchands
qui revenaient de vendre à Athènes leurs récoltes de crocus.

— Mon futur beau-père est absent, il ne revient que dans
une semaine, se dit Choropoulos ; je puis donc partir avec
mes amis et me trouver de retour avant le père de Cléanthis,

qui ne saura rien de ma petite promenade. Quant à ma parole, je n'y manque en aucune façon : je lui ai juré, il est vrai, de vivre honnêtement du produit de la culture du safran ; or, puisque je ne débarrasserai les voyageurs que de l'argent qu'ils ont gagné à vendre leur safran, je resterai rigoureusement dans le programme de mon serment.

Il partit en effet, attaqua les voyageurs, qui se tenaient sur leurs gardes et résistèrent, poignarda le plus récalcitrant d'entre eux et reconnut son futur beau-père dans le cadavre qui tomba à ses pieds.

Il eût bien voulu cacher la chose à Cléanthis, mais celle-ci avait tout appris par un jeune homme, à la fois le rival de Choropoulos et son complice dans l'affaire de la montagne.

Cléanthis déclara à Choropoulos qu'elle n'aimait plus l'assassin de son père, et que, pour le lui prouver, elle épouserait sous peu l'ami officieux qui l'avait prévenue des torts de Choropoulos.

Elle le fit comme elle l'avait dit. Depuis six mois, elle et son mari vivaient d'autant plus paisiblement qu'ils n'avaient plus entendu parler de Choropoulos, lorsqu'un beau jour ils virent les immenses champs de safran qui composaient leur unique fortune ravagés par une maladie mystérieuse.

Comme des voisins voyaient Choropoulos errer plusieurs fois la nuit dans ces champs, ils prétendirent que, par ses maléfices, il avait répandu dans le champ un poison destiné à infecter.

La *mort-au-safran* était-elle venue là, amenée par les mystérieux moyens que la nature emploie pour propager ses végétaux ? Choropoulos avait-il été la recueillir dans d'autres

.Fràxinelle.

contrées pour ruiner Cléanthis, qu'il traitait d'infidèle, et son mari qu'il regardait comme un Judas Iscariote? Je ne puis vous en dire là-dessus plus que la belle Smyrniote qui racontait hier cette légende dans le salon de son mari, un grand personnage diplomatique.

La fraxinelle ou dictame blanc appartient à la famille de la plante avec laquelle Virgile fait guérir la blessure d'un de ses héros, détacher de sa plaie le fer d'une flèche profondément enfoncée.

— Les fleurs et les plantes ont ainsi la plupart leurs romans et leurs histoires, dis-je à mon tour, et voici un de ces romans.

Je ne sais point de ville où l'on se passionne plus qu'à Paris pour les petits romans qui s'y passent et où l'on oublie plus vite, le lendemain, ce qui préoccupait tant la veille les imaginations.

Qui se souvient, par exemple, à l'heure présente, qu'il y a peu d'années, l'héritier d'une des plus grandes familles de France se prit de passion pour une jeune boulangère, nommée Marguerite, douée d'une beauté merveilleuse. Charmant, spirituel, éperdument épris, il ne tarda pas à se faire aimer lui-même, et un matin il déclara à son père sa résolution d'épouser la ravissante Fornarina.

— Mon ami, lui répondit le comte de..., vous atteindrez dans huit jours votre majorité, et vous ne venez point me communiquer vos intentions sans vous être adressé à vous-même toutes les objections que je pourrais vous faire. La jeune fille que vous aimez paraît d'ailleurs digne de votre affection; je m'en suis assuré, comme l'exigeaient mes devoirs paternels et ma tendresse pour vous. Si la fortune de

notre famille était ce qu'elle paraît être et ce qu'on la croit,
c'est-à-dire considérable, je n'hésiterais point une minute
à consentir à votre mariage. On en gloserait un mois, et les
plus méticuleux l'accepteraient ensuite. Par malheur, vous
savez qu'un procès qui se plaide en Amérique, et ne peut
tarder de toucher à son terme, met cette fortune en question. Or, ce que personne ne blâmerait chez le jeune homme
riche et héritier d'un grand nom, deviendrait la perte du
présent et de l'avenir de ce jeune homme, s'il ne possédait
qu'un patrimoine mesquin. Je vous demande donc d'attendre l'issue d'un procès que notre bon droit ne peut rendre
douteuse. Partez dès demain pour New-York, et surveillez-y
les intérêts desquels dépendent votre mariage et votre
bonheur. Vous serez, je l'espère, de retour avant un an.

Quant à moi, dès ce soir, j'irai avec vous chez le père de
celle que vous aimez; je lui ferai part de votre amour, de
vos projets d'union et de mon consentement; je le prierai
seulement de ne plus laisser paraître sa fille dans son comptoir; les convenances et votre tendresse y trouveront leur
compte.

En effet, le soir même les choses se passèrent comme l'a-
vait promis le grand seigneur. La belle boulangère disparut
de la boutique où sa beauté produisait tant de sensation et
amenait tant de curieux; de son côté, le vicomte partit
pour l'Amérique.

Les procès ne marchent vite nulle part, et surtout dans
le nouveau monde. Au lieu d'une année, le fiancé de Marguerite en passa trois à lutter contre des plaideurs redou-

tables et que favorisait un arsenal de lois, moitié anglaises, moitié américaines, et d'une complication des plus favorables à la chicane.

Le dénoûment de cette longue attente fut encore pire.

Le bon droit de la famille française échoua contre la mauvaise foi et la friponnerie d'un vieux Yankee, et le vicomte revint en France après avoir perdu son procès.

Hélas! s'il rapportait une fatale nouvelle à Paris, son père eut à lui en révéler une plus fatale encore.

Marguerite, après une année d'attente et malgré les visites du père de son fiancé, s'était lassée de la vie du couvent où on l'avait conduite après le départ du vicomte. Un beau matin, pâle, presque mourante, vaincue par la nostalgie du comptoir, elle revint reprendre sa place dans la boutique paternelle, et non-seulement elle y retrouva bientôt l'éclat de son teint, mais encore elle y écouta les paroles d'un riche épicier du voisinage. Elle devait l'épouser à quelques jours de là; les bans étaient publiés.

Le vicomte sentit son cœur se briser en écoutant ses paroles, mais il se montra courageux et fort. Il partit dès le jour même pour une propriété de son père, située à l'extrémité de la France. Il ne revint à Paris qu'il y a deux ou trois mois. Il avait, pendant son absence, demandé au travail et à la science des consolations que ceux-ci ne refusent jamais. De son amour déçu il ne lui reste aujourd'hui qu'un goût passionné pour la botanique et une tournure d'esprit originale un peu fiévreuse, qui révèle non plus une blessure, mais une profonde cicatrice de l'âme.

Je suis allé le voir hier dans la jolie villa qu'il habite tout
l'été, à quelques kilomètres de Paris. Je le trouvai assis
devant une touffe de lis, et y contemplant les criocères qui
vivaient et s'ébattaient dans le calice de ces fleurs royales.
Il s'arracha à cette étude pour me montrer les cultures de

Lis et insectes du lis.

son parc, les fleurs de son jardin et les trésors de son
herbier.

Tandis que je feuilletais cette riche collection :

— Mon cher Sam, me dit-il, avec son rire un peu amer
sous lequel se déguise une grande mélancolie, mon ami,
qu'on vienne dire encore qu'en 1866 on ne meurt pas d'a-
mour. On y meurt même d'amitié ! Depuis trois mois, j'as-
siste à un drame qui fait pâlir ce que l'antiquité raconte de
Pythias et de Damon. Je l'avoue à ma honte, j'y ai joué le
rôle du tyran de Syracuse Denys. Tenez, voici le cadavre de
Damon.

Et il me montra la tige à demi desséchée d'une plante dans laquelle je reconnus le *mouron délicat*, nommé, botaniquement parlant, *anagallis tenella*.

— Vous savez, continua-t-il, que certains végétaux se recherchent et se complaisent à se réunir dans un même terrain : témoin le chêne, le hêtre, le bouleau, le pin sylvestre et le sapin, qu'on rencontre si souvent ensemble ; témoin le saule et le tremble, qu'on voit s'associer ; témoin le coquelicot, le bluet et la campanule, dans les champs, et les renoncules et les bruyères, dans les sables ; témoin le myrte et le genévrier, sur les berges.

Mais tout cela n'est rien à côté de l'association de la *campanule à feuilles de lierre* et du *mouron délicat*, *anagallis tenella*, qu'il ne faut pas confondre, vous le savez, avec la plante qu'on donne aux petits oiseaux, qu'on vend dans les rues de Paris en l'annonçant à cris discords, et dont le nom véritable est morgeline.

Quelques graines du *mouron délicat* suffiraient pour donner la mort à l'oiseau qui les mangerait.

Regardez bien le pied du *mouron délicat* que voici : sa tige forme une sorte de gros fil sur lequel se développent des feuilles arrondies et opposées l'une à l'autre ; sa petite fleur, qui s'épanouit à l'extrémité d'un pédoncule assez long, est d'un rose tendre et pâle.

Vous pouvez constater encore qu'immédiatement à côté du *mouron délicat* pousse une campanule à feuilles de lierre.

— Oui, je reconnais cette jolie fleur bleue, à clochettes mignonnes, baptisée du doux nom de *violette de mariée* par les amoureux, et de *carillon* par les enfants. Cette espèce, si je ne me trompe, est celle qu'on désigne sous le nom barbare de *vahlenbergia hederefolia*.

— Parfaitement ! Eh bien ! mon ami, parcourons tout mon parc, nous rencontrerons d'autres individus du *mouron délicat* ; ils seront toujours côte à côte d'une *campanule à feuilles de lierre*.

— En effet, votre observation est de la plus grande exactitude .

— Vous savez, mon ami, que la science est cruelle et qu'elle ne recule pas devant les barbaries et même devant la mort d'un être innocent. Rien ne l'arrête quand il s'agit de soulever un coin du voile mystérieux qui cache à l'œil de l'homme les secrets de la nature. .

— Hélas ! parfois je me suis rendu coupable moi-même de pareils forfaits, répondis-je en soupirant et en souriant à la fois.

— Eh bien ! surpris de la persistance du *mouron délicat* à vivre près de la *campanule à feuilles de lierre*, j'ai, il y a deux mois, isolé une plante du *mouron délicat* de toute espèce de *campanule à feuilles de lierre*, et j'ai arraché impitoyablement chacune de celles-ci qui poussaient à vingt mètres de distance. .

Le mouron était près de s'épanouir. Du jour où les campanules disparurent, les jolies fleurs couleur de chair de la pauvre abandonnée avortèrent, le vert de ses feuilles pâlit, toute la plante devint languissante, et hier je l'ai trouvée morte et complétement desséchée.

— Voilà qui tient du prodige.

— J'ai voulu faire la contre-partie de l'expérience, et j'ai isolé des *campanules à feuilles de lierre* tous les individus de *mouron délicat*, mais les campanules ne s'en portent que mieux, et ne paraissent point s'apercevoir de l'absence de leur compagne.

— Je vois, interrompis-je, que la *campanule à feuilles de lierre* ne vaut pas mieux que la *campanule gantelée (trachelium)*. Aux douzième et treizième siècles, un bouquet des tiges de cette dernière, garnies de leurs fleurs axillaires, variant du bleu au violet et au blanc, portées au bout d'un long bâton, servait aux seigneurs féodaux à se déclarer entre eux la guerre. Il fallait que les tiges de la campanule fussent tressées et mêlées à quelques rameaux feuillus. On élevait en l'air ce singulier drapeau, et on attaquait sans autre manifeste un voisin souvent surpris au dépourvu.

Cette barbare coutume et les sinistres souvenirs que réveillait la vue de la campanule gantelée la firent longtemps proscrire. On la repoussait des jardins, on la détruisait dans les prés, le long des vallées et au fond des lieux ombragés où elle aime à croître. Aujourd'hui, cet anathème, disparu peu à peu, se trouve complétement oublié.

— Comme on oublie toutes choses! répondit le botaniste, amour ou haine!... Oui, mais nous voici bien loin de l'amitié dévouée et si mal partagée du *mouron délicat* pour la *campanule à feuilles de lierre!* Comment l'expliquer?

— Sans doute par quelqu'une de ces affinités physiques qui échappent à notre science à courte vue. Probablement le mouron est une sorte d'*épiphyte*; comme la famille des *orobanches* et des *orchidées* terrestres, il a besoin, pour se sustanter, d'un terrain élaboré par les racines de la *campanule* et peut-être du contact de ces mêmes racines. Qué savons-nous de la nourriture que les plantes puisent dans le sol? On discute encore aujourd'hui à l'Institut pour savoir de quels corps chimiques se compose la terre végétale.

— Ainsi, homme de peu de foi, réaliste impitoyable, vous attribuez le dévouement du mouron, ce dévouement qui va jusqu'à la mort, à un besoin vulgaire et matériel. De Pylade,

— Pylade seul aimait, car en amitié et en amour il n'y a jamais qu'un seul qui aime, — vous faites un parasite! Quelle explication terre à terre d'un phénomène charmant et presque attendrissant!

— Je n'explique rien et ne cherche à rien expliquer, répliquai-je. Je lisais encore hier dans les Épîtres de saint Paul que nul ne saurait comprendre, ici-bas, quelle est la *largeur*, la *longueur*, la *hauteur* et la *profondeur* de l'édifice mystérieux de la création.

— Toujours le désolant *que sais-je?* de Montaigne, conclut le botaniste.

— Et la boulangère? demanda quelqu'un.

— La boulangère a des écus, qui coûtent beaucoup aux clients de son mari l'épicier.

Tous les deux comptent se retirer, cette année, du commerce. Ils sont en marché pour acheter une magnifique et immense propriété qui se trouve à côté de la modeste villa du botaniste.

Les botanistes anglais et allemands, reprit Tsoui-tsine, se gardent bien de ne chercher comme les vôtres, dans l'œuvre de Dieu, que la classification et la nomenclature. Ils étudient patiemment quelques-uns des phénomènes innombrables que présente la nature; lettres mystérieuses, alphabet inconnu qui permettront peut-être un jour aux générations futures de lire à livre ouvert certaines pages de la création.

En ce moment, plusieurs de ces savants étrangers cherchent à connaître si les végétaux ne possèdent point une âme. Ils accumulent les faits à l'appui de cette idée, exagérée sans doute, mais, en résumé, moins absurde qu'elle ne le paraît au premier coup d'œil.

Assurément, les plantes n'ont point d'âme; mais, douées de sensations véritables, elles souffrent, elles agissent, et elles semblent susceptibles de raisonnements et de calculs, comme les animaux.

Murray rapporte qu'un fort beau groseiller de son jardin devint tout à coup languissant. Un mur abattu, en le privant d'abri, et certaines infiltrations d'eau minérale survenues par accident avaient modifié la nature du sol et détruit les conditions favorables dans lesquelles l'arbuste s'était trouvé jusque-là.

Le groseiller, dont les feuilles jaunissantes prenaient un aspect caractéristiquement maladif, dirigea une de ses branches vers une partie du sol qu'abritait un gros arbre et où l'eau minérale n'arrivait point.

Pour cela, il fallait passer au-dessus d'un petit contre-fort en briques et atteindre à une distance de plus d'un mètre. La branche y parvint en croissant avec une vigueur fiévreuse et en s'allongeant de près de quatre centimètres par jour.

Le contre-fort franchi, elle s'abaissa sur le sol, contre la surface duquel il appuya avec force son extrémité, et y pénétra lentement mais profondément.

Deux jours après, des racines se développèrent à cette extrémité enfouie de la branche.

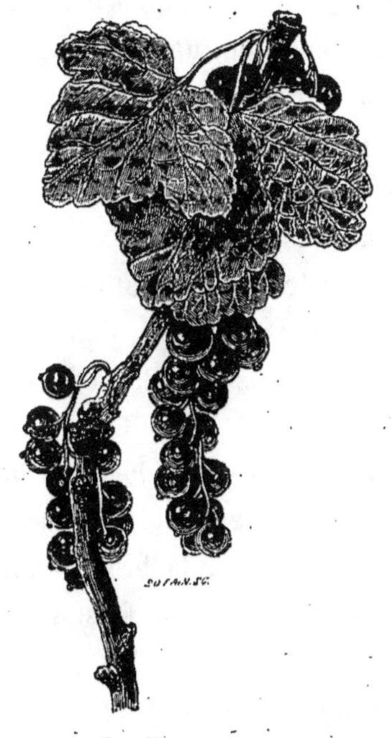

Groseiller.

A quinze jours de là, un véritable arbuste, un groseiller complet, s'élevait autour de cette branche, tandis que la tige primitive, celle qui restait, dans le terrain malsain de l'autre côté du contre-fort, se desséchait et finissait par disparaître complétement.

D'autre part, lord Kainer rapporte qu'au milieu des ruines de New-Abbey, dans le comté de Galloway, un érable poussait sur un mur resté debout.

Un jour, pour des motifs inconnus, l'arbre se dégoûta de cette demeure, où pourtant il était né et avait vécu quarante ans au moins, et afin de changer de domicile, il commença par faire descendre le long de la muraille maternelle une racine forte et charnue, un véritable câble, et la fixa fortement dans la terre.

Une fois cette racine solidement établie, il détacha peu à peu les autres et procéda pour celles-ci comme il avait procédé pour la première.

Quand son voyage de transplantation se trouva terminé, après cinq ou six mois de travail, l'érable avait descendu un mur de plus de huit pieds anglais et était installé à cinq ou six pas de ce mur.

On trouve dans les bois de Boulogne et de Vincennes, le long des chemins, une jolie plante, baptisée, à cause de l'odeur qu'elle exhale quand on la broie, du nom plus énergique que poétique d'*ortie puante*. C'est la *stachide des bois* (*stachis sylvatica*).

Hâtons-nous d'ajouter qu'on l'appelle encore *épi fleuri* et *panacée du labour*.

Vous la reconnaîtrez à des fleurs purpurines réunies, six par six, autour de la partie supérieure d'une tige carrée et

haute de quinze à vingt centimètres, à des feuilles opposées
et à l'élégance de son port. Elle donne au teinturier une
belle couleur jaune, et ses fibres corticales fournissent d'excellents cordages ; enfin les fermiers aiment à la mélanger
à la litière de leurs bestiaux, qu'elle assainit, disent-ils.

Clocker, en herborisant, remarqua un jour une pauvre
petite stachide, née près de la lisière d'une forêt, au milieu
d'une haie fort épaisse près d'une grosse oronge qui la re-
couvrait presque tout entière. A peine sortie de terre et
parvenue à quelques centimètres de hauteur, la plante souffrait évidemment du manque d'air et de lumière.

A huit jours de là, il repassa près du buisson et se rappela la stachide. Elle s'était arrêtée dans son accroissement vertical pour incliner sa tige, tourner l'oronge et s'avancer, dans une direction horizontale, vers une petite ouverture qui laissait pénétrer la lumière dans la haie.

Quinze jours après, elle avait relevé sa tige et repris sa direction normale en croissant verticalement.

Un botaniste de mes amis, en voulant cueillir au haut d'un vieux mur une giroflée sauvage, a fait récemment une chute si malheureuse qu'il s'est brisé la jambe et qu'il se trouve condamné à passer une partie de la belle saison dans son lit.

Or, ce botaniste demeure au sixième étage, et plus riche de science que d'écus, il ne peut même pas s'entourer des fleurs dont la passion lui coûte si cher.

Il y a quinze jours, la vieille servante qui, après avoir été élevée dans la famille de son jeune maître, se consacre avec un dévouement maternel au service de l'excellent garçon, entra dans la chambre du convalescent, haletante de joie et de fatigue.

Après avoir repris un instant haleine, elle déposa sur une petite table, près du lit, un magnifique pot de jasmin, qu'elle était allée acheter elle-même le long du pont Saint-Michel au marché aux fleurs. C'était pour la sévère économe toute une grosse affaire que de prélever le prix de la fleur sur la modique somme consacrée aux dépenses du ménage, et une plus grosse encore pour la sexagénaire que de trouver la force d'apporter la plante et le pot des bords de la Seine à l'extrémité de la rue de l'Ouest, en gravissant cent douze marches d'un escalier roide plus que de raison. Mais il s'agissait de procurer un peu de distraction et de plaisir à son cher enfant, et elle ne reculait ni devant la dépense, ni devant la fatigue.

Elle se trouva bien payée, Dieu merci! de sa peine, car à l'aspect du jasmin, le visage pâle du jeune homme se couvrit d'une légère rougeur causée par la joie; son œil languissant prit de l'animation, et ses mains amaigries s'étendirent en tremblant vers l'arbuste cent fois le bienvenu. Le convalescent respira longuement et voluptueusement les parfums, il en compta les fleurs et les feuilles; il n'était plus seul, il avait un compagnon.

Hélas! qui a compagnon a maître, dit le proverbe, et quelquefois aussi tyran, ajouterions-nous.

Le pauvre jasmin ne tarda pas à l'éprouver.

Dès le lendemain, l'arbuste, avec ses jolis rameaux tourmentés, ses feuilles, ses fleurs, ses parfums pénétrants et doux, ne suffisait plus à son possesseur.

Celui-ci voulut renouveler sur le pauvre végétal les expériences faites autrefois par Musteli, et racontées dans le *Traité de végétation.*

Il prit un carton, et à l'aide d'un canif, il y pratiqua plusieurs trous de quatre à cinq centimètres de diamètre, et distants les uns des autres de huit à dix centimètres.

Il plaça ensuite ce carton devant le pot de jasmin.

Dès le lendemain, celui-ci avait changé la direction de sa tige et s'acheminait vers la lumière en traversant l'ouverture la plus rapprochée.

Le botaniste donna le surlendemain au carton et au jasmin une position tout opposée, de sorte que la tige passée par le premier trou se trouvait dans l'ombre.

La plante, amoureuse de clarté, vint de nouveau s'offrir au jour en traversant la seconde ouverture.

A quinze jours de là, l'expérimentateur eut la satisfaction de constater et de montrer à ses visiteurs que la tige du jasmin avait traversé chacune des ouvertures, et courait en zigzag des deux côtés du carton.

N'y a-t-il point dans ce que je viens de vous raconter plus

de preuves qu'il n'en faut pour démontrer que les plantes apprécient leurs besoins, calculent les moyens de les satisfaire, et savent mettre ces moyens à exécution avec une ingénieuse adresse, et par des combinaisons que l'imagination d'un homme ne trouverait peut-être point du premier coup?

Oui, les plantes ont des sensations et savent agir. N'avez-vous point vu dans vos caves une pomme de terre oubliée qui germait et qui faisait grimper le long d'un mur, jusqu'à l'ouverture d'un soupirail, une tige pâle, étiolée, mais qui parfois atteignait une dimension de deux mètres?

Chercherez-vous à expliquer ce phénomène par de la chimie ou de la physique? Non. Le besoin, la réflexion et la volonté, en voilà le secret.

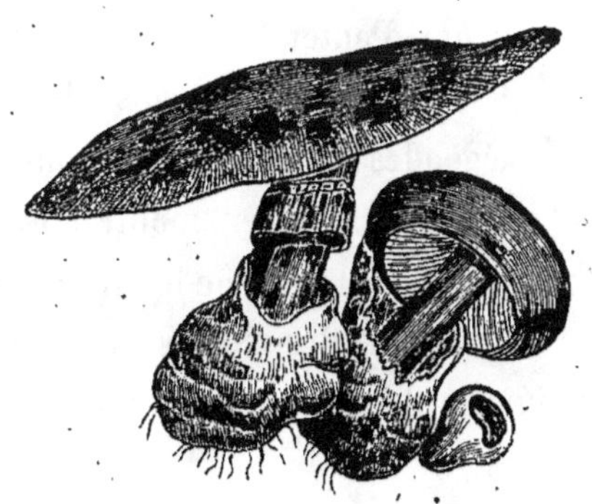

Oronge vrai.

CHAPITRE IX

LES LÉGENDES DE L'ÉTÉ

haque saison, dit notre ami le Botaniste, a ses trésors parfumés et poétiques. Vous venez d'entendre les légendes du printemps, laissez-moi vous dire encore les légendes de l'été, de l'automne et même de l'hiver. Je n'aurai, pour vous en montrer les héroïnes, que l'herbier de notre ami, et vous ne les verrez que desséchées et à peine l'ombre d'elles-mêmes; mais je tâcherai d'évoquer leurs mânes de façon à ce qu'elles vous intéressent.

Regardez! Savez-vous rien de plus fier et de plus aristocratique que la *vipérine (echium vulgare)*? Ses tiges, hautes de près d'un mètre, se dressent en demi-cercle, et forment comme une grande corbeille vivante, au centre protecteur de laquelle foisonnent toutes sortes de petites plantes telles que le *trèfle jaune* avec ses mignonnes houpes d'or (*trifolium procumbens*) ; la *gesse* des prés, que recherchent avidement les bestiaux, et dont les calices, couleur de safran, se rassemblent à l'extrémité d'une petite queue rampante ; la *douce-amère*, aux feuilles larges, aux fleurs violettes et aux grappes de fruits noirs, semblables à de petits raisins ; sans compter le *geranium à bec de grue*, dont la fleur, presque microscopique, montre, l'aide de la loupe, des teintes merveilleuses de variété, d'harmonie, et qui se transforme, par la maturité, en une sorte de bec d'oiseau.

La vipérine appartient à la famille de la bourrache. Ses corolles, mélangées de pourpre, d'azur et d'or, s'échelonnent depuis le bas jusqu'au haut de sa forte tige parsemée de poils rudes et bruns. La baguette de Moïse, quand le prophète l'eut fleurie, devait ressembler à la vipérine.

Ses graines, par leur renflement et leurs rides, affectent la forme d'une tête de reptile, et sa racine possède, dit-on, la propriété de guérir les blessures que fait la dent venimeuse des vipères ; enfin, les Italiennes emploient son suc rouge pour donner plus d'éclat à leur teint.

Au premier coup d'œil, l'*herbe au charpentier*, le *mille-feuilles*, ressemblent à un héliotrope rose. Achille, dit-on, s'en servit pour guérir la blessure de Télèphe. Les traditions catholiques du moyen âge racontent qu'un jour saint Joseph, en travaillant à une pièce de bois, se blessa griè-

vement à la main. L'Enfant Jésus, qui jouait au pied de l'é-
tabli au milieu de copeaux semblables à de beaux rubans
enroulés, se leva, alla cueillir une plante de millefeuilles,
l'appliqua sur la plaie du saint ouvrier, et arrêta le sang
qui coulait à flots.

La médecine moderne, qui proscrit la plupart des simples,
accorde pourtant à celui-ci des propriétés astringentes et
balsamiques; elle en emploie les feuilles et les racines.

La *convallaire*, le *muguet de mai*, doit le nom de *sceau de
Salomon* à la forme de ses feuilles roides, épaisses, gravées
de linéaments, et qui rappellent la forme des sceaux ovales
du moyen âge. Si sa fleur à grelots, quand elle est sèche,
provoque, je l'avoue, les éternuements, du moins elle n'a
rien des propriétés vénéneuses de la *renoncule*, joli bouton
d'or qui se balance gracieusement sur sa tige élastique,
mais qui donne la mort.

L'*euphorbe* ne vaut guère mieux. Il ressemble à un bouquet disposé artistement, composé de fleurs d'or mat, d'une
feuillée qu'on dirait découpée par les ciseaux fantastiques
d'une fée, et de glands de bronze florentin qu'auraient
ciselés les petits doigts d'un gnome. Brisez-la, et de toutes
ses parties suintera un suc blanc qu'on serait tenté de
prendre pour du lait, et de porter aux lèvres. Ce n'est qu'un
poison, odieux au goût et presque toujours funeste à la
vie.

Le *millepertuis* ressemble également à un bouquet, mais
on n'a rien à craindre ni de sa fleur, houpe cotonneuse qui
s'étale gaiement au soleil, ni de   feuilles opposées entre

elles et qui laissent tamiser la lumière par des milliers de petites ouvertures, d'où lui vient sans-doute le nom de *mille-pertuis* ou *mille trous*. Elle aussi sécrète un suc abondant, gommeux, résineux, rougeâtre, mais sinon utile, du moins sans danger.

Lorsqu'on froisse les grappes blanches de la *stachide*, dont chaque petite fleur blanche, tintée de rose à l'intérieur, ressemble à une gueule d'animal ouverte, il s'en exhale une odeur âcre et désagréable. En revanche, on mange la partie de sa tige qui se trouve ensevelie dans la terre, la médecine populaire la classe parmi les fébrifuges et les emménagogues ; on en obtient une belle couleur jaune.

La *barbe-de-bouc*, sœur du salsifis, rampe comme un reptile. Garnie de feuilles seulement à la base, elle relève sa tête, qui ressemble à ces soleils de convention au-dessous desquels Louis XIV plaçait sa fière devise.

Le *mélilot*, dont je vous parlais tout à l'heure, et sur le compte duquel je ne vous ai pas tout dit, est à la fois une plante du printemps et de l'été.

Le *mélilot* a tous les caractères botaniques du trèfle ; mais pour un profane, comme vous et moi, il ne lui ressemble en rien. Vous le reconnaîtrez à ses grappes de fleurs d'or qui demeurent épanouies presque tout l'été et qui embaument le foin dans lequel elles abondent ; les abeilles y butinent sans cesse ; les ménagères de village enferment ses fleurs dans des sachets pour donner une bonne senteur à leur linge, et surtout pour éloigner de leurs armoires les insectes.

Les parfumeurs en extraient une eau distillée fort agréable, et les teinturiers une de ces couleurs jaunes que la
nature prodigue à tant d'espèces végétales. La médecine
en a fait longtemps usage et ne s'en sert plus aujour-
d'hui.

Le mélilot entre encore dans la composition des fromages aux herbes, ou *fromages verts*, que l'on prépare en Suisse,
dans le canton de Glaris, et en France dans quelques montagnes du Jura. Certaines localités de l'Allemagne le dessè-
chent pour en faire, l'hiver, une sorte de thé, moins excitant et plus aromatique que la boisson chinoise. Les chevaux
le mangent avec passion ; Homère en parle et raconte le soin
que met Achille à en nourrir son attelage divin. Enfin, on
l'appelle, dans certaines parties de la France, *houblonnet*,
des têtes ovales de ses fleurs, qui présentent quelque ressemblance avec les chatons du houblon.

A peine vous ai-je parlé d'une dizaine de fleurs. Il faut
donc que forcément je passe sous silence beaucoup de leurs
sœurs, aussi belles qu'elles, aussi intéressantes, aussi variées de formes, de mœurs, d'histoire et d'emploi. Laissez-
moi cependant vous dire encore quelques mots du bluet et
du chardon, et vous raconter une légende que j'ai apprise en
Flandre, et que, sous des formes différentes, j'ai retrouvée
en Bretagne, sur les bords du Rhin, en Norwége, et enfin en
Algérie, où un Kabyle me l'a redite. Tous les pays et toutes
les religions l'ont inventée ou se la sont appropriée.

Une fois, me raconta-t-il, tandis que, assis sur le seuil
de son gourbi, nous devisions, la longue sibsi aux lèvres,

et au milieu de nuages parfumés de latakié, une fois,.deux inconnus vinrent demander l'hospitalité à un Kabyle. Celui-ci, tout pauvre qu'il était, s'évertua à recevoir de son mieux les hôtes que le prophète lui envoyait. N'ayant point d'esclave, et vivant seul dans sa maison, construite en pierres ramassées au bord de la plaine, il donna lui-même à laver aux deux voyageurs, se dépouilla de son propre burnous pour le placer sous leurs pieds, tua le seul mouton qu'il possédât et le leur servit sans vouloir se mettre à table avec eux. « Un hôte, dit-il en citant le Koran, est un seigneur « pour celui qui le reçoit et qui devient son serviteur. »

Au bout de deux jours, toutes les provisions de cet homme selon l'esprit d'Allah se trouvèrent épuisées. Alors il se prosterna en pleurant devant les voyageurs, se frappa la poitrine, leur fit l'aveu de sa pénurie, et les conduisit lui-même chez un riche *ulémah* du voisinage. Celui-ci reçut les étrangers à l'entrée de son vaste gourbi, leur débita un long et magnifique discours sur l'hospitalité, et leur exprima ses regrets de ne pouvoir les héberger, attendu qu'il fallait qu'il partît à l'instant même pour Algésair.

Il leur fit néanmoins servir, par un de ses esclaves, quelques rafraîchissements mesquins.

Tout à coup, le visage des voyageurs devint resplendissant comme le soleil, et les deux musulmans se jetèrent la face contre terre, car ils avaient reconnu que leurs hôtes étaient des anges.

« Des messagers d'Allah, dirent ceux-ci, ne peuvent quitter la terre et remonter dans le Paradis sans faire un don à leurs hôtes. Ne cultivez point vos champs, nous nous chargeons de les ensemencer. »

Et ils s'envolèrent dans les nuages.

Un mois après leur départ, l'ulémah vint annoncer à son voisin que ses champs se couvraient de charmantes fleurs bleues.

« Si les fleurs ont tant de beauté, ajouta-t-il, jugez donc ce que seront les fruits !

— Moi, répondit le Kabyle, je ne vois pousser dans mon petit champ que des chardons d'une grande taille. »

L'ulémah se prit à rire

« Les anges se sont joués de vous! s'écria-t-il. Que n'arrachez-vous toutes ces mauvaises herbes?

— Je m'en garderai bien; ce serait douter de la bonté divine. *Mectab Allah!* Dieu l'a voulu! J'attendrai. »

L'ulémah s'éloigna en haussant les épaules.

Quand vint le moment de la récolte, les anges descendirent de nouveau sur la terre.

« Récolte ces chardons, dirent-ils au pauvre Kabyle, et garde-les avec soin. Tes femmes ne savent comment carder les étoffes qu'elles filent; non-seulement les têtes de chardons leur serviront à cet usage, mais encore tu pourras les vendre un bon prix aux autres tribus. Allah a béni ta charité. »

Quand l'ulémah apprit cela, il s'écria :

« Si de vilains chardons hérissés d'épines valent tant de douros et servent si utilement, qu'en sera-t-il des fruits que produiront mes jolies fleurs bleues ! »

Hélas ! à la grande déception de l'ulémah, elles ne donnèrent qu'une petite graine ailée qui s'envola dans les airs.

Or, conclut le narrateur arabe, il faut tirer cette morale de mon histoire, qu'on ne doit jamais chercher à interpréter les décrets d'Allah, parce que les plus savants ne sauraient rien y comprendre, que l'ange de la justice rend au centuple le bien pour le bien et le mal pour le mal, et qu'enfin il ne faut point juger sur les apparences.

Il me souvient que le jour où je récoltai cette plante, je m'étais assis sur le rebord d'un fossé, près d'un champ de blé, et je suivais des yeux une bande de fourmis qui faisaient une razzia de pucerons. Elles prenaient délicatement dans leurs fortes mandibules ces insectes, qui leur servent de vaches, de chèvres et de brebis; elles couraient de toutes leurs forces vers la fourmilière, elles ne s'arrêtaient que vaincues par la fatigue et seulement pendant le temps néces-saire pour reprendre haleine ou pour se désaltérer. Celles que la soif pressait trop posaient leur butin à terre, titil-laient, à l'aide de leurs antennes, les tétines bizarres dont les pucerons se trouvent pour ainsi dire hérissés, buvaient la liqueur laiteuse qu'elles obtenaient par cette singulière façon de traire, et reprenaient leur course vers le domicile commun.

Tout à coup, des voix jeunes, fraîches et rieuses qui chan-taient et qui babillaient à qui mieux mieux me firent lever la tête. C'était une dizaine de jeunes gens; ils subissaient cette sorte d'enivrement que produisent l'air pur de la campagne et l'aspect radieux de la nature sur les Parisiens soustraits par hasard à l'atmosphère lourde et malsaine de la vieille Lutèce.

« Est-ce du blé, est-ce du seigle, ça? demanda une char-mante jeune fille dont les joues pâlies et étiolées dans un comptoir et à la clarté du gaz se teintaient, pour la première fois peut-être, d'une légère nuance de rose.

— Ma foi! je n'en sais trop rien, répondit un beau jeune homme, chef de rayon de l'un de nos premiers magasins de nouveautés.

— Ça doit être du blé! objecta une petite modiste. Cette année, dans ma maison, on fait aux seigles, fort à la mode

pour chapeaux, des barbes bien plus longues que je n'en vois
aux herbes de ce champ.

— Et le déjeuner! le déjeuner qui nous attend là-bas dans
ce petit bois! s'écria le factotum de la troupe. — Allez-vous
l'oublier? Qui a faim me suive! »

Et chacun, sans plus songer à cette discussion botanique,
se mit à marcher sur les pas du joyeux garçon. Tous sans
doute, avaient faim, comme on a faim un dimanche, un
jour de congé et à vingt ans.

La petite modiste avait raison. C'était bien un champ de
blé qu'ils avaient vu. Mais Dieu sait combien de plantes
étrangères se trouvaient mêlées au froment et confondaient

leur feuillage à ses hautes tiges à peine en fleur ! Sans l'appétit qui la talonnait, sans la voix qui l'appelait à déjeuner, la volée de jolies filles n'eût point tardé à découvrir comme moi ces fleurs, à s'abattre sur elles et à les fourrager sans pitié pour s'en faire des bouquets. Une Parisienne, comme le chante la romance, *donnerait Bagdad pour une rose*, et même pour un bluet !

Loin de moi la pensée de médire des plantes exotiques cultivées à grands frais dans les serres ou admises dans les collections des horticulteurs ; mais je n'en sais point de plus charmantes que les filles des champs ; celles-ci ne doivent rien à l'art, et poussent là ou là, parce que c'est leur gré, et qu'elles savent mieux que les plus habiles jardiniers du monde ce qu'il leur faut de terre ou de sable, de soleil ou d'ombre, de sécheresse ou d'humidité.

Témoin cette nielle à fleurs d'un bleu clair, qu'on nomme *cheveux de Vénus* (*nigella arvensis*). Il ne faut point toutefois la porter aux lèvres, car, presque sœur de l'ellébore, elle exerce, dit-on, une action nuisible sur le cerveau. Gardez-vous surtout, ajoutent les mêmes traditions, qu'une jeune femme prête à devenir mère place un bouquet de *cheveux de Vénus* à son corsage ; elle ne donnerait point le jour à un enfant vivant.

Les Égyptiens, qui nomment *abésodé* la graine de là nielle, en saupoudrent leurs pains et leurs gâteaux ; ils la broient aussi et la réduisent en pâte pour en faire des pastilles fort recherchées dans les sérails, attendu qu'elles développent, dit-on, l'obésité de façon à satisfaire les ama-

teurs les plus exigeants de ce genre de beauté orientale. On
en fabrique encore, avec du gingembre et de la canelle, une
confiture préférée par les Osmanlis à la conserve des roses.

Lamouroux a découvert qu'en infusant des graines de
cheveux de Vénus dans l'alcool, on obtient une liqueur qui
possède le parfum des fraises, et qui permet, l'hiver, de préparer des glaces et des crèmes à l'essence de ce fruit. Le
chimiste ne partage point, on le voit, l'opinion populaire
qui attribue à la nielle des principes vénéneux.

Regardez, à côté de la nielle, cette autre plante à l'aspect
élégant, aux feuilles finement découpées, aux fleurs d'un
rouge vif. Encore consacrée à Vénus, elle porte le nom populaire de *goutte de sang d'Adonis*. Elle jouit d'une saveur
mucilagineuse, légèrement astringente, et répand au loin
une odeur aromatique d'une extrême distinction. On peut
l'employer efficacement pour guérir les toux invétérées,
quoiqu'elle possède toutefois des propriétés moins efficaces
que ses sœurs des Antilles et d'Italie, avec lesquelles les
pharmaciens préparent le sirop de capillaire.

La *dauphinelle* se compose de fleurs en bouquet lâche et
formant à peine épi. Les moissonneurs la nomment *pied-
d'alouette*.

La *fumeterre* s'appelait autrefois *fumée de terre*, à cause
du goût âcre et amer, semblable à celui de la suie, que ses
feuilles, mâchées, laissent sur les lèvres et dans la bouche.
On en compte plusieurs espèces agrestes, parmi lesquelles
on remarque la *fumeterre jaune*, dont les fleurs blanchâtres
se succèdent pendant huit mois de l'année. On l'administre

en infusion dans les maladies de la peau, et les médecins de
campagne l'emploient comme toute-puissante pour guérir
les faiblesses d'estomac.

Tantôt *l'oxalide corniculée* (*l'alleluia*) monte en tige. de

seize à vingt centimètres,
tantôt elle rampe et étale
sur le sol ses feuilles velues et ses fleurs jaunes.
A l'instar de sa sœur, la *su-
relle des bûcherons*, qui affectionne les montagnes et
les haies, et le voisinage
des grands arbres, elle
produit, mais en moins
grande abondance, une
substance blanche, d'une
extrême acidité, et qu'on
nomme improprement *sel
d'oseille.* On s'en sert pour
combattre les maladies in-
flammatoires et les fièvres
putrides. L'acide que l'*alleluia* contient enlève, sur
le linge, les taches de
rouille et d'encre. Les mé-
nagères, qui connaissent parfaitement cette dernière propriété, enveloppent un vase d'étain rempli d'eau chaude
de l'étoffe qu'elles veulent nettoyer, et la frottent légère-

ment avec des feuilles d'*alleluia*. Les taches disparaissent instantanément et comme par miracle.

Le *gaillet* ou *caille-lait* est cosmopolite ; l'espèce qui foisonne dans les environs de Paris se nomme *gratteron*. Des poils crochus hérissent sa tige rampante, ses feuilles et ses fruits. Le voici au pied de la haie qui borde le champ ; mon bras l'a effleuré, et ses fruits restent attachés à mon habit et ne s'en détachent qu'avec peine.

Les croyances populaires attribuent au *gratteron* deux propriétés que, par malheur, il ne possède pas. Elles le regardent comme un spécifique contre la rage et comme un excellent moyen de cailler le lait. De nombreuses expériences faites entre autres par MM. Deyeuse et Percheron ont démontré l'erreur de cette double croyance. Toutefois, les fermiers du comté de Chester attribuent au *gratteron*, qu'ils mélangent à la présure, les qualités gastronomiques qui caractérisent leur célèbre fromage.

Ajoutons que la famille du gratteron (les rubiacées) compte parmi ses membres de grandes illustrations, et entre autres le quinquina, le café, la garance et l'ipécacuanha.

Les plantes que je viens de vous montrer se trouvent réunies dans un coin du champ et occupent à peine, au milieu du blé, un espace de quelques mètres ; encore ne vous ai-je point désigné l'*alchimille* ou *pied-de-lion*, le *trèfle*, dont les superstitieux cherchent pendant des journées entières une tige à quatre feuilles qui passe pour un talisman ; la *scabieuse*, qui affectionne le bord des terres labourées et que

recherchent avidement les bestiaux, parce qu'elle les en-
graisse et les rafraichit.

Les abeilles voltigent et bourdonnent toujours autour de
cette dernière plante, dont elles aiment à butiner les fleurs,
d'un bleu rougeâtre. Quelques médecins prescrivent encore
le suc de ses feuilles contre les affections cutanées ; enfin,
fraîche, elle fournit à la teinture un assez beau vert, et, sèche,
un jaune estimé.

Ne touchez pas à cette *coronille*. Les animaux, servis par
un merveilleux instinct que l'homme ne possède point,
hélas ! ne paissent jamais ni sa tige, grande d'un mètre, ni
ses fleurs, admirablement panachées de rose, de blanc, de
violet, et disposées avec une élégante symétrie, en couronnes
et par groupes de douze à quinze. Ils évitent surtout ses
feuilles ailées et ses racines, qui serpentent au loin et qui
étalent souvent leurs jets nombreux sur plus d'un mètre de
circonférence.

On peut se faire une idée de la multitude de plantes qui
vivent dans un champ, non point aux dépens, mais au
milieu des moissons. Il y en a plus de cent espèces. Ni le
vannage ni le sarclage ne parviennent jamais, je ne dirai
point à les évincer complétement, mais à en diminuer le
nombre. Tandis que le froment a besoin de cultures et de
soins incessants, que les pluies, le soleil, le vent, la grêle, la
gelée, lui font une guerre acharnée, les plantes sauvages
prospèrent en tout temps et par tous les temps. Souvent les
panaches rouges des coquelicots et les couronnes des bluets
ne laissent plus apercevoir les épis ; souvent la terre dis-

paraît sous les innombrables parasites qui la recouvrent comme d'un tapis ; ils grimpent le long des tiges, ils s'étalent et se dressent ; ils envahissent tout, ils reprennent victorieusement et incessamment possession du sol dont le travail de l'homme veut en vain les chasser.

Le soir, à la veillée, dans ma chère Flandre, on raconte l'histoire d'un paysan qui demanda pour toute récompense à son seigneur, dont il avait sauvé la vie, le fermage gratuit d'un bout de champ jusqu'au jour où un âne ne trouverait plus de chardons dans les cultures voisines.

« Il y a mille ans de cela, ajoute le narrateur en sabots, et au jour d'aujourd'hui et à l'heure qu'il est, la famille du malin paysan profite encore de la propriété du champ. On a eu et on a beau arracher les chardons, il en repousse toujours quelqu'un dans quelque coin. Lorsque les chardons finiront, le monde finira.

« Ce ne sont certes pas les ânes qui s'en plaindront ! » conclut-il en clignant gaiement de l'œil, et désignant d'un signe de tête un de ses auditeurs.

Asclépiade.

CHAPITRE X

LES LEGENDES DE L'AUTOMNE

n entre à peine dans l'automne, que déjà les fleurs agrestes qui foisonnaient partout commencent à devenir rares. Naguère on les comptait par centaines d'espèces au bord du moindre ruisseau; désormais elles apparaissent en petit nombre çà et là, à travers les herbes incrustées de poussière, moins souples et d'un vert plus sombre.

Parmi ces précurseurs de l'hiver, on remarque le *myosotis vivace*, que les amoureux de tous les pays ont baptisé de noms charmants, et qu'ils appellent *forget me not, vergiss mein nicht, ne m'oubliez pas,* et *plus je vous vois, plus je vous aime.* Le myosotis vivace se distingue des autres myosotis par le tube de sa corolle, qui s'évase, et par ses fleurs plus grandes et d'un bleu plus foncé. Aussi les enfants, en Flandre, les cueillent-ils pour les porter pieusement aux lèvres, en disant qu'ils « baisent les yeux du petit Jésus. »

Près du myosotis vivace se rencontrent presque toujours deux variétés de la menthe : des fleurs rouges surmontent la tige velue de la première; l'autre, plus haute, plus fière, grande parfois de cinquante centimètres, dresse, à l'extrémité de ses rameaux, de petits épis rougeâtres : c'est la *menthe poivrée,* qui exhale, quand on la froisse entre les doigts, une odeur voisine de l'âcre senteur du camphre, et qui produit une huile avec laquelle les confiseurs préparent des pastilles stomachiques.

La menthe est une des rares plantes dont la mythologie raconte la légende. Fille du Cocyte, Menthos inspira à Pluton une passion violente qu'elle ne tarda point à partager.

La jalouse Proserpine surprit le secret de ce coupable amour, saisit Menthos par les cheveux, l'entraîna sur la terre et la frappa, en pleine poitrine, du funèbre trident qui servait de sceptre au dieu des sombres bords.

Vénus, témoin de ce meurtre, changea Menthos en fleur, et Pluton prit désormais le surnom d'*Amenthès,* que lui donne Ovide, et qui signifie *privé de Menthos.* Appien, contemporain de Septime Sévère, raconte l'origine dans ses *Halieutiques*.

On appelle ainsi un poëme grec consacré à la pêche, et destiné à faire suite à un premier poëme sur la chasse.

A quelques pas de la *menthe poivrée* et de la *menthe crépue*, voici le *millepertuis* aux feuilles semblables à des tamis de fée et le *vulpin genouillé*, qu'à tort on confond parfois avec le chiendent, dont il se distingue par un chaume roide, des épis droits et des feuilles légèrement velues.

Ne touchez pas à la *lobélie brûlante!* Elle contient un suc laiteux, âcre et vénéneux. Une dose modérée de la racine de cette campanule excite la transpiration ; prise en plus grande quantité, elle agit à la fois comme l'émétique et comme le séné.

Vers le milieu du dix-huitième siècle, parmi les disciples enthousiastes de Linné, se trouvait un Lillois, nommé Matthias Delobel. Non-seulement il se consacra exclusivement à la botanique, mais il entreprit des voyages d'outre-mer pour étudier *de visu* la flore exotique.

En 1759, il revint de la Jamaïque et se hâta de se rendre près de Linné avec l'herbier et les échantillons précieux qu'il avait recueillis. Après avoir placé sous les yeux de son illustre maître tous ses trésors et toutes ses conquêtes, il lui montra complaisamment une plante vivante qu'il avait réservée pour la « bonne bouche, » comme il l'écrit lui-même, dans une lettre que nous avons sous les yeux.

« Je n'ai vu nulle part, dit-il, cette campanulacée à fleurs blanches; je la crois, sinon unique, du moins nouvelle. Dieu

sait le mal qu'elle m'a donné et les dangers auxquels elle
m'a exposé. Pendant la traversée, plus d'une fois, je me suis
privé d'eau pour l'arroser; plus d'une
fois, au milieu d'une tempête, j'ai serré
dans mes bras et contre ma poitrine,
pour qu'elle ne se brisât point, le pot
qui la contenait.

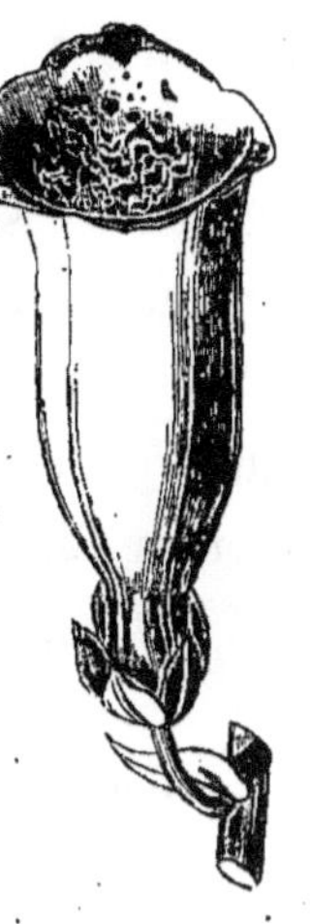

« Cependant il eût suffi qu'une de ses
branches se rompît et effleurât ma peau
d'une goutte du suc qu'elle contient
pour me causer des ulcères rongeants,
à peu près impossibles à guérir. L'odeur
seule du long épi de ses fleurs rouges
excite des vomissements cruels. Une de
ses feuilles qui touche les yeux enfante des ophthalmies
purulentes, et très-souvent cause la perte de la vue. »

Pendant que Delobel parlait ainsi, Linné l'avait tout doucement amené près d'un petit ruisseau, et là, du bout de sa
canne, il désignait au botaniste lillois une plante semblable
à celle que Delobel venait de lui montrer.

« Regardez, mon enfant! lui dit-il. Sauf la couleur, voici
votre campanulacée! La fleur de la Jamaïque est rouge;
celle-ci est, je l'avoue, bleue, mais elle n'en vaut pas mieux
pour cela! »

Delobel ne put retenir un geste de découragement.

« Si méchante et si redoutable qu'elle soit, continua Linné,
elle vous prouvera cependant que les absents n'ont point
toujours tort avec moi. Tenez, lisez cette page de ma *Biblio-*

theca botanica, et vous y verrez que j'ai désigné sous le nom
de mon cher Delobel une famille de campanulacées ; elle se
nomme *lobelia*. »

Delobel voulut répondre, mais il ne put qu'essuyer une
larme et baiser la main de Linné.

De tels souvenirs scientifiques ne se rattachent point à la
marrube, qui pousse là paisiblement près de la *lobélie*.
Elle croît presque dans l'eau, et les libellules aiment à se
jouer autour d'elle. Son odeur fortement musquée, ses
tiges carrées, épaisses, rameuses, velues, grisâtres ; ses
feuilles opposées, crépues, cotonneuses et d'un vert foncé ;
ses fleurs d'un blanc douteux, ramassées en verticilles, ne
manquent point d'élégance. Les médecins de campagne la
recommandent avec raison comme un stimulant actif, et la
désignent à leurs malades sous le nom de *faux dictame*.

Saluons en passant le *chanvre aquatique*, le *bident penché*,
qui donne une teinture jaune et fournit une filasse grossière, d'une solidité à toute épreuve, et longeons ce vieux
mur, au pied duquel croissent d'une façon luxuriante l'*herbe
au charpentier*, qui guérit si bien les coupures, et les *orties*,
armées de dards invisibles et acérés.

Ce n'est point un paradoxe que je vais dire : après l'âne,
réhabilité si éloquemment par Buffon, je ne sais rien au
monde de plus calomnié que l'ortie.

Vous ne tarderez point à partager cette opinion si vous
me laissez vous énumérer les qualités de l'ortie, dédaignée
par l'ignorance, et par son frère et par sa sœur plus stu-
pides encore, le préjugé et la routine.

L'ortie offre aux bestiaux une nourriture fraîche et d'autant plus précieuse qu'au renouveau on la voit apparaître la première. Elle augmente la masse et la quantité du lait chez les vaches et chez les chèvres qui s'en nourrissent, et donne

L'ortie.

à ce lait une crème plus abondante et une saveur plus sucrée. Il suffit, au printemps, d'arracher les jeunes pousses de l'ortie et de les laisser un peu se faner à l'air. Pourvu qu'on les mèle ensuite, dans la proportion d'un quart environ, au foin et à la paille, on n'a rien à craindre de l'action de leurs aiguillons sur la bouche des animaux, qui les mangent avec avidité. Les fermiers intelligents recherchent beaucoup le fumier qui résulte de ce mélange, et qui favorise singulièrement la culture.

Les volailles s'engraissent rapidement quand on les met au régime des graines d'ortie; on extrait de ces graines une huile d'un goût délicat et qui, prise en décoction, rappelle chez les jeunes mères la sécrétion du lait. Elle produit encore une dérivation dans certaines maladies; appliquée à l'extérieur, elle ranime la sensibilité des tissus de la peau, augmente l'élasticité des muscles et rend plus facile le jeu des articulations.

Olivier de Serres, le père de l'agriculture française, enseigne que « l'ortie rend une exquise matière dont sont faictes des belles et desliées toiles; mais dont, par male heure, il y en a si peu qu'on n'en sauroit faire autre estat que pour la curiosité. » En effet, depuis un temps immémorial, on fabrique en Chine des toiles merveilleuses, tissées avec la filasse que donne l'ortie. L'ortie lutte avantageusement contre les plus fins produits du plus beau lin; enfin elle a sur ce dernier le remarquable avantage de se rouir complétement après un séjour d'une semaine sous l'eau.

Malgré tant de perfections, l'ortie reste, en Europe, reléguée parmi les parias des champs. On l'arrache impitoyablement partout ou elle pousse si abondamment d'elle-même. Ni Olivier de Serres en 1620, ni Rozier en 1771, ni Valmont de Bomare en 1780, ni Bartolini en 1809, ni Milloix en 1825, n'ont pu, malgré des expériences concluantes et des essais faits en grand, obtenir qu'on se mît à cultiver l'ortie et à profiter des immenses profits qu'elle offre à ceux qui consentiraient à l'exploiter.

Lorsque, en 540, saint Waast apporta dans les Gaules la lumière de l'Évangile, il remarqua un jour, dans les campagnes désolées par les soldats de Ragnacaire, un paysan qui s'évertuait à enlever de son champ, où avait campé les barbares, le fumier laissé par leurs chevaux. Le front baigné de sueur, le pauvre diable le transportait à grands efforts de bras dans un fossé éloigné.

« Mon ami, lui dit le saint, chaque pelletée de fumier que vous enlevez de votre champ est une gerbe de récolte que vous en ôtez. »

L'Atrébate haussa les épaules et rit sans façon au nez du prélat.

« Vous m'en comptez de belles ! répliqua-t-il. Parce que vous êtes un clerc, vous pensez à tort que vous me ferez accroire de pareilles bourdes. Ce fumier qui exhale une si mauvaise odeur, et qui m'empêche de labourer mon champ, empoisonnerait et ferait pourrir le blé que je compte y semer. Allez chercher autre part des imbéciles à gausser ? »

Le saint fit un signe de croix sur le fumier, qui, de lui-même, se transporta aussitôt et tout entier dans un champ voisin.

Le propriétaire de ce champ se prit d'une violente colère, courut sus à saint Waast et faillit lui faire un mauvais parti.

« Quel tort vous ai-je causé, méchant sorcier ? s'écriait-il, pour que vous encombriez mon champ de pareilles ordures ? Si vous ne les faites point disparaître comme vous les avez amenées, au moyen d'un maléfice, je vous brise la tête d'un coup de ma hache de pierre. »

Le saint répondit :

« Puisque vous ne voulez point de ce fumier fécond, je vais l'envoyer dans les dépendances de mon évêché. »

Et, d'un signe de croix, il le fit comme il l'avait dit.

La moisson venue, les champs des deux paysans ne produisirent que des épis maigres, chétifs et rares, tandis qu'une récolte magnifique couvrait le domaine de saint Waast.

Le prélat vint en personne inviter les deux entêtés routiniers à s'assurer par leurs yeux des effets que produisent les engrais ; ni l'un ni l'autre ne voulut se déranger.

« Jamais des ordures ne seront bonnes à quoi que ce soit! » répliquèrent-ils obstinément.

Il fallut encore plus de deux siècles pour que les habitants du Cambrésis et de l'Artois se décidassent enfin à fumer leurs terres.

N'est-ce point là un peu l'histoire de l'ortie et du dédain qu'elle inspire?

Un jour, — peut-être demain, peut-être dans un siècle, — on se demandera comment l'agriculture française a pu si longtemps méconnaître l'ortie, et négliger un moyen facile et peu coûteux de nourrir les bestiaux, et de se procurer, presque sans travail, un produit pour le moins aussi utile que le lin.

Voici pourtant déjà trois siècles qu'Olivier de Serres, avec l'autorité de son nom et de sa science agricole, a professé sur l'ortie les enseignements qu'après cet illustre agronome nous répétons humblement aujourd'hui.

On compte bon nombre de fleurs d'automne sur les bords des chemins. Là on rencontre à chaque pas la *saponaire*, que le pharmacien récolte comme sudorifique, et de laquelle les ménagères de campagne se servent en guise de savon pour lessiver leur linge; l'*ansérine blanche* à tige cannelée, que les oiseaux préfèrent au millet et dont les feuilles rivalisent de goût avec l'épinard; l'*amaranthe à queue de renard*, qui produit de longues grappes de fleurs cramoisies.

Le nom de l'amaranthe signifie, en grec, *qui ne se flétrit point*. Les anciens la consacraient aux morts; les sorciers du moyen âge attribuaient des vertus magiques à sa fleur, entre autres le don de valoir à ceux qui en portaient des couronnes, les faveurs de la fortune et des grands; enfin Benserade, dans ses *Rondeaux des fleurs et des insectes*, la compare, non pas à l'inconstant papillon, mais à la belle et fidèle demoiselle (libellule) qui ne quitte jamais les eaux où elle est née.

Malherbe dit dans des vers adressés au roi Henri IV :

La louange dans mes vers,
D'amaranthes couronnée,
N'aura sa fin terminée
Qu'en celle de l'univers.

La reine Christine de Suède institua, en 1635, un *ordre de l'Amaranthe*. La croix en émail portée par les chevaliers représentait une amaranthe avec cette devise : *Dolce nella memoria*.

L'arthémise vulgaire, qu'on nomme dans les campagnes *l'herbe aux cent goûts*, et dans le langage médical *l'armoise*, se reconnaît à ses tiges rameuses et rougeâtres, à ses feuilles découpées, vertes en dessus, blanches et cotonneuses en dessous, à ses fleurs, que recouvre une sorte de duvet. Elle jouit de la plupart des propriétés de l'*absinthe*, à côté de laquelle l'ont classée longtemps les botanistes.

Les distillateurs substituent trop souvent l'armoise à l'absinthe pour fabriquer la liqueur qui, en Afrique, a plus décimé nos armées que les Arabes et les fièvres paludéennes.

Il y a trois espèces d'absinthe : la *grande* se plaît dans les lieux arides, pierreux et montueux. Ses tiges droites atteignent jusqu'à quatre pieds de hauteur ; ses feuilles, profondément découpées, sont argentées, et ses fleurs, qui s'épanouissent vers le mois d'août, se dressent en grappes d'or pâle. Elle possède un principe tellement amer, qu'il se communique au lait des bestiaux qui la broutent.

Pline prétendait que les brebis qui mangeaient de l'absinthe n'avaient point de fiel ; nous n'avons pas besoin d'ajouter qu'en parlant ainsi il se faisait l'écho d'une erreur populaire. Quoi qu'il en soit, l'absinthe était en honneur chez les Romains. Aux courses du char, qu'on donnait pendant les féries latines, on offrait au vainqueur une décoction d'absinthe. Les uns veulent voir dans cette coutume un hommage rendu aux propriétés salutaires de la plante. Selon les autres, l'amertume du breuvage devait rappeler au vainqueur que la gloire n'est jamais sans mélange. Peut-être n'était-ce tout simplement qu'une tradition de l'usage antique qui voulait que les Égyptiens initiés aux mystères d'Isis portassent à la main des rameaux d'absinthe.

Quand on mélange d'eau la liqueur d'absinthe, elle blanchit et devient savonneuse. Ce phénomène est dû à la présence de l'huile essentielle qu'elle contient.

Durant les premières années de la guerre d'Afrique, l'usage d'un mélange d'alcool et d'absinthe se répandit peu à peu dans l'armée française. Des officiers elle passa aux soldats, et ne tarda pas à produire de tristes effets.

Ce fatal mélange de teinture alcoolique et de vin blanc délabre les estomacs les plus robustes, abrutit de nobles intelligences, et prive de leur raison des milliers de braves soldats.

Les compagnies de discipline recrutent la plupart de ceux dont elles se composent parmi les buveurs d'absinthe.

L'ivresse que produit ce funeste breuvage a quelque chose de sinistre. Plus dangeureuse que le vin et que l'eau-de-vie elle-même, elle rend ses adeptes sombres, hébétés et disposés à la violence; une fois qu'on contracte l'habitude de ce poison, rien n'en peut guérir.

En 1845, j'ai vu, au camp d'El-Arouch, un zéphir qui venait de passer trois mois au fond d'un silo. Il avait commis, sous l'influence de l'absinthe, les fautes les plus déplorables. J'obtins sa grâce du commandant : le surlendemain, on rapportait au camp le malheureux sans vêtements et dans un véritable état de démence. A peine libre, il s'était enfui et il avait vendu son uniforme, ses souliers et jusqu'à sa chemise, pour pouvoir s'enivrer d'absinthe.

Ce jeune soldat appartenait à une famille riche et honorable. Engagé volontaire, intelligent, d'une excellente conduite, brave à toute épreuve, il avait rapidement conquis les grades inférieurs. Ses camarades l'adoraient pour son courage et pour sa gaieté ; ses chefs s'estimaient heureux de contribuer à son avancement. Déjà sergent-major, encore un peu il allait échanger l'épaulette de laine pour l'épaulette d'or du sous-lieutenant quand il prit goût à l'absinthe.

Un an après on le dégrada. Il comparut ensuite devant un conseil de guerre, et on l'incorpora dans une compagnie de discipline. Il finit par déserter et par passer à l'ennemi ; les Arabes, fatigués de ses violences, s'en débarrassèrent un jour en l'assassinant.

Revenons bien vite à nos fleurs d'automne.

Regardez encore la *fétuque bleue*, dont les feuilles d'un vert miroitant produisent de brillants reflets ; l'*épervière*, à la taille élancée et aux fleurs d'un jaune citron ; la *chondrille*, la *mercuriale* à l'odeur suspecte, et qu'en Suisse les jeunes mariées mangent aux risques de s'exposer à un long assoupissement et parfois à des vomissements, pour que leur premier-né soit un garçon ; enfin la *pariétaire*, dont les tiges fibreuses et velues se couvrent de feuilles en forme de lance. Lorsqu'on touche à ses fleurs, elles lancent au loin le pollen qu'elles contiennent, et en forment un petit nuage.

Telle est la phalange des plantes sauvages de l'arrière-saison.

Il ne faut point, toutefois, oublier de citer encore parmi ces courtisans du malheur que n'empêchent de fleurir ni les brumes, ni les pluies, ni les premiers froids, la *gentiane* et l'*arroche*, qu'on appelle la *belle et bonne dame*, qu'on mange en salade, et qui, mélangée à l'oseille, en adoucit l'acidité. Sa sœur, l'*arroche puante*, exhale une odeur fétide quand on l'écrase.

La *pâquerette* ou *marguerite des prés* fleurit en toutes saisons.

La première, au printemps, elle émaille de ses étoiles blanches au cœur d'or les prairies, les bois, les bords des fossés ; on la rencontre partout où viennent un peu d'humidité et de soleil ; on la retrouve encore à l'automne, mais cette fois plus pâle et plus petite. Au moment où tombe la neige et où la gelée durcit la terre, elle se flétrit ; mais qu'un vent moins âpre et moins inclément vienne à souffler, que le sol s'amollisse si peu que ce soit, et elle renaît tant bien que mal. Comme l'espérance dans le cœur de l'homme, elle persiste à fleurir jusqu'à la mort.

Il y a des plantes qui donnent des fleurs deux fois l'année : c'est la *balsamine* à tiges rampantes, le *pavot*, la *coronille* ou *faux baguenaudier*, l'*astrocarpus*, espèce de réséda, le *pissenlit*, injustement dédaigné, et la *lavande*, qui affectionne les roches de Fontainebleau.

Le lavande forme de charmants petits buissons, parfois hauts de près d'un mètre ; un duvet blanchâtre revêt ses feuilles glauques, et ses fleurs d'un bleu pâle se trouvent réunies en épis au sommet de ses rameaux.

La médecine emploie la plante entière comme cordial, et la pharmacie en extrait une huile qui contient beaucoup de camphre, et dont le parfum pénétrant rappelle trop souvent l'odeur de la térébenthine.

Dans le département de Vaucluse, les habitants voisins du mont Ventoux s'occupent de la récolte et de la distillation de la lavande. On en fabrique, en moyenne, chaque année, trois mille kilogrammes d'huile essentielle.

La lavande ne veut accepter aucun servage. Dès qu'on essaye de la cultiver dans les jardins, elle ne tarde point à dégénérer; ses fleurs bleues pâlissent peu à peu et deviennent blanches. Si l'on reporte la lavande au milieu de ses chers rochers, elle reprend immédiatement sa verdure et ses fleurs d'azur.

Balsamine à tiges rampantes.

CHAPITRE XI

LES VOSGES

 e ne sais point de plus charmant plaisir que l'étude de la botanique, continua Henri. — Non-seulement elle élève l'esprit et développe le sentiment religieux et la reconnaissance que nous devons au divin Auteur de tant de merveilles, mais encore elle oblige

... De l'eau qui suinte partout ou qui tombe de roc en roc...
(P. 460).

à voyager par toute la France pour recueillir des végétaux, et surtout pour les admirer dans toute leur beauté et dans toute leur vigueur. Or, la France ne le cède à aucun pays du monde en merveilles de la nature.

Voulez-vous, mieux que partout ailleurs, avoir le spectacle de ces merveilles botaniques, visitez une partie trop peu connue des montagnes des Vosges et gravissez le Hohneck et le Rotabac.

Pour réaliser cette admirable excursion, il faut vous rendre d'abord à Gérardmer, dont les maisons basses à toits larges et écrasés semblent semées çà et là par le hasard et à de grandes distances les unes des autres, au pied d'un lac, sur le revers d'une montagne couronnée de sapins.

De là, vous vous dirigerez vers une route large de deux mètres, ouverte récemment en pleins flancs d'une montagne aussi haute qu'escarpée. Cette route conduit de Gérardmer jusqu'à la vallée de Munster.

Un immense rideau d'arbres verts, des sapins et encore des sapins, des éboulements de rochers qui ressemblent à des cascades immobiles et qui s'épanchent sur un parcours de je ne sais combien de centaines de mètres ; de l'eau qui suinte partout ou qui tombe de roc en roc, tantôt à grand bruit, tantôt seulement avec un murmure ; une végétation d'un aspect nouveau pour ceux qui n'ont jamais étudié que la flore des plaines parisiennes, telle est la route de la Schlucht. A peine, même en cette saison, y rencontre-t-on parfois, durant une journée, de rares piétons indigènes et une ou deux voitures d'étrangers en excursion. Aussi rien

ne trouble la paix et le silence de ces lieux sévères qu'égaye,
à de rares intervalles, le chant des oiseaux ou qu'animent
de temps à autre le vol d'une buse ou d'un autour, et les
bonds joyeux et pétulants d'une bande d'écureuils au pelage
et à la queue d'un brun foncé.

Une fois au col de Balverche, on laisse la route à gauche
et l'on se trouve au pied du Hohneck.

A mesure qu'on gravit les mamelons de cette montagne,
qui de près, du reste, semble beaucoup moins escarpée
qu'elle ne le paraissait de loin, la végétation déjà si particulière que l'on observait naguère sur la route, prend un
caractère encore plus exceptionnel. Elle devient rare, et
aux sapins gigantesques succèdent des hêtres rabougris,
devant les formes contournées et les agencements bizarres
desquels s'extasieraient à bon droit les horticulteurs chinois,
qui ne prisent que les monstruosités naines des arbres.

Une sorte de mousse serrée, plus jaune que verte, recouvre le sol et laisse passer, à travers son feutre, épais de
deux ou trois centimètres, des graminées aux feuilles courtes, élastiques et dures. Les hêtres disparaissent bientôt
eux-mêmes, et on marche dans les *chaumes*, c'est-à-dire à
treize cent soixante mètres au-dessus du niveau de la mer,
ainsi que me le disait avec une emphatique complaisance
l'ami qui me servait de guide.

Mes regards se portèrent d'abord sur l'immense pano-
rama qui s'étendait autour de moi. A l'orient se dessinait
la longue et fertile plaine de l'Alsace ; le Rhin se développait
au fond de la vallée ; au delà apparaissait vaguement la forêt

Noire ; au sud les montagnes de l'Oberland ressemblaient à de vagues nuages ; enfin, à gauche se montrait la gaie et féconde Lorraine.

Si beau, si grandiose que fût ce spectacle, mes regards fatigués ne tardèrent point à s'en détourner, et se fixèrent, avec non moins d'admiration et plus d'émotion peut-être, sur quelques plantes chétives qui végétaient pauvrement çà et là à mes pieds. Du premier coup d'œil je distinguai la

Digitale pourprée.

digitale pourprée, l'anémone pulsatille, à fleurs rosées, et sa sœur blanche, à fleurs de narcisse (*narcissiflora*). On les nomme toutes les deux, dans les montagnes, *fleurs de Pâques, coquelourdes, fleurs des dames ;* elles possèdent des propriétés corrosives, âcres et vésicantes, résultant d'un principe particulier récemment découvert, nommé par les chimistes *anémonine,* et qu'on emploie avec succès contre la paralysie et l'amaurose.

A côté végétait le *laiteron* des Alpes, dont les feuilles tailladées ressemblent à celles du pissenlit, mais qui produit une fleur d'un azur à faire honte à nos bluets. Près de lui surgissait la haute et robuste *cacalie,* surmontée d'un panicule de fleurs dont les teintes fines rappellent les tons délicats des joues d'un enfant. Il y avait encore la gentiane à fleurs jaunes, avec la racine de laquelle les montagnards fabriquent une eau-de-vie qu'ils préconisent comme un remède à toutes les maladies.

En gravissant plus haut, et tout à fait au sommet de la tête de la montagne, il ne restait plus que l'anémone des Alpes, qu'au premier coup d'œil on prendrait pour notre marguerite, des pensées à grandes fleurs jaunes, panachées de rouge à l'intérieur, le *lactea spicota,* le *silène* des rochers, le *dryas* à huit pétales, le *cotoneaster* vulgaire, le *cirsium* à longues feuilles, des lichens et l'*aconit lycotomum.*

On reconnaît cet aconit à son casque de forme étrange et plus long que large, à ses feuilles incisées et dentelées, et à son fruit lisse sans la moindre trace de duvet.

En regardant avec quelque attention autour de soi, on finit par découvrir sur le plateau le plus élevé du Hôhneck, les ruines d'une espèce de petit bâtiment qu'indiquent vaguement des pierres éparses çà et là, et les contours d'une fosse aux trois quarts comblée par des mousses et des herbes.

En effet, en 1814, les ennemis qui envahissaient la France, établirent en védette sur le Hohneck un poste de vingt-deux fantassins pour surveiller de ce point tous les mouvements des populations armées qui pouvaient s'opérer soit dans les montagnes, soit dans les plaines.

On était en plein hiver, et d'ailleurs, à défaut du froid, une bise glaciale sévit presque toujours à de pareilles hauteurs. Aussi les soldats jetés en enfants perdus sur ce pic gigantesque cherchèrent-ils à s'y abriter de leur mieux. Afin de se procurer des matériaux pour se construire une sorte de corps-de-garde, non-seulement ils démolirent une cabane de charbonnier cachée dans une des gorges de la montagne, non-seulement ils la pillèrent, mais encore ils en massacrèrent de gaieté de cœur les habitants sans défense : une vieille femme et trois petits enfants.

Ce crime inutile commis, ils se bâtirent tant bien que mal une cabane, allumèrent un grand feu, placèrent au-dessus une marmite de fer, et préparèrent leur souper avec les ustensiles et les vivres qu'ils venaient de prendre chez le charbonnier.

Pendant ce temps-là un homme d'une quarantaine d'années et une femme un peu plus jeune qui portait un panier, revenaient à cette cabane où gisaient quatre cadavres. Les mains glacées des deux infortunés, qui retrouvaient assassinés leur mère et leurs enfants, se serrèrent en silence.

Puis l'homme s'élança vers un bloc de rocher dans une in-
fractuosité duquel il tenait caché un fusil.

— Ils sont vingt-deux, regarde ! lui dit tout bas sa femme
avec un effrayant sang-froid. Ils sont vingt-deux ; ton fusil
n'en pourra tuer qu'un seul, deux tout au plus. Laisse-moi
faire, je les tuerai tous les vingt-deux, moi ! Pas un seul
d'entre eux n'échappera. Laisse-moi faire, te dis-je ! Pendant que tu enterreras ma mère et mes enfants, je les ven-
gerai.

Elle essuya ses larmes et se mit à récolter çà et là, dans
le jardin qui entourait la chaumière, quelques légumes à
demi cachés sous la terre, et que n'avaient point aperçus
les pillards. Elle les nettoya soigneusement en les frottant
de neige, et elle y joignit une vingtaine de racines noirâtres
au dehors, blanchâtres au dedans, qui ressemblaient à des
raves, et qu'elle alla arracher dans une partie de la montagne où les abritait des vents du nord un énorme rocher.

Elle plaça toutes ces herbes dans son panier, où se trouvaient déjà d'autres vivres, et se dirigea vers le poste des
soldats ennemis, en feignant de prendre les plus grandes
précautions pour ne point se laisser voir par eux. Toutefois,
en se tenant à demi courbée, elle remuait le plus qu'elle le
pouvait, avec ses sabots, les feuilles séchées qui jonchaient
le sol, et elle finit par paraître saisie par un insurmontable
accès de toux. Aussi les soldats ne tardèrent-ils pas à l'entendre, à la découvrir, à la saisir et à l'amener à leur cam-
pement.

— Faites-moi grâce ! leur dit-elle en feignant la plus

grande terreur. Si vous avez des mères et des enfants, laissez-moi reporter à ma cabane ces légumes qu'attendent ma mère et mes enfants mourant de faim.

Un soldat qui parlait un peu le français, et qui, par conséquent, comprenait ce que lui disait cette femme, traduisit ses prières aux autres védettes, qui se prirent toutes à rire.

— Mes camarades, répondit ensuite le barbare loustic, me chargent de te dire qu'ils ont déjà mis ta mère et tes enfants à l'abri de la faim. Par conséquent, service pour service! donne-moi ces légumes.

— Puisque vous êtes si bons, répliqua la femme, je veux mettre moi-même dans votre pot ces légumes et ce pain.

Et, en effet, elle jeta dans la marmite tout ce que contenait son panier.

—Maintenant, ajouta-t-elle, laissez-moi surveiller cette soupe, que je vas vous servir moi-même, tout en me chauffant à ce bon feu qui réchauffe si bien.

Elle resta deux heures entières à voir bouillir ce que contenait le pot de fer.

— Voici le moment de manger, s'écria-t-elle ensuite. Allons! camarades mangez!

Aussitôt les soldats se partagèrent la soupe et la dévorèrent avec l'appétit que donnent l'air vif de la montagne. Quand il n'en resta plus une seule bribe, la femme se laissa glisser sur un des revers de la montagne, et alla rejoindre son mari, qui venait d'enterrer la vieille femme et ses trois enfants.

— Demain nous irons voir les soldats! dit-elle.

En effet, le lendemain, au point du jour, elle gravit le Hohneck avec son mari. Il y avait là vingt-deux cadavres gisant sur le sol.

Elle se prit à rire sinistrement :

— Te l'avais-je dit, mon homme? demanda-t-elle en regardant les soldats morts dans d'horribles convulsions, dont on lisait encore les traces sur leurs faces livides; mes herbes (l'aconit) ne valent-elles pas bien ton fusil? Aide-moi à pousser du pied ces cadavres dans le ravin, et ensuite emportons et cachons leurs cartouches, leurs sabres et leurs fusils. Nous garderons pour toi et pour moi les deux meilleurs de ces derniers ; car je veux me battre avec toi contre les ennemis et en tuer encore. Nous cacherons le reste de ces armes dans les rochers jusqu'à ce qu'elles puissent servir à d'autres enfants de nos montagnes pour abattre d'autres de ces brigands. Mort à l'étranger! n'est-ce pas, mon homme?

Il y a quelques années, avant la création de la nouvelle route, on montrait encore aux voyageurs un vieux sapin qu'il a malheureusement fallu abattre, et que l'on appelait *le livre du charbonnier*. En effet, chaque fois qu'il tuait un soldat ennemi, le charbonnier entaillait d'une large coche le tronc de cet arbre, et l'on y en comptait soixante-seize !

Heureusement, toutes les légendes des Vosges ne présentent point ce caractère terrible, et, pour être mélancoliques, comme toutes les idées qu'inspire la solitude, on peut les écouter sans frémir de terreur, témoin celle-ci.

Le 30 avril 1860, il y avait une *ava* dans une des chaumières de la vallée du Blanc-Rupt, en plein cœur des Vosges.

L'*ava* est ce qu'on appelait autrefois, dans le beau monde de la province, une *assemblée* et ce qu'on nomme aujourd'hui, à Paris, une *soirée*.

Les *ava* ont cela de particulier que, pour s'y rendre, il faut, la plupart du temps, parcourir la nuit, en plein cœur d'hiver, par la neige et à travers les chemins les plus rudes et les plus escarpés qu'on puisse se figurer, une distance de trois ou quatre kilomètres ; car les habitations, disséminées çà et là au pied et sur les flancs des montagnes, ne se trouvent guère autrement rapprochées les unes des autres.

Or, comme les *ava* constituent à peu près les seules distractions qu'on puisse se procurer dans l'isolement le plus absolu, sans nouvelles même de la ville voisine, et sans autres distractions que la lecture, — quand on sait lire, — d'almanachs plus ou moins périmés, chacun montre à se rendre aux *ava* un grand empressement. Dès que l'heure de ces réunions approche, les mères de famille se hâtent de donner à souper à leurs enfants, trop jeunes pour les accompagner, les couchent dans leurs berceaux de sapin, et leur chantent, afin de les endormir, quelque vieux refrain populaire, tel que celui-ci :

Si tu n'avos ni pain ni so
Te resteros a Benevo.

De leur côté, les jeunes filles rajustent leurs cheveux sous leur petit bonnet de toile, placé par derrière la tête, sur le chignon, et se mettent en route, même quand leur mère se trouve retenue au logis par quelque devoir domestique. Elles s'en vont ainsi presque toujours seules, à travers la nuit, par des sentiers à peine tracés, et sans autre moyen, pour reconnaître les mauvais pas, qu'une grande lanterne de bois fermée par du papier huilé en guise de verre. L'idée ne leur vient même pas de redouter quelque mauvaise rencontre ; car, de mémoire d'homme, rien n'a jamais troublé ni leur sécurité, ni la sécurité de leurs compagnes.

L'*ava* du 30 avril 1860 comptait d'autant plus de personnes empressées à s'y rendre, qu'elle était à peu près une des dernières qui dussent égayer les soirées de la saison ; aussi chantait-on en s'y rendant cette vieille chanson :

> Les champs golot,
> Les lourds rolots :
> Paques reviet :
> C'ot ein grand biet
> Pour les chestes et pour les chiet
> Et les geots lot aussi biet.

Ce qui peut se traduire à peu près ainsi :

> L'eau dans la campagne coule,
> Le temps des avas s'écoule,
> Pâques revient,
> C'est un grand bien
> Pour le chat et pour le chien,
> Et pour tous les gens du bien.

La chaumière vers laquelle chacun se dirigeait était une

petite habitation isolée, blanchie à la chaux et à toiture basse couverte en bardeaux. Un peu enfoncée dans le sol, elle ne prenait de jour que par une étroite fenêtre, surmontée d'une niche où se logeait une grossière figurine en bois représentant saint Nicolas. Suivant la tradition, le bienheureux évêque tenait la main levée pour bénir les trois enfants sacramentels sortant à demi d'une cuve.

La porte franchie, on se trouvait, dès le seuil, dans une grande pièce servant à la fois de salle à manger, de chambre à coucher, de salon et d'atelier pour fabriquer les fromages. Le *poêle*, — on nomme ainsi cette pièce, — était éclairé par un procédé qui remonte, dans les Vosges, à la plus haute antiquité, et qui consiste à placer de longs copeaux de sapin dans un ressort de fer qui les maintient sur une sorte de chandelier de même métal.

Quelque bien desséchés qu'ils soient, ces copeaux, nous devons l'avouer, produisent pour le moins autant de fumée que de lumière; mais personne ne s'aperçoit de cet inconvénient. Les fileuses n'en manient pas moins habilement leur rouet et leur fuseau; les jeunes filles et les jeunes garçons trouvent que cette clarté n'ôte rien à la vivacité ou à la langueur des regards qu'ils échangent entre eux, et les vieillards, la pipe aux lèvres, ne s'inquiètent guère de quelque peu de fumée de plus ou de moins.

A mesure que les montagnards arrivaient, ils adressaient un *Dieu vous garde* affectueux au maître et à la maîtresse du logis, prenaient une *chaude*, devant la vaste cheminée, et se rangeaient ensuite sur les bancs improvisés pour la circonstance à l'aide d'une planche de sapin et de deux *tronces* de bois, souches grossières qui conservaient encore leur écorce. Quand tout le monde se trouva réuni, on ferma la porte restée jusque-là ouverte, et une chaleur exorbitante ne tarda point à se manifester dans cet enclos étroit et bas, où se tenaient entassées une vingtaine de personnes; mais on n'y prit point garde, ou plutôt on parut l'apprécier comme une jouissance de plus.

—Il ne nous manque plus qu'une belle histoire à entendre! s'écria une jeune fille, que l'élévation de la température rendait rouge comme une cerise, et qui était aussi blonde que la quenouille de chanvre qu'elle tenait à la main. Allons, mère Marquard, c'est votre affaire; car personne dans le pays ne sait comme vous raconter des choses qui font rire et qui font peur.

Ces paroles s'adressaient à une vieille femme qui, trouvant sans doute insuffisante la chaleur de trente degrés qui régnait dans le *poêle*, se tenait blottie dans l'angle de la cheminée le plus abrité.

Elle leva la tête et agita sa main desséchée pour demander le silence.

Il y a, dit-elle, aujourd'hui autant d'années, jour pour jour, heure pour heure, qu'il s'est passé ici, au Blanc-Rupt, une histoire dont je me souviens; écoutez-moi, je vais vous la dire :

Chacun se tut, et on ne tarda point, dans le *poêle*, à ne plus entendre que les ronflements des rouets, et le bruit régulier des lèvres des hommes qui s'ouvraient et se fer-

maient pour humer ou pour exhaler la fumée de leurs
pipes.

— Oui, c'était comme aujourd'hui, un 30 avril au soir.
Une belle jeune fille, nommée Jane Hohneck, se rendait
seule à l'*ava*, et se hâtait d'arriver, car la bise soufflait; la
terre, dégelée par le soleil du jour, et gelée plus que jamais
par le froid du soir, était glissante et raboteuse sous le pied.
Sans sa lanterne, la pauvre enfant se fût mainte et mainte
fois jetée à terre, et elle trébuchait à chaque pas. Tout à
coup le vent siffla comme des milliers de serpents, un tourbillon enveloppa Jane, la poussa, la heurta, l'enleva et
éteignit sa lanterne. Abasourdie, effarée, elle resta pendant
quelques instants assise sur ses talons comme l'y avait mise
l'ouragan.

La tête perdue, et, sans avoir la force ni de penser ni de
se remuer, à la fin elle se releva pourtant, et chercha à retrouver son chemin. Hélas! la lune se tenait cachée sous des
nuages noirs, et pas une étoile n'apparaissait au ciel.
De quel côté se trouvait le chemin de la maison où était
l'*ava*? En pleine forêt, quelle possibilité de reconnaître, par
une pareille obscurité, un sentier à peine visible et complétement bouleversé par l'eau des pluies. Une fois, deux fois,
trois fois, cent fois elle appela. Personne ne lui répondit. Elle cria; le vent couvrit sa voix. Elle voulut marcher au hasard, mais elle ne tarda point à se heurter contre
des rochers glacés et à se déchirer les jambes, les bras et le
visage aux ronces et aux branches des buissons.

— Seigneur! Seigneur! murmura-t-elle, à demi morte de

froid et en tombant à genoux : Seigneur! me faudra-t-il donc mourir ici?

—Non, si tu le veux! lui dit tout bas à l'oreille une voix douce, et qui cependant fit tressaillir jusqu'à la moelle des os la pauvre égarée.

— Au nom du ciel, sauvez-moi! supplia-t-elle. Indiquez-moi mon chemin !.

— Donne-moi un baiser! reprit la voix, et mets ensuite ta main dans la mienne, en disant : Je suis à jamais à toi ! Non-seulement tu échapperas à la mort, mais encore je te rendrai la plus riche des filles des Vosges.

— Vous n'êtes donc pas un chrétien pour me parler ainsi, et pour m'offrir le salut de mon corps au prix du salut de mon âme? Sauvez-moi, au nom de votre mère !

— Je n'ai point de mère, et je n'en ai jamais eu, ricana la voix.

— Au nom de votre père !

— Ah! ah! mon père! Nous sommes assez mal ensemble, et il m'a interdit à tout jamais, depuis des siècles, — depuis des années, veux-je dire, — l'entrée de ses domaines.

— Mais qui aimez-vous? Qu'avez-vous au monde de sacré, pour que je puisse l'invoquer et gagner votre pitié?

— Je n'aime rien, je n'ai rien de sacré, je ne m'émeus jamais. Dis-moi donc, avec serment : « Je me donne à toi, » ou tu mourras ici, seule, abandonnée de tous, et sans autre bruit que les hurlements de la tempête, les cris des loups et mes éclats de rire.

Pendant que la voix inconnue parlait ainsi, Jane vit reluire dans l'ombre deux yeux étincelants.

— Ah! se dit-elle en elle-même, j'ai affaire à Satan en personne; mais Dieu ne m'abandonnera pas !

Elle se fortifia par une prière mentale, détacha tout doucement de son cou un scapulaire dans lequel se trouvait renfermée une relique de saint Benoît, et, raffermissant sa voix tremblante, elle murmura :

— Avancez-moi donc, du moins, votre main que je la touche, en témoignage que je me donne à vous.

— La voici, répondit l'esprit du mal.

Aussitôt, la hardie montagnarde entoura du cordon attaché au scapulaire la main du démon, et l'y noua avec autant d'adresse et de vitesse que de courage.

Aussitôt le diable se mit à crier :

— Ah ! tu me brûles ! tu me tortures, ôtes-moi ce cordon.

— Non, dit-elle en resserrant les nœuds plus fort encore ! non !

— Le mauvais ange hurlait et se tordait, en proie à d'effroyables convulsions.

— Grâce ! grâce ! dit-il enfin. Lâche-moi. Ces objets saints me tuent. Lâche-moi, et je t'obéirai ensuite en tout ce que tu me commanderas.

— Obéis-moi d'abord et je te lâcherai ensuite, père du mensonge ! Une fois délivré, au lieu de tenir ta promesse, tu redeviendrais encore plus cruel et plus dangereux pour moi. Allons, je le veux, dissipe les ténèbres de la nuit, et que je reconnaisse en quel endroit de la forêt je me trouve !

Le démon, sans cesser de gémir, étendit celui de ses bras que ne nouait point le scapulaire. Aussitôt la lune sortit brusquement de dessous les nuages et jeta une vive clarté sur la place où se trouvait Jane. C'était une sorte de sentier sinistre, encaissé entre deux murs de rocs, et où, quelques années auparavant, avaient péri treize bûcherons sous une masse de terre détachée par les pluies du haut de la montagne.

— Marche devant moi, et conduis-moi à la chaumière où se tient l'*ava*, dit ensuite Jane.

— Comment veux-tu que je marche, en souffrant ce que je souffre?

— M'as-tu prise tout à l'heure en pitié pour que je t'épargne à présent? Marche!

Le démon, qui ressemblait à un petit vieillard chétif et rabougri, se résigna à faire ce qu'elle exigeait, obéit, et à dix minutes de là, Jane et lui arrivaient devant la porte de la chaumière.

— Je t'ai obéi, lui dit le démon. Ne me délivreras-tu point? En échange de la grâce que je te demande, veux-tu des parures, des richesses pour ma rançon?

— Je ne veux rien de toi, maudit! dit-elle. Je pourrais te livrer au curé de notre paroisse, qui te réduirait à une éternelle captivité, et qui en t'inondant d'eau bénite, te ferait subir les tortures que tu ne mérites que trop; mais va-t'en!

Elle dénoua le scapulaire, le démon s'envola à tire-d'aile, et la jeune fille entra dans le poêle où se tenait l'*ava*.

A sa vue chacun jeta un cri de stupéfaction.

— Les cheveux de Jane sont devenus tout à fait blancs! se disait-on.

La vieille femme en était là de son récit, quand un coup sec, frappé à la porte, fit tressaillir tous les auditeurs.

Au premier coup frappé à la porte succéda un second coup plus fort, et une voix cria :

— Ouvrez! ouvrez! ouvrez vite! il y va de la vie et de la mort! il y a un grand malheur d'arrivé.

Et on refrappa plusieurs coups successifs et violents.

Un des vieillards ouvrit, et on vit apparaître un homme jeune encore et tout couvert de sang.

La plupart des personnes qui se trouvaient dans le poêle ne purent réprimer un mouvement de surprise et de terreur; toutes les femmes pâlirent.

Celui qui venait d'entrer tenait un fusil à la main. C'était un braconnier bien connu; il vivait isolé, et pour ainsi dire sans communication avec les habitants de la vallée, dans une petite cabane cachée au plus profond de la montagne et enfoncée parmi les sapins. Son costume se composait de haillons et de peaux de chevreuil; enfin le sang qui dégouttait de ses vêtements en loques ajoutait singulièrement à l'expression sinistre d'un visage ravagé par les fatigues, par les veilles et par les intempéries des saisons.

— Qu'y a-t-il donc, Vischer? lui demanda un des jeunes gens qui s'était instinctivement rapproché du vieillard pour le protéger au besoin contre le nouveau venu.

— Il y a, répondit Vischer, que deux hommes viennent d'être écrasés par une schlitte; qu'ils gisaient sanglants et à demi morts, au pied de la montagne; que je les ai placés comme je l'ai pu sur leur *bouc*, et que je les ai traînés de mon mieux pendant une heure. Les forces ont fini par me manquer ; il m'a fallu les laisser là, demandant à Dieu et au diable ce que je ferais de ces pauvres gens, quand, à la clarté de la lune, qui a bien voulu se montrer un moment de dessous un nuage, j'ai vu au loin fumer la cheminée de votre chaumière. J'ai pris alors ma course comme j'ai pu jusqu'ici, et me voilà.

En s'exprimant de la sorte, il essuyait, avec sa manche, la sueur qui ruisselait de son visage empourpré.

Il parlait encore, que tous les jeunes gens allumaient des branches de sapin dont ils avaient au préalable déchiqueté l'un des bouts, de façon à en faire une sorte de torche.

— Partons ! s'écrièrent-ils ! Menez-nous, Vischer, à l'endroit où gisent les blessés !

— Un instant, dit le maître du logis. Avant que Vischer se remette en route, il faut qu'il se réconforte par un bon coup d'eau-de-vie, et que de plus il mette mon manteau sur ses épaules ; car dans l'état de sueur où il est, il y aurait cruauté de le laisser si mal vêtu s'exposer de nouveau au froid de la soirée !

En achevant ces mots, il prit dans une armoire une bouteille précieusement renfermée et remplie d'une eau-de-vie aussi grossière que violente, dont il remplit un grand gobelet en bois.

Vischer prit le gobelet, regarda amoureusement la liqueur qu'il contenait, le vida d'un seul trait, s'essuya les lèvres, et repoussa de la main le manteau qu'une des femmes voulait placer sur ses épaules.

— Avec ce que j'ai là dans l'estomac, dit-il joyeusement,

on n'a pas besoin d'autre chose pour se réchauffer. D'ailleurs, le manteau ne ferait que me gêner pour transporter
jusqu'ici les blessés. Allons ! en route !

Il ouvrit la porte et s'élança vers la montagne, suivi de
tous les jeunes gens, leurs torches à la main ; la lueur rouge
de ces torches ne tarda point à jeter au loin ses reflets
étranges sur les sapins de la montagne.

Pendant ce temps-là, les femmes et les jeunes filles disposaient avec soin tout ce qu'elles purent trouver au logis de
convenable pour faire des couches aux blessés. Après quoi
elles se mirent à préparer des bandes et de la charpie ; et
plus d'une de ces charitables créatures sacrifia sans hésiter
son tablier de cotonnade.

Les jeunes gens, qui s'étaient mis à la recherche des
blessés sous la conduite de Vischer, ne tardèrent point à
gravir un sentier étroit et tortueux, qui descendait du *rein*
de la montagne, comme le disent si pittoresquement les
Vosgeois, et qui aboutissait à la vallée. Au bas de ce
sentier ils trouvèrent les schlitteurs.

On appelle schlitteurs les hommes chargés d'amener du
haut de la montagne les sapins abattus.

Tandis que les jeunes gens, secondés par le braconnier,
improvisent un brancard pour transporter le moins péni-
blement possible les pauvres gens qu'ils sont venus si charitablement secourir, laissez-moi vous donner sur l'exploitation des forêts des Vosges quelques détails indispensables,
d'ailleurs, à l'intelligence de cette histoire.

Peu de pays gouvernent les sapinières aussi bien qu'on le

fait dans les Vosges. Jamais on n'y met les arbres *à blanc*, mot technique qui signifie *raser ;* on les coupe isolément, selon les besoins ; seulement, on prend la précaution de porter la cognée particulièrement sur ceux qui sont d'une venue malencontreuse, ou qui cessent de prendre de l'accroissement.

Grâce à cette méthode, on obtient fréquemment des sapins vieux d'un siècle, mesurant cinquante mètres de hauteur, et deux mètres de diamètre à la base du tronc.

Ce n'est pas tout que le sapin atteigne une belle venue, il faut l'abattre ; il faut le transporter aux scieries ; or, les chemins ne sont ni nombreux ni faciles dans les Vosges. On recourt aux cours d'eau et au flottage, et surtout à la Sarre.

Resserrée dans presque tout son parcours, la Sarre, qui coule au pied du blanc Rupt, serpente capricieusement.

L'homme en a fait un moyen de transport, qui tient à la fois du chemin de fer et de la grande route.

De distance en distance des barrages retiennent les eaux de la Sarre, et en forment des bassins dont on ouvre les écluses de temps à autre, pour donner à la rivière la force de transporter, jusqu'au point où elle devient navigable, les *flottes* ou masses de bois qu'on lui confie.

Voyons maintenant quels hommes amènent ce bois jusqu'à la rivière, et à quels procédés ils ont recours pour abattre ce bois.

Occupés aux différents travaux de l'exploitation forestière, les paysans des Vosges passent la plus grande partie de leur existence au milieu des forêts ; ils y construisent des huttes, hautes environ de deux mètres, larges de quatre, et longues de trois ; les meublent avec des quartiers de rochers, des écorces et de la mousse. La porte se compose d'une planche qui repose, d'un bout, à terre, de l'autre, contre la pièce de bois qui forme le faîte : cette porte sert, en outre, de fenêtre. On y trouve une pièce de bois de quelques pieds carrés, qui sert de chaises ; une cheminée grossièrement creusée dans la terre, et un matelas de paille posé sur des planches. Quoique, au premier aspect, cette hutte ne paraisse pas bien solide, elle protége à merveille contre les plus violents orages, et ne laisse pas entrer une goutte de pluie.

Naturellement, le régime se trouve en rapport avec le logement. Après avoir passé la journée du dimanche près de sa famille, qui demeure souvent à sept ou huit kilomètres de la forêt, l'ouvrier arrive le lundi matin à son rustique atelier, en habit de travail, et portant sur le dos une besace qui contient la nourriture de toute la semaine, c'est-à-dire des pommes de terre et un pain de munition.

Son ménage consiste en une cuiller, une marmite, un petit baril. Le matin, le forestier met les pommes de terre dans la marmite après les avoir dégarnies de leur enveloppe ; une fois cuites, il les écrase, en fait une espèce de pâte, et les mange ; à deux heures, même repas, plus une soupe ; le soir, même repas, moins la soupe.

Le transport des bois se fait au moyen de voies appelées chemins de *schlitte*, du nom populaire de l'appareil sur lequel

on charge les bois abattus. On trace ces voies *à ravetons* en
les faisant serpenter le long de la montagne, de manière à
obtenir une pente douce et une inclinaison qui ne soit ni
trop faible, ni trop forte. Ici, c'est un rocher qu'on fait
sauter ; là, c'est un pont qu'on jette sur un ravin ; plus loin,
on creuse une forte tranchée dans le roc ; on place, au travers de ce chemin, sur toute sa largeur, des traverses ou
plutôt des rondins en bois qu'on éloigne de cinquante centimètres les uns des autres. Comme le terrain va en pente
et que la *schlitte* descend toujours, on retient ces traverses
par des piquets, qui donnent à cette voie singulière l'aspect d'une échelle sans fin jetée à terre.

Une fois le chemin établi, il faut construire la *schlitte*,
c'est-à-dire un traîneau solide et léger tout à la fois ; solide,
parce qu'il doit supporter des charges considérables ; léger,
parce que, les *tronces* jetées dans la rivière ou amenées à la
scierie, c'est la *schlitte* sur l'épaule que l'ouvrier revient à la
forêt. Le schlitteur va chercher à la coupe le bois à moitié dé-
bité. Quand la montagne est trop rapide, le chemin *à ravetons* ne va que jusqu'au tiers de la distance ; alors, un sentier escarpé sert seul de chemin.

Dans ce cas, on laisse la grande *schlitte*, et on prend ce
qu'on appelle un *bouc*, c'est-à-dire un traîneau d'environ un
mètre de longueur, sur lequel s'attache l'extrémité d'une
tronce ; l'autre extrémité traîne à terre.

C'est un spectacle vraiment émouvant que de voir ces intrépides ouvriers descendre de tels fardeaux par des chemins d'une pente si rapide.

Le schlitteur, qui retient derrière lui un poids considérable, doit déployer une grande vigueur; il rassemble donc tout ce qu'il a de force pour ne pas se laisser entraîner par la tendance naturelle de sa charge à le pousser violemment en avant; ses muscles se contractent, il se roidit, et son pied, qui racle la terre, y trace un sillon profond.

Un faux pas, une tension de muscles un peu moins forte, peuvent amener un accident, et peut-être la mort du schlitteur; la schlitte, en passant avec sa pesante charge sur son conducteur abattu, lui fait des blessures affreuses, le broie et le mutile. Ces accidents prennent un caractère plus grave encore par le petit nombre de chirurgiens qui habitent les montagnes. Souvent il faut aller les chercher à dix ou quinze kilomètres, et presque toujours des journées se passent avant l'arrivée des secours de l'art.

Après le schlitteur vient le bûcheron qui, la hache à la main et le crampon au pied, atteint la cime du sapin pour l'ébrancher. Il s'expose, lui aussi, a de sérieux dangers. Que son pied glisse, que la branche à laquelle il s'accroche casse, il tombe de trente mètres de hauteur, sans autre chance de salut que de pouvoir saisir quelques branches inférieures pour amortir sa chute.

On abattait autrefois les arbres avec leurs rameaux, mais comme ce procédé causait de grands dégâts, on y remédie à présent en coupant tous les rameaux avant d'abattre l'arbre, à qui on laisse seulement quelques branches à la cime.

A l'ébranchage terminé, succède l'abattage. Un bûcheron et son aide y suffisent ; la cognée commence, la scie achève le travail. La scie consiste en une simple lame, que termine à chaque bout une poignée. Elle avance lentement mais sûrement, on enfonce dans la fente des coins pour laisser du jeu à cet outil, et pour faire prendre au sapin l'inclinaison nécessaire, afin qu'en tombant il cause le moins de dégât possible. Quand le travail touche à son terme et que certaines fibres du bois persistent seules, on retire la scie, et on attend. Après avoir gardé pendant quelques secondes son imposante tranquillité, le sapin vacille sur ses bases, tout à coup s'ébranle et perd l'équilibre ; un craquement se fait entendre, la dernière cloison du bois se brise, un bruit sourd retentit, et l'arbre tombe.

Aussitôt les bûcherons, la scie à la main, le débitent en *tronces*, que le schlitteur viendra bientôt chercher pour les conduire à la scierie. On débite sur place le sommet de l'arbre, trop petit pour fournir une des billes d'où l'on tire des planches ; on donne à ces tronces destinées au chauffage la longueur voulue ; on les assemble et on y ajoute de grosses branches.

Avec les petits rameaux on prépare des fagots. Parfois, comme la main-d'œuvre revient plus cher que le prix d'achat, le propriétaire paye des ouvriers pour ramasser et brûler les branches, les ételles et les écorces qu'on donnerait pour rien à qui voudrait venir les chercher, mais dont on ne peut trouver le placement parce que chacun, dans les Vosges, a plus de bois qu'il n'en veut.

Si l'arbre n'est pas assez fort pour fournir des planches, on le dépouille de son écorce, on le taille comme une immense poutre carrée, et on lui laisse toute sa longueur.

La conduite de ces pièces de charpente, qui mesurent souvent vingt mètres de longueur, offre de sérieuses difficultés au schlitteur ; celui-ci place alors, sous chaque extrémité de la poutre, un petit traîneau, et, avec l'appui d'un seul aide, il dirige cette masse énorme.

Qu'un danger se présente, le schlitteur, s'il en a le temps, saute de côté, et laisse sa charge continuer seule sa route, sauf à la voir se briser contre le premier obstacle qu'elle rencontrera.

Une fois les *tronces* descendues sur le port, l'œuvre du *segard* ou scieur commence.

Les nombreuses scieries établies sur le bord de la rivière, aux eaux de laquelle elles empruntent leurs forces, se composent d'une manivelle que fait tourner la roue sur laquelle tombe la chute d'eau. A cette manivelle s'adapte une scie, qui, fixe et inébranlable, débite tout ce que rencontre sa lame dentelée. Au moyen d'un engrenage des plus simples, un chariot roule l'arbre à l'encontre de la scie, que le segard dispose de manière à donner à la planche l'épaisseur voulue.

Une scierie confectionne parfois jusqu'à cinquante mille planches par an. On les dispose en carrés sur le port, en attendant que le printemps permette aux flotteurs de les empaqueter.

Le printemps venu, ceux-ci lient les planches sur cinq de largeur et dix de hauteur, au moyen de harts, c'est-à-dire de jeunes sapins ou de jeunes chênes chauffés et tordus; ces liens résistent à toutes les secousses, supportent tous les chocs sans se délier, et heurtent les rochers sans jamais se briser.

On attache cinq ou six radeaux les uns au bout des autres, et après avoir fabriqué un gouvernail au moyen d'une petite pièce de bois attachée sur l'avant, on lance la flotte à la rivière. Après cela, on lève l'écluse qui retient l'eau accumulée dans l'étang supérieur. La masse des eaux échappées du barrage enlève, comme en se jouant, le lourd fardeau qu'on lui confie, et qui vole plutôt qu'il ne glisse. A demi nus, des hommes expérimentés guident le bois à travers les mille sinuosités de la rivière, tantôt dans l'eau jusqu'à la ceinture, tantôt couchés à plat ventre sur la flotille pour passer sous les ponts, tantôt debout pour empêcher, à l'aide de leur gaffe, les planches de se briser en se heurtant.

Quant au bois à brûler, on le jette à l'eau tout bonnement, et il part à la grâce de Dieu avec le torrent, s'entre-choquant, bondissant parmi les rochers, se heurtant contre les ponts,

et surveillé seulement, durant sa course, par quelques
hommes qui rejettent dans le lit les bûches échouées sur
la rive.

Maintenant que vous connaissez la manière dont se récolte le bois dans les forêts des Vosges, revenons aux schlitteurs blessés qui gisent au bas du *rein* de la montagne où
les a précipités un des accidents trop fréquents dans leur
dangereuse profession.

Il fallut plus de demi-heure pour que le triste cortége arrivât du rein de la montagne à la chaumière où se tenait l'*ava*.

Dès que les femmes aperçurent au loin la lueur rouge
des torches qui apparaissait à travers la masse noire de la
feuillée des sapins, elles quittèrent le seuil de la chaumière
sur lequel elles se tenaient rassemblées, et coururent au-
devant des blessés.

Deux seules d'entre elles restèrent dans le poêle : c'étaient
la vieille Marquard, que son grand âge retenait sur son grossier siége de bois, et sa petite-fille Marie, âgée de seize ans,
qui lui servait de guide et de soutien, et qui l'avait amenée
à l'*ava*.

— Mon Dieu ! mon Dieu ! *Mammy* (grand'mère), disait
l'enfant, le bon Dieu veuille que mon père ni mon frère ne
soient de ces blessés !

— Si ton frère est ardent, ton père est prudent pour deux,
répondit la vieille femme. Mais voici, autant que me le permettent d'en juger mes pauvres yeux, voici qu'ils appro-

chent! Quoique mon oreille soit devenue dure, je commence à entendre le bruit des voix. Va voir, mon enfant, et reviens vite me dire quels sont les blessés.

Marie s'élança, écarta tous ceux qui se trouvaient sur son passage et arriva la première près des deux brancards.

— Mon Dieu! mon Dieu! demanda-t-elle au contrebandier, quels sont-ils? Il y a tant de sang sur leur visage que je ne puis les reconnaître, hardier!

Le hardier — c'est le nom qu'on donne dans les Vosges aux contrebandiers — ne lui répondit pas, mais il jeta sur elle un regard désolé.

— Vous ne me dites rien, hardier, vous ne me dites rien? vous me regardez en compassion. Seigneur! Seigneur!

Elle se rapprocha des blessés, étancha de son tablier le sang qui couvrait leur visage et faillit tomber à la renverse quand elle reconnut que c'étaient son père et son frère qu'on rapportait ainsi.

Mais les filles des Vosges sont de vaillants cœurs. Si grand que fût son désespoir, Marie le dompta, car son père et son frère avaient besoin d'elle. Elle eut même la force de songer à sa grand'mère et de penser en elle-même que si la pauvre femme apprenait brusquement ce qu'il en était, elle mourrait du coup.

— Hardier, dit-elle, car, comme tous les autres, elle reconnaissait instinctivement la suprématie conquise par cet homme énergique; hardier, notre chaumière n'est pas bien éloignée d'ici; transportez chez eux, je vous en prie, mon père et mon frère, tandis que j'irai prévenir ma grand'mère, doucement et sans rien brusquer.

— Suffit, *bacelle* (jeune fille), répliqua le hardier ; je vois qu'en ce moment, comme toujours, vous vous montrez plus sage et plus prudente qu'une autre. Laissez-moi faire, et vous verrez que tout ira bien.

Marie, sans perdre un instant et tandis que l'on emportait les blessés vers une autre direction, alla droit à la chaumière sur le seuil de laquelle l'impatience et l'anxiété amenaient la grand'mère.

— Eh bien ! lui cria de loin celle-ci ; eh bien ! mon enfant ?

— Mammy, lui répondit Marie, blanche comme un trépassé déjà enveloppé de son suaire, mammy, venez bien vite avec moi ; vous êtes pleine de sagesse et vous savez de bonnes recettes pour les blessures. Les pauvres gens auront besoin de vous.

— Mais tu ne dis point quels ils sont ? repartit la vieille. Ton bras qui tremble me soutient à peine... Tu fais tous tes efforts pour ne point me laisser entendre tes sanglots... Ton père ou ton frère sont des blessés ?

— Venez, grand'mère, venez !

— Mon doux Jésus ! aurais-je assez vécu pour voir un semblable malheur ! Hélas ! n'est-ce point assez que d'avoir, le jour de ta naissance, enseveli ta mère de mes mains, et suis-je réservée à faire de même pour mon fils ou pour ton frère ?

— Venez, grand'mère, venez !

Et toutes deux hâtaient le pas, Marie pleurant et la grand'-mère l'interrogeant.

— Va, dit celle-ci, va, je comprends tout ! Ne me cache plus rien ! Je serai aussi forte que toi. Je connais le malheur de longue date, et je sais comment on le supporte. Voyons, est-ce ton père? est-ce ton frère?

— Ils sont blessés tous les deux ! s'écria Marie, qui ne put contenir plus longtemps le secret qui l'étouffait.

La vieille tressaillit, jeta un cri lamentable et s'arrêta brusquement, mais ce fut tout. Elle se remit aussitôt à marcher comme si tout à coup elle retrouvait la vigueur de sa jeunesse.

A peu d'instants de là, elles arrivèrent à leur chaumière. Le hardier, avec l'intelligence qui le caractérisait, avait déjà fait placer les blessés sur leurs lits, du feu était allumé et de l'eau chauffait dans un *pot-de-camp*, vase en fer que les schlitteurs emportent avec eux et qui leur sert à la fois de marmite et de gamelle.

— Qui veut aller chercher le chirurgien? demanda le hardier. Il se trouvera bien ici quelqu'un pour emprunter un cheval et trotter jusqu'à la ville.

—Mais la ville est à quatre bonnes lieues d'ici ! objecta une voix. Il faudra bien du temps pour aller chercher le chirurgien et le ramener. D'ici là il peut arriver mal aux blessés.

— Aussi, d'ici là, je me charge d'eux, répondit-il. Voyons, Marie, voyons, ma bonne *bacelle*, venez ici ! Vous n'êtes point une maladroite, et le cœur ne vous faillira point, j'en suis

sûr. Quant à vous autres, retirez-vous, à l'exception de deux
gars de bonne volonté qui resteront là, en cas que j'aie besoin
d'eux pour m'aller quérir quelque objet nécessaire. Vous,
mammy, veillez à ce que ces herbes, que j'ai ramassées chemin faisant et que je jette dans l'eau bouillante, cuisent à
grand feu, et laissez-moi faire avec la *bacelle*.

On obéit docilement à cet homme, dont deux heures auparavant la rencontre eût effrayé, et on vint lui serrer affectueusement la main avant de s'éloigner.

— Or ça! fit-il, à nous deux, mon enfant! Préparez-moi
de l'eau tiède dans un vase et donnez-moi des chiffons, que
vous tremperez à mesure que j'en aurai besoin.

En parlant ainsi, il se mit à laver les blessures du vieillard
et du jeune homme avec une adresse et une douceur que lui
eussent enviées une femme et même un chirurgien de profession.

La vieille grand'mère et la jeune fille suivaient avec une
anxiété silencieuse ses moindres mouvements.

— Allons! dit-il, les blessures à la tête sont moins graves
qu'elles pourraient l'être. Avancez-moi la charpie et donnez-moi des bandes de toile. Voyons maintenant le corps.
Bon! des meurtrissures, point de plaies! Réjouissez-vous,
mammy, ils en seront quittes à bon marché! Un mois au lit,
peut-être moins, voilà tout; j'en réponds, si les accidents et
la fièvre ne s'en mêlent pas trop. Ce n'est pas cher pour une
chute de soixante pieds, avec un fardeau de mille livres qui
vous passe sur le corps. Avancez-moi les herbes; ce sont des
vulnéraires et surtout de l'*herbe aux ânes* (onagre odorant)

comme le bon Dieu en fait pousser partout dans nos montagnes, dans les lieux humides. Passez-en l'eau à travers un linge, et donnez-la leur à boire. Cette excellente tisane calmera la fièvre avec le reste ; maintenant, faites des cataplasmes et enveloppez-en toutes les parties contuses. A merveille ! voici votre frère qui ouvre les yeux ! — Ça n'est rien, mon gars ! un petit coup d'eau-de-vie pour vous remettre tout à fait !... j'en ai dans ma gourde. Eh ! vous voilà ressuscité. A votre tour, grand'père ! ah ! la tête vous fait mal, mais vous l'avez dure ! Un autre y serait resté ; et vous, je parie bien qu'avant un mois vous recommencerez à descendre des schlittes, comme si rien ne vous était arrivé. — Voyons maintenant, mammy. Je n'ai plus besoin ni de vous ni de votre fille ! Mettez-vous dans votre lit, la mère, et vous, mon enfant, couchez-vous sur cette botte de paille. Moi je vais m'asseoir là sur ce banc, et j'y dormirai comme un roi, tout en tenant une oreille ouverte à la moindre plainte de nos malades.

— Vous êtes un bon garçon et je vous aime bien ! dit Marie en prenant dans ses deux mains les grosses mains du hardier.

Une larme brilla dans l'œil de celui-ci.

— Ah ! dit-il, si l'on me parlait toujours ainsi, je ne vivrais pas dans le bois comme un sauvage, et je n'aurais pas tant affaire aux gardes forestiers et aux gendarmes. Que voulez-vous que devienne un pauvre orphelin abandonné de tous, sans père ni mère pour le guider, sans jamais qu'il entende une bonne parole ! Enfin, ce qui est fait est fait ! Bon-

soir, bacelle, et que Dieu vous bénisse, car vous m'avez fait
du bien !

La nuit se passa d'une façon plus calme qu'on n'aurait pu
le supposer. A peine les robustes blessés s'éveillèrent-ils une
ou deux fois pour demander à boire, et tout le monde dormait profondément dans la chaumière, quand, au point du
jour, on entendit le pas d'un cheval s'arrêter devant l'*auch*
(l'huis) de la porte.

C'était le chirurgien qui arrivait en compagnie du
curé.

Le chirurgien s'approcha des blessés.

— Eh ! demanda-t-il, qui diantre a fait ces pansements ?

— C'est moi, répondit le hardier.

— Diable ! mon garçon, tu t'y connais ! Je n'aurais pas
mieux fait. Allons, puisque tu t'entends si bien en chirur-
gie, sers-moi d'aide. Bon ! tout cela ne sera rien si tu conti-
nues à veiller près des blessés et à leur faire observer rigoureusement les prescriptions que je vais t'écrire.

Il se mit à couvrir d'écriture une page de son calepin, la
déchira et la remit au hardier.

— Tu sais lire, n'est-ce pas ?

Le hardier baissa les yeux et secoua la tête.

— Et toi, petite fille ?

— Je ne le sais pas non plus, répondit-elle.

— Eh bien ! je vais vous lire cela trois fois, tâchez de vous
en bien souvenir.

— Puisque je n'ai point, — le bon Dieu en soit béni ! —
d'autres devoirs à remplir ici, interrompit le curé, et que

mon ministère y est inutile aux blessés, je viendrai chaque jour rafraîchir la mémoire de ces jeunes gens.

— Bravo ! monsieur le curé, et au revoir. Pensez un peu quelquefois à moi dans vos prières !

Là-dessus, le médecin remonta sur son bidet et repartit au grand trot.

Grâce à Dieu, au bout de quinze jours la convalescence du père et du frère de Marie ne tarda point à commencer. Le hardier, qui n'avait point d'un moment quitté les blessés, dit à la jeune fille, après avoir fait un dernier pansement :

— Voilà qui est fini ! Ce qu'il me resterait à faire, vous le ferez, et vous le ferez bien, car vous vous y entendez comme une véritable *sotré* (fée). Vous n'avez plus besoin de moi : à revoir, bacelle !

— Si fait, dit Marie, j'ai encore besoin de vous, hardier, car...

— Ne me donnez plus ce nom, Marie.

— Aussi, est-ce la dernière fois, si vous le permettez, que je vous le donne. Prenez désormais un métier plus honnête et qui ne vous fasse plus regarder comme un garçon de désordre. Je veux que chacun vous tienne en estime et vous aime comme le mérite votre bon cœur.

Le contrebandier secoua tristement la tête.

— Vous avez à peine vingt-cinq ans, continua Marie, et s'il ne vous faut qu'une franche et vraie amitié, vous l'avez ici en ma grand'mère, en mon père, en mon frère et... en moi. Je vous dois leur vie, embrassez-moi.

En disant cela, elle présenta pudiquement et hardiment son front aux lèvres du jeune homme.

Il se prit à pleurer à gros sanglots, et sans dire un mot il partit en courant, sans se retourner.

Marie resta tout un mois sans le voir, et plus d'une fois, les larmes aux yeux, elle se tint des heures et des heures sur l'auch de la porte, regardant au loin si elle ne voyait point venir quelqu'un.

Un jour que son père et son frère, guéris ou peu s'en fallait, parlaient de retourner le lendemain à la schlitte, le visage de la jeune fille se couvrit d'une rougeur qui se répandit jusque sur sa poitrine. Elle entendait une voix mâle qui chantait au loin, sur un mode lent et plaintif, un virelai vosgien qui date sans doute de plusieurs siècles et dont une traduction ne peut rendre qu'à demi le charme naïf et mélancolique :

I

Que jamais demain ne vienne !
Hélas ! demain,
Demain ma main
Ne pourra plus serrer la sienne.
Oh ! que jamais demain ne vienne !

II

Il faudra nous dire adieux !
A cette absence,
Lorsque je pense,
Des larmes remplissent mes yeux.
Il va falloir nous dire adieux !

III

Quitter, quitter ce qu'on aime,
Oh ! c'est un sort
Pis que la mort :
On perd la moitié de soi-même
Quand il faut quitter ce qu'on aime.

Peu d'instants après, le hardier était devant Marie.

Il portait sur son épaule une grande planche de sapin qu'il déposa tout doucement aux pieds de la jeune fille.

— Marie, lui dit-il, cette planche est mon ouvrage; je ne suis plus hardier, je suis *marnageur* (charpentier de forêt).

— Mammy! mon père! mon frère! s'écria Marie, ne mérite-t-il pas que je l'aime de tout mon cœur?

— Il mérite aussi de devenir ton mari, répondit le père en poussant la bacelle dans les bras du marnageur, qui mit deux bons gros et sonores baisers sur les joues de la jeune fille.

1. Cinéraire de Crousse. — 2. Dahlia.

CHAPITRE XII

LE MARIAGE AUX SALAMANDRES

ette histoire de mariage à la schlitte, dis-je à mon tour, me rappelle un autre mariage, accompagné de circonstances moins touchantes peut-être, mais assurément plus originales. J'en ai appris les détails dans mon dernier voyage en Hollande.

Et, à propos de voyage en Hollande, je vous dirai que je ne sais rien de triste comme la situation d'un homme qui se trouve dans un pays dont il ne parle ni ne comprend la langue. Durant les premiers instants, il peut s'amuser de la singularité d'un pareil isolement au milieu de la foule et

des paroles, inintelligibles pour lui seul, qu'on bourdonne
à ses oreilles ; mais bientôt, et peu à peu, son cœur se ser-
rera. Le souvenir de la patrie absente lui reviendra doux et
attendrissant. Il songera au foyer domestique et à la famille. Ces mille bagatelles que l'habitude nous fait si bonnes,
que peut-être nous apprécions si peu quand elles nous entourent de leurs caresses, lui reviendront à l'esprit, et leur
éloignement et leur privation lui causeront un malaise
presque voisin de la douleur.

Telles étaient les sensations que j'ai éprouvées et qu'é-
prouvait Claude, un jeune savant de Paris, qui se rendait
par mer en Frise, pour s'y livrer à ses études favorites sur
les animaux à sang froid.

Tant qu'il n'avait fait que traverser les Pays-Bas, la langue
française n'avait point absolument cessé de bruire autour
de lui, et il n'avait rien perdu de son entrain. Mais une fois
le pied mis sur le bateau à vapeur qui mène d'Amsterdam
à Harlingen, et qui traverse le détroit toujours si houleux
du Zuyderzée, il n'entendait plus que la langue hollandaise,
et alors la nostalgie s'emparait de lui.

Ce fut bien pis quand il quitta le bateau pour se trans-
border dans le *trekschuyt*, sorte de grande bélandre, tirée
par des chevaux sur le canal qui mène du petit port de
Harlingen à la ville de Leeuwarden.

En vain les étranges et riches pâturages de cette contrée,
avec leurs canaux qui se croisent en tous sens, tantôt vastes
comme des grandes routes, tantôt étroits comme des sentiers, se déroulaient-ils sous ses regards ; en vain le soleil et

des brouillards épais et blancs, semblables à un linceul, se
disputaient-ils l'atmosphère, et tour à tour, avec la rapidité
d'un changement à vue de théâtre, découvraient-ils ou ca-
chaient-ils les horizons d'un pays sans la moindre colline,
horizons immenses au delà desquels apparaissait la mer ; rien
ne pouvait distraire le voyageur du sentiment de son abandon absolu.

Les habitudes bizarres et nouvelles pour lui des passagers
qui encombraient le *trekschuyt*, les formidables mangeurs
qui ne quittaient point la buvette de l'entre-pont, et qui,
par leurs exploits gastronomiques, rappelaient les personnages gargantuesques de Téniers, loin de l'amuser, l'irritaient. En d'autres temps, il eût souri de ces femmes qui
tiraient de leur poche de petites plies (schol), et déchique-
taient à belles dents ces poissons séchés au soleil défaillant
et au vent humide de la Hollande ; dans un autre état d'es-

Vallisneria spiralis.

prit, il eût passé sans ennui des
heures à contempler les mystérieuses végétations des vallisneria qui
vivent sous l'eau et dont il entrevoyait des masses de tiges herbacées
au fond du canal. Mais il trouvait
odieux tout, jusqu'à la fumée de
tabac, qui ajoutait ses nuages aux
brouillards de la brumeuse contrée. Sous l'influence d'une
irritation sourde, plus d'une fois, il éprouva la tentation
de planter là son voyage, la Frise, les animaux à sang froid,
la lettre de recommandation que lui avait donnée, pour

mynheer van Bempden, le célèbre naturaliste Temminck, et de regagner au plus vite la France.

Enfin, le trekschuyt entra dans le bassin de Leeuwarden, où l'accosta une barque, montée par un grand gaillard enveloppé d'une large vareuse de toile goudronnée. Ce matelot d'eau douce héla le capitaine du trekschuyt dans un jargon barbare ; le capitaine lui désigna du doigt Claude, prit d'une seule main les bagages de ce dernier et les lança dans la barque. Il ne restait donc plus au naturaliste qu'à suivre sa malle et à s'asseoir à l'arrière du véhicule aquatique.

Le marinier, sans proférer un mot, ralluma sa pipe, saisit les rames et se mit à naviguer, ou plutôt à voler comme une flèche, à travers un petit canal, bordé de roseaux et d'iris, couvert de nénufars, et abrité, sur chacune de ses rives, par des plantations de peupliers, d'aulnes et de saules.

Claude et son guide parcoururent ainsi quatre à cinq kilomètres et s'arrêtèrent dans une petite crique couverte de sable jaune et ratissée plus minutieusement et plus coquettement que le parterre d'un jardin. Le rameur chargea les bagages sur ses épaules. Toujours muet et fumant, il ouvrit une barrière que formaient deux gigantesques côtes de baleines, et marcha droit à une habitation qui tenait à la fois du château et de la ferme, et au fronton de laquelle on lisait en grosses lettres : MYN LUST (mon plaisir).

Sur le haut perron de marbre de cette maison se trouvait un vieillard, le chapeau sur la tête, la pipe à la bouche, vêtu d'une longue redingote qui retombait jusqu'à ses pieds, et chaussé de souliers à semelle d'un pouce d'épaisseur.

« Temminck, ton ami et le mien, m'a fait savoir ton arrivée. Sois le bienvenu! Tu es chez toi! » dit gravement ce personnage singulier.

Et, prenant lui-même les bagages déposés sur le perron, il franchit le vestibule, monta un large escalier à rampe de palissandre massif, et conduisit Claude dans une chambre meublée d'admirables bahuts du seizième siècle, bahuts qui pliaient sous le poids des plus rares et des plus riches porcelaines du Japon et de la Chine.

Mynheer van Bempden déposa les malles sur les tapis de Smyrne qui recouvraient un parquet de cèdre, soigneusement écuré au sable et lavé à grandes eaux chaque semaine.

« Dans un quart d'heure, à midi sonnant, nous dînerons, » dit-il ; et il sortit.

Un quart d'heure après, à midi précis, minute pour minute, Claude descendit dans un immense parloir, au rez-de-

chaussée, où se trouvaient réunis mynheer van Bempden
et neuf jeunes personnes, toutes belles de cette beauté ré-
gulière, fraîche, blanche et rose qu'on ne rencontre réelle-
ment qu'en Frise. L'aînée atteignait vingt ans à peine ; la
plus jeune n'en comptait guère que quatre. Chacune d'elles,
à l'exception des deux plus petites, dont les cheveux blonds
flottaient sur les épaules, portaient le riche costume national
de leur province. Une couronne d'or nommée oorysers (fers
d'oreilles) et des flots de dentelles encadraient leur visage.
Une jupe courte, à larges plis et en drap bleu, laissait voir
leurs bas de laine blancs, d'une extrême finesse, et le soulier à boucles d'argent qui les chaussait ; une basquine en
cachemire rouge dessinait leur taille, et de larges manches
laissaient à demi découverts leurs bras d'une perfection accomplie.

« Mes filles, » dit van Bempden en les présentant à
Claude.

Puis, passant le premier dans la salle à manger, il souleva son chapeau, récita une courte prière, fit signe à chacun
de s'asseoir et indiqua au Français une place entre lui et sa
fille aînée, Kareltje.

Claude adressa en français quelques paroles à sa voisine,
qui le regarda en souriant, et lui répondit en langue frisonne. Il ne réussit guère mieux, en sortant de table, dans
les tentatives d'intimité qu'il fit près de la plus jeune des
sœurs.

Lucitje, quand l'étranger s'approcha d'elle, se sauva
comme une biche effarouchée, et le pauvre garçon se trouva

seul en face de ce troupeau de charmantes jeunes filles,
sans pouvoir échanger une parole avec elles.

Assez embarrassé de cette situation singulière, Claude,
tout en fumant un cigare près de son hôte qui, de son côté,
ne prononçait pas un seul mot, prit la résolution de se diriger insensiblement vers le jardin vaste et richement en-

tretenu qui entourait la maison. Il s'esquiva donc et visita
aussi longuement qu'il le put une serre pleine des plus rares
fleurs exotiques, et des étables entretenues avec une pro-

Le poulailler..., la mare, regorgeaient de canards et d'oiseaux
parmi lesquels dominait la Grue cendrée. (P. 515)

preté minutieuse jusqu'à l'étrangeté. Figurez-vous que les
vaches, placées entre des boxes de palissandre et sur des
tuyaux de drainage, avaient l'extrémité de la queue attachée
à une cordelette mue par une poulie, de manière à ne pouvoir ni se salir ni rien salir autour d'elles. Le poulailler, les
écuries, la mare qui regorgeaient de canards et d'oiseaux
des espèces les plus rares, parmi lesquels dominaient la
grue cendrée, familière comme une commensale habituée
à se voir comblée de caresses; des nids de cigognes construits au haut de poutres tout exprès plantées en terre et
surmontées d'une plate-forme pour servir de gîte à ces
oiseaux, des volières où vivaient, dans un état voisin de la
liberté, des geais et même des martins-pêcheurs, ces fa-

rouches oiseaux qu'on élève en domesticité sans difficulté
dans les Pays-Bas, ne parvinrent point à le réconcilier

avec le genre de vie que lui promettait son séjour à la ferme.

Les statues en terre cuite, peintes à l'huile, et représentant des bergers et des bergères de grandeur naturelle, ajoutèrent encore à sa mauvaise humeur.

Il avait bien consenti à passer quelques mois en Frise pour y faire des études, mais non pour y vivre en de pareilles conditions d'isolement.

A la nuit close, quand, assez mélancolique, il rentra dans le parloir où se tenaient les neuf jeunes filles, il alla s'asseoir près de la table autour de laquelle elles travaillaient. S'il ne pouvait parler, du moins il chercha à se rendre utile. C'est ainsi qu'il fabriqua, à l'aide de son scalpel et d'un morceau de sapin, une main à la poupée de la petite Truitje; qu'il désembrouilla un écheveau de fil fort emmêlé de Mike, et qu'il transporta doucement sur un fauteuil la mignonne Lucitje, qui s'était endormie sur les genoux de sa sœur aînée Kareltje. Plus tard, quand la vieille bonne vint chercher Lucitje pour la coucher, il ne voulut laisser à aucun autre le soin de transporter l'enfant dans son lit; enfin il se mit au piano et joua avec tant de talent et de poésie une symphonie de Beethoven, qu'il reçut une triple salve d'applaudissements de son joli auditoire, et que Kareltje, l'aînée et la plus délicieuse des neuf sœurs, posa sa main blanche et fine sur l'épaule de Claude, et lui dit en excellent français :

« Si vous chantez comme vous jouez du piano, nous passerons ensemble de bien bonnes soirées.

— Nous chanterons des chœurs, ajouta Mike.

— Et des duos, interrompit Stina.

— Et je jouerai des contredanses pour que vous apprc-
niez les figures nouvelles à mes sœurs, » fit Grietje.

Toutes parlaient à ravir le français. Et comme Claude leur
adressait des reproches déjà presque familiers sur leur
étrange réserve :

« Nous ne vous connaissions point, répliqua Kareltje ;
mais à présent nous vous connaissons.

— Et nous vous aimons ! » conclut Mike, qui lui tendit la
main.

Dès cet instant Claude devint l'ami et le frère de toutes
ces jeunes filles charmantes, éveillées, rieuses, musiciennes
consommées, et par-dessus tout naïves et bonnes. C'étaient
chaque jour des promenades en bateau, des excursions à
Leeuwarden, des journées entières passées sur les vastes
étangs du voisinage, étangs que les Frisons, toujours disposés à s'exagérer quelque peu l'importance de leur pays natal,
nomment « des mers (meer). »

De son côté, mynheer van Bempden ne se montrait point
pour Claude moins affectueux que ses filles. Il herborisait
avec lui dans la campagne, ils chassaient ensemble aux insectes, ils pêchaient partout des poissons, ils collectionnaient
des simples, ils étudiaient au microscope les êtres invisibles
qui foisonnent dans ces contrées, baignées de tous côtés et
pour ainsi dire détrempées par l'eau.

Un matin ils rapportèrent une immense quantité de salamandres aquatiques, beaux lézards longs de trois à quatre

pouces, noirs, tachetés de points orangés, et qui revêtent,
dans la saison des amours, une magnifique aigrette large,
transparente, dentelée et irisée de tons splendides. Cette
parure s'étale de l'extrémité de leur tète à l'extrémité de
leur queue.

« Voici, dit mynheer van Bempden, une belle occasion
d'étudier la singulière propriété, assez mal connue jusqu'à
présent, que possèdent ces animaux de reproduire leurs
membres amputés. »

Claude sourit:

« Il me serait assez difficile de suivre ces expériences jusqu'à leur conclusion; elles exigeraient un mois. Et mon
séjour ici...

— Essayons toujours et commençons, » interrompit van
Bempden, qui, tout fermier qu'il était, n'en jouissait pas

moins, dans l'Europe savante, de la réputation méritée d'un grand naturaliste.

Et de son scalpel il amputa à une salamandre la patte droite, à une autre la patte gauche, à celle-ci la patte de derrière, à celle-là une patte de devant. Il y en eut à qui il creva un œil ; à quelques-unes il vida même le cerveau à l'aide d'une petite pointe en acier.

Il plaça toutes les mutilées dans un vaste aquarium disposé en plein air.

Une semaine s'était à peine écoulée qu'on aperçut un petit bourgeon qui poussait au bout du moignon laissé par l'amputation ; de ce bourgeon sortit d'abord comme un bouton ; puis le bouton grossit, se développa et s'épanouit en patte. La patte formée, le bras s'allongea rapidement.

Deux mois après, la nature avait réparé toutes les mutilations commises sur les pauvres bêtes ; les membres étaient revenus ; les yeux crevés voyaient et tournaient dans leur orbite ; les cerveaux vides s'étaient remplis ; pas une seule des victimes de la science ne restait incomplète.

« Voici, après trois mois, nos études terminées, dit alors Claude... Mon départ...

— Terminées ! s'écria van Bempden, terminées ! Ne faut-il pas disséquer les membres repoussés ? les examiner à la loupe, les analyser au microscope ? Nous en avons pour deux bons mois encore.

— Et la kermesse de Leeuwarden ? Et les kermesses des villages voisins ? objecta Kareltje, dont les joues roses avaient

pâli au mot de départ. Voulez-vous donc que nous y allions
seules?

— Et mon herbier qui est incomplet? fit Mike.

— Et mon théâtre de pantins auquel manquent encore huit
personnages? demanda Truitje, sans compter mon geai à
qui tu as appris le nom de Mike, et à qui il faut que tu
apprennes maintenant le mien et ceux de mes sœurs.

— Je ne veux pas que tu t'en ailles! » cria la petite Lucitje, les yeux pleins de larmes et en sautant au cou de
Claude.

Claude resta donc jusqu'à l'automne.

A l'automne, il ne parla plus de départ.

Sur ces entrefaites arriva l'hiver.

« Claude, dit aux premiers froids mynheer van Bempden, le baromètre descend au-dessous de zéro ; nous vérifierons bientôt si les salamandres peuvent, comme on le dit, rester impunément dans la glace et ressusciter après avoir été complétement gelées. »

Ils firent donc roidir par le froid des salamandres, jusqu'à ce qu'elles se trouvassent dures et cassantes comme une planchette de sapin ; puis ils les jetèrent dans une cuve pleine d'eau, qu'on avait placée au milieu du laboratoire chauffé, de même que le reste de la maison, à l'aide de poêles immenses, semblables à ceux qu'on construit en Russie, le seul pays où l'on sache se chauffer.

Non-seulement les salamandres se dégelèrent, mais encore on les vit peu à peu revenir à la vie, remuer, nager et manger.

« L'expérience est complète, soupira Claude ; il ne me reste plus qu'à faire...

— Avec nous une belle partie de traîneau sur le Bergumermeer, interrompit Mike ; venez. »

Et avec une de ses sœurs, elle l'emmena vers un traîneau en forme de cygne. Elle l'obligea à s'y asseoir près de Kareltje, non sans les avoir enveloppés tous les deux dans un même manteau doublé de petit-gris. Chaussant ensuite prestement des patins, chacune des belles jeunes filles, court-vêtue, voilée d'une cape de cachemire rouge et les mains emmitouflées de gants d'hermine, se plaça derrière le traîneau, lui donna une forte impulsion et partit avec la rapidité d'une locomotive.

Autour d'elles glissaient ou plutôt volaient des centaines de Frisonnes, les mains accotées aux hanches et portant sur leur tête de grandes amphores de cuivre pleines de lait et brillant au soleil comme des vases d'or. Des troupes de garçons, également montés sur des patins, leur jetaient en passant des agaceries ou des paroles joyeuses.

Quand ils revinrent à la ferme, Kareltje se jeta dans les bras de son père et, vivement émue, murmura tout bas à son oreille quelques mots en langue frisonne.

« Claude, dit van Bempden, lui-même plus ému qu'on ne l'eût cru capable de le témoigner; Claude, sois mon fils. Deviens le mari de Kareltje, qui t'aime, et le frère de ses sœurs qui partagent la tendresse que j'ai pour toi. Dieu a rappelé, il y a trois ans, leur sainte mère; fais ce que je te demande, et quand mon heure viendra, je pourrai du moins partir sans douleur, puisque je laisserai un honnête homme pour protéger mes enfants. »

Claude ne put répondre que par des sanglots. Il se jeta dans les bras du fermier, embrassa Kareltje, embrassa toutes ses sœurs et se maria à deux mois de là.

Le jeune ménage s'était d'abord promis de passer tous les hivers à Paris; mais ne valait-il pas mieux d'abord jouir des doux mois de la lune de miel, loin des distractions et des importuns, dans les lieux où ils s'étaient connus et aimés? Un an après, Dieu leur donna un fils; comment quitter ce cher petit être qui demandait tant de soins? Quand l'enfant

compta deux ans, ils ne se sentirent point davantage la force
de s'en séparer.

Mille bonnes raisons de cette nature les ont empêchés jusqu'à ce jour de quitter le nid où le bonheur les retient
blottis.

Claude travaille beaucoup néanmoins, et son nom, célèbre
dans la science, est déjà venu plus d'une fois, j'en suis sûr,
sur vos lèvres, mes amis.

La beauté virginale de Kareltje resplendit maintenant des
reflets saints et ineffables de la maternité. En la voyant, on
l'admire encore, mais, de plus, on la vénère et on l'aime.
Deux petites filles ont augmenté sa famille, et cinq de ses
sœurs, en dépit de leur riche dot de trois cent mille florins,
ont contracté comme elle des mariages d'inclination. Mynheer van Bempden, entre l'étude et sa famille, jouit paisiblement de sa belle vieillesse. Pour lui, le lendemain ressemble
tellement à la veille, qu'il ne sent ni la marche des années
ni le poids de l'âge. Il s'associe aux travaux scientifiques de
son gendre, qui de son côté, en agronome consommé, exploite
les immenses et opulentes propriétés de sa nouvelle famille.

Van Bempden veille chaque jour à ce que l'eau limpide et
la nourriture abondent dans l'aquarium du laboratoire plein
de salamandres, que l'on se garde bien cette fois de tor-
turer.

« Montrons-leur notre reconnaissance, aime à dire l'excellent homme. Claude, tu leur dois ta femme, et moi je leur
dois un fils. »

Que Dieu nous donne, comme à votre ami, l'amour de l'étude et d'excellentes femmes dignes de rivaliser avec la sienne de douceur et de tendresse, conclut Tsoui-tsine. Mais voici la nuit qui vient, séparons-nous sur ce vœu.

— *Amen!* répétâmes-nous en chœur, et chacun retourna chez soi, la mémoire encore toute pleine des féeries de la science dont il venait d'être témoin, ou dont il avait entendu le récit,

TABLE DES MATIÈRES

CLASSEMENT

DES GRAVURES HORS TEXTE

PARIS. — IMP. SIMON RAÇON ET COMP., RUE D'ERFURTH, 1.